개정판 쉽게 풀어 쓴

조리원리

남상명 · 김성옥 · 김세경
오명석 · 윤인자 · 조윤준

'조리 원리'는 식품이 여러 가지 절차를 거쳐 음식이 되기까지의 과정, 즉 전처리, 조리 및 가공, 저장 등의 일련의 과정 중에 일어나는 변화를 과학적으로 설명하는 것이라 할 수 있다. 조리과정 중의 변화들은 그 식품이 함유하는 주된 영양소에 의해 설명될 수 있다.

Cooking Principles

지식인

Profile

남상명 을지대학교, 신한대학교, 숭의여자대학교 강의

김성옥 동원대학교 호텔조리과 교수

김세경 가톨릭관동대학교 겸임교수

오명석 강동대학교 호텔조리제빵과 교수

윤인자 고려직업전문학교 호텔외식조리학부 교수

조윤준 U1(유원)대학교 호텔외식조리학과 교수

쉽게 풀어 쓴

조리원리

2015년 1월 20일 초 판 1쇄 발행
2016년 3월 10일 수정판 1쇄 발행
2019년 2월 25일 개정판 1쇄 발행

지은이 | 남상명 · 김성옥 · 김세경 · 오명석 · 윤인자 · 조윤준
펴낸이 | 김종욱
펴낸곳 | 지식인
등 록 | 제301-2013-134호
주 소 | 서울시 도봉구 도봉로 180길 20 투웨니퍼스트 102동 602호
전 화 | 02)2266-8606 (대)
팩 스 | 02)2266-8607
E-mail | jisikin2013@naver.com
홈페이지 | www.jisikinbook.co.kr

ISBN 979-11-88105-14-4 (93590)

값 22,000원

쉽게 풀어 쓴

조리원리

PREFACE

조리는 오랜 시간 그 시대 그 지역을 살아가는 사람들에게 적합하도록 합리적이면서도 다양하게 발달해 왔으며, 시간을 거듭하면서 의례, 종교 등과 더불어 독특한 식문화로써 발전해 왔다. 조리는 단순히 음식을 먹는다는 의미에서 오랜 기간 먹어 왔던 전통음식의 가치를 재조명하게 되었고, 이제는 그 지역에서만 머무는 것이 아니라 이를 세계가 공유하게 되었다. 현대에는 질병예방과 같은 기능적인 면도 추구하게 됨으로써 조리를 할 때 좀더 영양학적이고 과학적인 측면에서 접근해야 한다. 조리과정은 식재료를 가지고 간단한 물리조작에서부터 식품성분의 물리, 화학적 변화과정, 미생물의 변화 등에 의해 이루어진다. 즉 조리는 식재료를 구성하는 성분의 물리화학적 변화의 결과라 할 수 있으므로 식재료의 영양학적 · 식품학적 특성은 매우 중요한 요소이다. 따라서 이에 대한 지식이 필요하며 식재료가 조리과정 중에 조리조건에 의해 어떻게 변화되고 어떠한 영향을 미치는지에 대한 원리를 이해하고 습득한다면 좀더 조리를 쉽게 받아들일 수 있고 질 좋고 응용력 있는 조리를 하는데 도움이 될 것이다. 또한 전통적으로 내려오는 음식들에 대한 이해와 가치를 넓히고 이를 현대에 맞게 발전시킬 수도 있을 것이다.

그동안 조리원리를 수업하면서 학생들이 조리원리를 이해하기 이전에 조리기술이나 래시피를 다루는 데 급급해 하는 것을 볼 수 있었는데, 좀더 발전된 조리를 위하여 조리현상에 대해 왜 그렇게 만들어지는지 과학적으로 설명할 수 있고 이해할 수 있기를 바라며 이러한 이해를 바탕으로 좀더 현명하고 효율적인 조리를 할 수 있기를 희망한다.

따라서 학생들이 일상에 일어나는 조리현상을 학문으로서 쉽게 받아들일 수 있도록 복잡한 이론적인 설명보다는, 간결하고 쉬운 용어로 표현하려고 노력하였으며 읽으면서 이해될 수 있도록 하였다. 이로 인해 학문적으로 부족한 부분이 있다하더라도 양해바라며, 추후 부족한 부분들이나 오류를 꾸준히 보충하고 수정할 것을 약속드린다. 또한 본문의 이해를 돕기 위해 실제 수업에 활용했던 시험문제를 각 단원마다 수록하여 현장감이 있도록 하였다.

이 책이 수정판을 거쳐 개정판으로 새롭게 출판되도록 많은 도움을 주신 지식인 사장님과 직원분들께 진심으로 감사드립니다.

저자

Cooking Principles

Cooking Principles

03. 곡류 및 밀가루 제품 Cereals and Flour Products

04. 전분 및 당류 Starch and Saccharide

05. 서류 Root and Tuber Crops

06. 두류 Pulses

07. 채소와 과일 Vegetables and Fruits

08. 육류 Meats

09. 어패류 Fishes and Shellfishes

10. 지질 Lipid

11. 난류 Eggs

12. 우유 Milk

13. 해조류 및 버섯류 Sea Algae and Fungi

COOKING 01

PRINCIPLES

CHAPTER 01

Fundamental Concepts of Cooking Principles

조리원리의 기본개념

제1절 조리원리의 이해

인간은 생존을 위하여 동 · 식물을 섭취하기 시작하였고, 조리방법은 오랜 시간에 걸쳐 생활환경에 적합한 형태로 다양하고 복잡하게 발달해 왔다. 식품이 가지고 있는 특성을 적절히 이용하여 위생적으로 안정하고 풍미가 있는 음식으로 발전해 온 것이다. 따라서 음식은 그 지역에 생산되는 식품을 대표하게 되었고, 그 지역의 독특한 음식문화로서 자리잡게 되었다.

1. 식품 특성의 이해

'조리원리'는 "식품이 여러 가지 절차를 거쳐 음식이 되기까지의 과정, 즉 전처리, 조리 및 가공, 저장 등 일련의 과정 중에 일어나는 변화를 과학적으로 설명하는 것"이라고 할 수 있다.

조리과정 중의 변화들은 그 식품이 함유하는 주된 영양소에 의해 설명될 수 있는데, 즉 탄수화물, 단백질, 지방, 비타민 및 무기질 등의 변화에 따라 분류할 수 있으며, 이들 영양소의 특성으로 조리과정을 잘 설명할 수 있다.

따라서 조리원리에 대한 이해는 식품이 함유하고 있는 영양소들의 특성에 대한 이해가 필요하다. 예를 들어, 와인 · 치즈 · 두부 및 된장 · 빵 · 식혜 등은 식품의 특성에 따라 발달해 왔다. 우유의 단백질은 카제인이고, 카제인의 특성으로 인해 치즈가 만들어진 것이며, 콩의 단백질인 글리신의 특성으로 인해 두부가 만들어지는 것이다. 그리고 쌀과 밀의 단백질이 다르고, 그 단백질 특성이 다르므로 각기 떡과 빵으로

카제인 casein

치즈 cheese

글리신 glycine

다르게 조리되는 것이다.

이렇듯 음식은 영양소의 식품학적 특성에 따라 조리조건과 만나 자연적으로 변화된 산물이며, 자연적으로 발생한 과정을 현대에 와서는 과학적으로 규명함으로써 좀 더 전문적이고 체계적으로 활용할 수 있게 된 것이다.

2. 미생물과 자연환경에 대한 이해

쌀을 이용하여 식혜·엿·술 등의 발효식품을 제조하였고, 콩을 이용하여 청국장·된장·간장·고추장 등으로 다양하게 발효식품이 발달해 왔다. 이것은 농산물의 영양소 특성뿐만 아니라 자연에 존재하는 미생물을 이용한 것이다. 보리의 싹을 이용하여 전분을 분해하고 식혜를 만들며, 미생물을 배양한 누룩으로 술을 만들고 메주로 된장, 간장을 담근다. 그러므로 미생물의 특성을 잘 이해해야 한다. 또한 같은 식품이라도 생산되는 자연조건, 즉 일조량·토양·온도 등이 다르면 식품의 특성이 달라지므로 이에 대한 이해가 더욱 필요하다. 예를 들면, 일조량이 다른 포도를 가지고 같은 와인을 만들 수 없으며, 같은 쌀이라도 봄·여름·가을·겨울에 같은 술을 만들 수는 없다. 농산물이 생산되는 자연환경에 대한 이해가 바로 이러한 조리원리인 것이다. 또한 자연에 적용된 원리를 이해한다면 같은 방법이 아니어도 다양한 방법으로 같은 음식을 만들 수 있다.

식혜를 제조하는데 있어서 그 원리를 이해한다면 전통적인 방식이 아니어도 전기밥솥 등을 통해 좀더 편리하고 간단한 방법으로도 만들 수 있는 것처럼, 조리원리를 이해한다면 같은 방법이 아니어도 같은 음식을 만들 수 있고, 손실을 최소화하고 좀 더 다양하며 전문화된 방향으로 발전시킬 수 있다. 이처럼 조리원리는 식품이 가지는 영양소의 특성을 최대한 활용하여 건강에 유익하고 풍미가 있는 음식을 만드는 원리인 것이다.

제2절 조리의 목적

식품은 조리과정을 거쳐 좀더 다양한 기능을 갖게 된다. 조리과정은 위생적인 측면뿐만 아니라 풍미를 증가시키게 되며, 각 나라마다 특성을 가지고 다양하게 발전하고 있다.

1. 위생의 개선 및 향상

자연에 존재하는 식품들은 자신을 보호하기 위한 방법으로 자체의 독을 가지고 있는 경우가 있다. 씨앗 · 싹 · 잎 · 내장 등에 독을 가지기도 하며 곰팡이나 세균 등이 번식할 수도 있다. 이러한 위해한 요인들은 세척과 물리적 조작, 가열과정 등의 조리과정을 통해 제거한다.

2. 소화율의 증진

식품은 수화, 가열과정에서 팽윤되며 세포막 붕괴, 효소의 작용, 분자배열의 변화 등이 일어난다. 이 과정을 통해 식품은 소화되기 쉬운 상태로 변화되고, 영양소 저해제들은 열처리에 의해 불활성화 되기도 한다.

3. 영양소의 보존

식품이 가지는 영양성분은 최대한 파괴되지 않고 보존될 수 있도록 조리되어야 한다. 특히 파괴되기 쉬운 수용성 영양소 및 색소를 잘 보존하고 지용성 영양소 및 무기질이 잘 흡수될 수 있도록 조리한다.

4. 기호성 및 관능성의 향상

조리과정을 거치면 음식의 맛, 냄새, 색, 온도, 질감 등의 향상을 가져와 풍미를 증진시킨다. 조리과정을 통해 떫은맛과 불쾌한 맛은 최대한 제거하고 고유의 향과 색을 유지시켜 기호성을 향상시킨다.

5. 저장성의 향상

식품은 수확 혹은 도살 이후 그대로 방치하면 부패하게 된다. 따라서 건조, 초절임, 당장, 염장, 살균, 데치기, 삶기, 훈연 등의 조리과정을 통해 부패를 막고 저장성을 향상시킬 수 있다. 조리과정을 통해 바람직한 점들은 최대화시키고 영양소 및 색, 향, 질감의 손실은 최소화시킬 수 있는 조리법이 요구된다.

제3절 조리와 물

조리에서 물은 매우 중요한 요소이다. 다루는 식품의 거의 대부분이 물을 함유하고 있으며 물을 이용하여 조리를 하기 때문에, 조리 시 물에 의한 영향이 매우 크며, 특히 색 · 질감의 변화와도 관련이 크다. 따라서 식품 속에서의 물의 성질과 물을 이용하여 조리할 때의 변화에 대한 이해가 필요하다.

1. 물의 기능

1) 체내에서의 물의 기능

체액
body fluid

체내에서 물은 체액을 제공해준다. 체액은 혈류의 농도를 조절하여 혈류의 흐름을 조절하며 또한 우리의 체온을 유지하게 한다. 그리고 체내 영양소와 에너지 물질을 운반해 주며 노폐물을 체외로 배출시킨다.

2) 조리수로서의 물의 역할

조리할 때는 물을 이용하는데, 이때의 물은 식품속의 결합수가 아니라, 조리수로서의 순수한 물이다.

(1) 용매작용

식품이 함유하고 있는 영양소들 중에서 당질, 수용성 아미노산, 수용성비타민, 무기질, 색소 등은 물에 녹는 수용성 성분들이다. 물은 이들 수용성 영양소의 용매로서 작용하여 물에 용출되고, 국물의 맛을 부여한다. 농도 차이에 의한 삼투압에 관여하여 절이거나 저장방법에 이용된다.

삼투압
osmotic pressure

(2) 열전달매체

습열조리, 전자레인지 가열조리 등에서 식품에 열을 전달하는 전달매체이다.

(3) 팽윤, 침투작용

건조된 식품을 원래의 상태로 회복시키고, 불쾌한 맛과 향을 제거하고 조미료를 식품의 재료에 침투하게 한다.

2. 식품 속의 물

물을 분류하면 순수한 물(증류수), 결합수, 자유수로 나눌 수 있다. 즉 용질과 상호작용을 하지 않고 있는 물은 '순수한 물'이라 하고, 물이 단독으로 존재하지 않고 식품과 결합되어 있는 물을 '결합수, 자유수'라 한다. 그러나 식품 속에서 결합수와 자유수를 명확하게 구별할 수는 없다. 식품 속에서의 물은 단백질, 탄수화물, 지질 등의 용질과 결합되어 있을 때 이를 '결합수'라고 하며, 물이 이들과 분리되어 나올 때 '자유수(유리수)'라고 한다.

증류수
distilled water

결합수
bound water

자유수
free water

분리되어 나온 자유수는 효소나 미생물이 이용할 수가 있어 변패할 수 있는 반면, 결합수는 미생물이 잘 이용하지를 못한다. 그렇다 하더라도 식품은 결합수 상태로 지속적으로 보존할 수 없으므로, 수분 함량을 낮추어야 미생물의 번식을 억제할 수 있다. 그러나 미생물에 의한 변패는 수분 함량으로 판단하기보다는 수분활성과의 관계로 말하는 것이 이해하기가 쉽다.

미생물의 번식을 억제할 수 있는 것은 수분활성도를 낮추는 것이다. 수분활성도를 낮추기 위해서는 동결시키거나 건조시켜 저장해야 한다. 또는 당장법, 염장법 형태로 만들어 미생물이 이용할 수 있는 물을 제거하는 것이다. 예를 들면, 명태를 그대로 두면 부패하나, 건조시켜 북어로 만들거나 얼려서 동태로 만들면 오래도록 보관하며 먹을 수 있다. 그리고 소금을 넣어 자반이나 젓갈 등으로 만드는 것도 같은 원리이다.

자유수는 0℃에서 동결되며, 다른 물질을 녹이는 용매로 작용한다. 결합수는 자유수와는 달리 다른 물질을 녹일 수가 없으며, 순수한 물을 얼릴 때와는 달리 동결시키려면 0℃보다 더 낮은 온도가 필요하다.

표 1.1 자유수와 결합수의 특성 비교

자유수	결합수
식품 내 단순한 물로 존재한다.	식품의 구성 물질과 결합한다.
수용성 성분을 녹인다.(용매로 작용)	용매로 작용하지 못한다.
0℃ 이하에서 동결된다.	0℃ 이하에서도 동결되기가 어렵다.
미생물 번식과 발아에 이용된다.	미생물의 번식과 발아에 이용되지 못한다.
동·식물의 조직에 존재할 때 그 조직에 압력을 가하여 압착시키면 제거된다.	큰 압력을 가하여 압착해도 제거되지 않는다.
밀도가 물과 같다.	밀도가 물보다 크다.

3. 식품의 수분활성도와 저장성

수분활성도
AW : water activity

식품의 저장은 수분에 의한 영향을 받는데, 특히 수분활성도와 밀접한 관련이 있다. 수분활성도는 미생물이 이용 가능한 자유수를 나타내는 지표로서 수분활성도가 크면 미생물이 번식하기 쉽다고 이해할 수 있다. 순수한 물은 식품성분과 결합되어 있지 않으므로, 수분활성도가 1이며, 식품 중의 수분활성도는 탄수화물, 단백질, 지질 등의 용질이 녹아있으므로 수분활성도가 1보다 작다. 이 용질의 농도가 높을수록 수분활성도는 낮아진다.

대부분의 세균은 수분활성도가 0.9 이상에서만 세균번식이 가능하고, 보통 곰팡이는 0.6 정도에서도 생육이 가능하다. 따라서 수분활성도를 0.6 미만으로 낮추면 미생물이 성장, 번식하기가 어렵게 된다.

식품의 수분활성도를 낮춘 저장법은 냉동법, 건조법, 당장법, 염장법 등이 있다.

표 1.2 주요식품의 수분 함량과 수분활성도

식품명	수분 함량(%)	수분활성도(AW)
과일, 채소	85~96	0.98~0.99
주스	92	0.05~0.99
육류	70~80	0.96~0.98
생선류	65~80	0.98~0.99
달걀	72~78	0.97~0.99
식빵	38	0.90~0.95
건조과일	18~22	0.72~0.80
젤리	18	0.64~0.69
곡류, 두류	13~16	0.60~0.64
국수	12	0.50~0.54

수분활성도

수분활성도(AW)는 임의의 온도에서 식품 내 물의 수증기압을 그 온도에서 순수한 물이 가지는 수증기압으로 나눈 비율로, 아래의 식과 같이 계산된다.

$$\text{수분활성도} = \frac{\text{식품 내 물의 증기압}}{\text{순수한 물의 증기압}} = \frac{P}{P_O}$$

4. 물의 성질

자연에 존재하는 물에는 많은 무기질들이 함유되어 있어 물을 통해서 무기질을 섭취한다. 이러한 물을 이용하여 조리를 하게 되며, 이 물의 성질이 조리에 많은 영향을 준다.

물은 무기염의 종류에 따라 '경수'와 '연수'로 나누어진다. 경수는 마그네슘이나 칼슘이온 등을 염의 형태를 많이 함유한 물을 말하며, 연수는 무기염들이 거의 존재하지 않는 물을 말한다. 그리고 경수는 끓였을 경우 마그네슘, 칼슘이온이 탄산과 염을 이루어 침전됨으로써 연수가 되는데 이를 '일시적 경수'라 하며, 침전되지 않는 경수는 '영구적 경수'라 한다.

경수
hard water

연수
soft water

조리 시 경수를 사용하면 영향을 미치게 된다. 예를 들어, 콩을 불릴 때 경수를 사용하면 마그네슘이나 칼슘염에 의해 단백질 변성과 불용성 염을 형성하여 콩이 잘

붙지 않고 연화되기가 어렵다. 또한 커피나 차를 마실 때 경수를 사용하면 탄닌과 작용하여 혼탁해지는 현상도 생긴다.

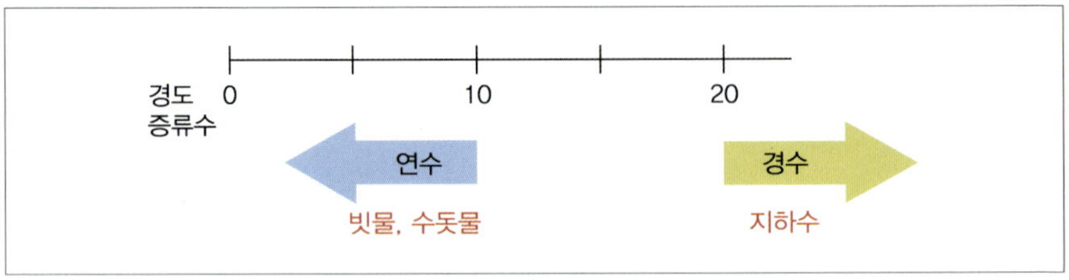

그림 1.1 물의 성질

5. 조리 시 물의 분산상태

모든 식품은 물을 함유하고 있다. 밀가루 같은 건조식품이라도 밀가루 속에는 물, 즉 수분을 가지고 있다. 마요네즈와 같이 반고체 형태에도 수분이 들어 있으며, 버터나 젤리에도 수분을 함유하고 있다. 이렇듯 다양한 크기로 수분은 분산되어 있다.

1) 분산용액의 종류

분산질 dispersoid

분산매 dispersion medium

분산 상태는 식품의 종류에 따라 다르며, 분산액을 분산매라 하고, 녹아있는 용질을 분산질이라 한다.

설탕물은 액체인 분산매에 고체인 분산질이 용해되어 있는 형태이고, 우유나 된장국물은 액체인 분산매에 탄수화물, 단백질, 지방, 비타민, 무기질 등의 액체 분산질이

표 1.3 식품 중 교질용액의 형성상에 따른 분류

분산매	분산상	교질상태	식품의 예
액체	고체	현탁질	풀, 젤리, 된장국
액체	액체	유탁질	우유, 크림, 마요네즈
액체	기체	포말질	맥주 및 사이다 거품, 흰자의 거품
고체	고체	고체교질	사탕과자, 과자
고체	액체	고체포말질	버터, 초콜릿, 마가린
고체	기체	고체포말질	식빵, 냉동 · 건조식품

섞여 있는 형태이다. 분산질의 크기에 따라 진용액, 콜로이드용액, 현탁액으로 분류되며, 조리 시 각각의 특성이 조리에 영향을 미치며 활용된다. 각각의 분산용액의 특성이 다양한 음식을 만들게 되고, 맛·풍미 질감에 영향을 미친다.

(1) 진용액

'진용액'은 소금, 설탕과 같이 분산질의 크기가 작아 물에 완전히 용해되며 안정적이다. 그리고 용해도는 용질의 종류, 온도 등에 따라 달라진다. 또한 분산질에 따라 끓는점, 어는점도 달라진다. 순수한 물에 비해 소금물 1M(mole)은, 끓는점은 상승하고, 어는점은 내려간다.

진용액
true solution

(2) 콜로이드용액

'콜로이드용액(교질용액)'은 우유, 사골국, 계란물 등이 여기에 속한다. 진용액보다 분산질의 크기가 커서 1㎚~1㎛ 정도이며, 용해되거나 침전되지 않고 분산되어 퍼져 있는 상태이다. 콜로이드용액은 분산질이 브라운운동을 하여 입자 간 동일한 전하를 띠고 서로 반발하여 분산된 상태가 되며, 비교적 안정된 상태를 유지한다. 이러한 콜로이드 용액은 이물질을 흡착하는 성질이 있어, 비린내나 잡내를 없애기 위해 우유에 담가두거나 계란 등을 풀어 제거할 수 있다.

콜로이드용액
colloid solution

① **졸과 겔**

액체에 콜로이드입자가 분산되어 흐를 수 있는 상태를 '졸'이라 한다. 그리고 이 교질용액이 어떤 요인들로 인해 흐르지 않고 굳은 상태가 되면 '겔'이라 한다. 졸 상태의 용액, 즉 졸이 겔로 변하면서 용액 속의 분산질들이 결합하여 3차원의 망상구조를 이루게 된다. 이때 미처 나오지 못한 수분은 갇히게 된다. 그러나 시간이 지남에 따라 결합력이 약해져 수분이 일부 빠져 나오는데, 이를 '이장현상'이라 한다.

졸
sol

겔
gel

이장현상
synersis

또한 겔의 종류에 따라 다시 졸로 되돌아가는 겔이 있는데, 이를 '가역적 겔'이라 하며, 되돌아가지 않는 겔은 '비가역적 겔'이라 한다. 예를 들면, 사골국은 식으면 젤리처럼 되었다가 가열하면 다시 물처럼 된다. 이를 '가역적 겔'이라 한다. 가역적 겔에는 사골국, 생선조림 등이 있고, 비가역적 겔에는 전분물, 묵 등이 있다.

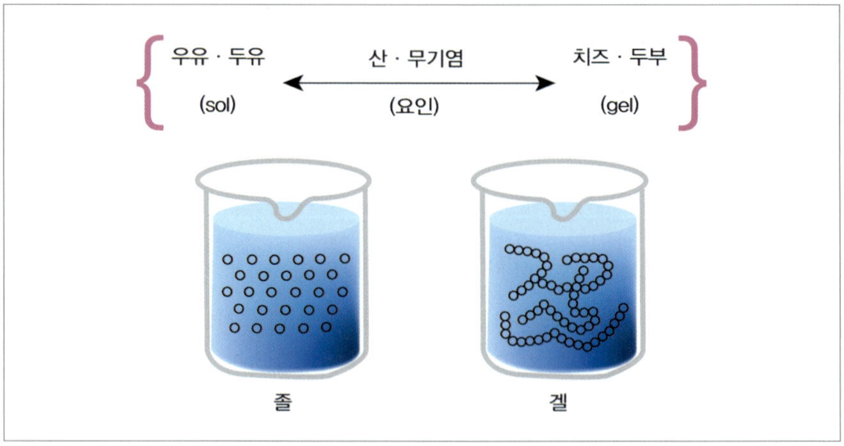

그림 1.2 졸과 겔

유화액
emulsion

유화제
emulsifier

수중유적형
O/W형 : oil in water emulsion

유중수적형
W/O형 : water in oil emulsion

② 유화액

기름과 물처럼 서로 섞이지 않는 두 액체가 분산되어 있는 콜로이드 상태를 '유화액'이라 하며, 서로 섞이게 도와주는 물질을 '유화제'라 한다. 유화액의 형태는 '수중유적형(O/W형)'과 '유중수적형(W/O형)'이 있다. 수중유적형은 물속에 기름이 분산되어 있는 상태로 우유(88.2%), 마요네즈가 해당된다. 유중수적형은 기름 속에 물이 분산된 형태로 버터(수분 함량 18%)나 마가린(14~17%)이 해당된다.

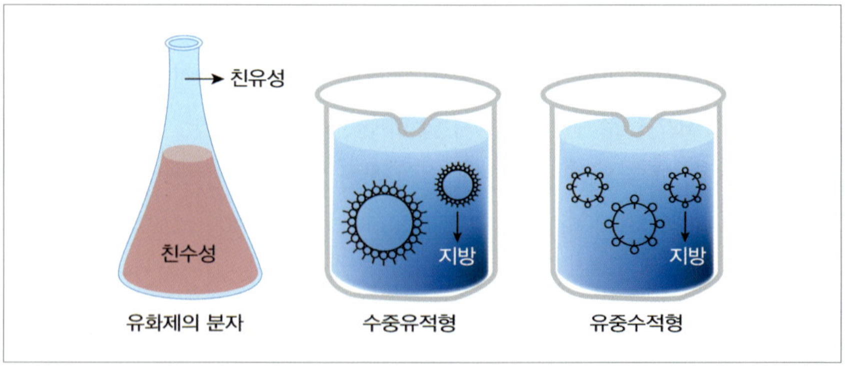

그림 1.3 유화(emulsification)

(3) 현탁액

'현탁액'은 분산질의 크기가 1㎛ 이상으로 커서 물에 용해되지 않고 가라앉는다. 용액을 저어주면 분산상태가 되지만, 그대로 두면 분산질은 바닥에 가라앉고 위에는 맑은 용액이 된다. 즉 전분을 냉수에 넣어 저으면 뿌옇게 분산되어 현탁액이 되지만, 시간이 지나면 전분은 밑에 가라앉고 위는 맑은 용액이 된다. 된장에 물을 넣고 섞었을 때도 같은 현상이 일어나는데, 이러한 용액을 현탁액이라 한다.

현탁액
suspension solution

제4절 조리와 열

1. 열과 열량

열이란, 물체의 온도를 높이거나 상태를 변화시키는 원인이 된다. 열을 정량적으로 열량(熱量)이라는 물리량으로 정의하며, 열량의 단위로는 일반적으로 '칼로리(기호 cal)'를 사용한다. 또는 열을 에너지의 한 형태로서 에너지의 단위인 '줄(기호 J)'로 표시한다. 줄은 미터법에 의한 열량의 단위이다. 1cal는 물 1g의 온도를 1℃만큼 올리는데 필요한 열량이라 한다. 1cal는 4.18J이다. 한국음식의 조리서에서는 대부분이 '섭씨'를 사용하지만, 제과 · 제빵이나 서양의 조리서에서는 '화씨'를 사용한다. 그러나 우리가 사용하는 조리기구는 섭씨로 되어 있기 때문에 이를 변환할 수가 있어야 한다.

열량
quantity of heat

칼로리
calorie, 기호 cal

줄
joule, 기호 J

조리에 사용되는 온도단위

조리에 사용되는 온도단위는 '섭씨(℃)'와 '화씨(℉)'로 나타낸다. 섭씨는 물의 끓는점을 100℃로 하고, 어는점을 0℃로 구분하여 그 사이를 100등분하여 구분한 것이고, 화씨는 물의 어는점을 32℉로, 끓는점을 212℉로 하여 이 두 점 사이를 180등분하여 구분한 것이다.

℃ = 5/9(℉−32)   ℉ = 9/5×℃+32

섭씨
℃, the centigrade

화씨
℉, the fahrenheit

2. 열원

'열원'은 주로 도시가스를 이용하지만, 그 외에도 프로판가스, 전기, 장작, 인덕션

열원
heat source

등으로 다양하다. 가스는 점화가 간단하고 최고 온도가 높으며 온도의 상승이 빠르고 점화 즉시 원하는 화력을 얻을 수가 있다. 그리고 전기는 해롭지 않고 자동조절이 가능한 반면, 최고 도달온도가 높지 않고 온도상승이 느리며 완만하고 에너지 단가가 비싼 편이다. 이처럼 각각의 장 · 단점이 있으므로 음식의 특성에 따라서 열원을 선택하고, 그 원리를 잘 활용하며 장점을 최대한 이용하여 사용하면 효율적이다.

(1) 열원의 특성을 잘 이용하여 음식에 적합한 열원을 선택한다

예를 들어, 고구마를 조리할 때 장작을 이용한 조리방법이 다른 열원을 사용했을 때보다 더 맛있다. 장작불에 구운 군고구마가 맛있다고 해서 모든 식품이 장작불에 요리해야 맛있는 것은 아니다. 고구마와 같은 전분식품은 전분이 당으로 충분히 당화되어야만 맛이 있다. 그래서 전분을 분해하는 전분 분해효소의 활성을 최대화시키는 것이 맛있는 조리를 하는 방법인데, 이 전분 분해효소인 β-아밀라아제는 55℃ 전 · 후에 활성이 높다.

β-아밀라아제
β-amylase

장작불의 경우, 이 온도에서 오랜 시간 조리함으로써 전분 분해효소의 활성을 높여줄 수 있어 전분의 당화를 가져온 것이다. 뚝배기의 효과와 같은 원리가 적용된 것이다. 열전달이 느린 뚝배기는 온도가 천천히 상승하여 β-아밀라아제의 활성을 높여 당화가 충분히 일어난 것이다.

반면, 장작이 아닌 다른 열원을 선택했다 해도 전분 분해효소의 활성을 최대화시켜 조리한다면 맛있는 조리를 할 수 있다. 음식과 열원의 선택이 잘 이루어져야 하고, 어떤 열원을 선택하느냐는 그 식품이 가지고 있는 영양성분의 특성과 관련이 있는 것이다.

(2) 열손실은 최소한으로 하고, 열효율은 최대한으로 해야 한다

조리는 맛도 중요하지만 시간대비 경제적인 가치도 생각해야 한다. 예를 들어, 장작은 식품의 맛과 풍미를 주지만, 다른 열원에 비해 열효율이 떨어진다. 따라서 열원의 선택에 앞서 열효율, 편리성, 발열량, 안전과 위생 등도 함께 고려되어야 한다. 또한 조리에 사용되는 도구의 재질, 색, 모양 등도 열을 최대한 흡수할 수 있는 조건이 되어야 한다. 도구의 재질은 매끈한 것보다 거친 것이, 색은 어두울수록, 모양은 좁을수록 열효율을 증가시킬 수 있다.

표 1.4 열원의 종류에 따른 열효율

종류	열효율(%)	종류	열효율(%)
전력(전기솥)	50~65	연탄	30~40
가스	40~45	장작	25~45
석탄	30~40	왕겨	20

3. 열의 전달방법

식품을 조리할 때 열원인 가스, 전기, 석탄, 장작 등으로부터 식품에 열을 전달하는 방식은 '전도', '대류', '복사' 등이 있다. 대부분의 조리과정은 한 가지 방법이거나 병행하여 열을 전달한다.

전도 conduction
대류 convection
복사 radiation

1) 전도

조리를 할 때 냄비에 식품, 물, 양념장 혹은 소스를 넣고 가열하거나, 식품만 팬에 넣고 가열하는 방법이 가장 일반적이다. 이때 음식에 열을 전달하는 방식이 전도이다. 물체가 열원에 직접 접촉되었을 때 열이 그 물체를 따라 이동하는 방식인 것이다.

전도에 의한 전달방법은 서서히 진행되나 물질에 따라 그 속도의 차이가 크다. 열원에 의해 데워진 냄비가 식품에 열을 전달하는데, 이때 열이 전달되는 속도는 사용하는 그릇의 재질에 따라 다르다. 사용하는 그릇의 재질이 열전도율이 높은 것은 열을 빨리 전달하고, 열전도율이 낮은 것은 느리게 전달한다. 열전도가 빠른 용기는 빨리 데워진 만큼 빨리 식기 때문에 냉동실 용기로도 적합하며, 라면이나 국수를 삶는 데 적합하다. 반대로, 열전도가 낮은 금속 용기는 천천히 데워진 만큼 천천히 식어서 보온성이 좋다.

주방에서 주로 사용하는 냄비는 알루미늄 냄비, 스테인리스 냄비, 뚝배기 등이 있다. 이들의 재질에 따라서 열을 전달하는 정도가 다르다. 그러므로 어떠한 것을 선택하느냐는 음식에 따라 달라져야 한다. 즉 밥이나 전분이 함유된 고추장찌개 같은 전분음식은 당화를 충분히 시킬 수 있는 열전도가 느린 재질로 된 뚝배기 같은 그릇이 적합하며, 센불에 재빨리 볶아내야 하는 음식은 열전도가 빠른 재질로 된 냄비가 적합하다. 따라서 음식의 성분 특성과 사용하는 도구의 재질 특성도 함께 알아야 한다.

표 1.5 열전도율

물질	은	구리	알루미늄	철	유리	공기
열전도율	1.000	0.918	0.480	0.161	0.002	0.000051

2) 대류

대류 convection

오븐요리, 튀김, 습열 조리에 주로 이용되는 전달방식이다. 공기, 물, 기름 등의 대류를 이용하여 기체나 액체가 가열되면 밀도가 감소하여 위로 올라가고 밀도는 높은 곳에서 낮은 곳으로 이동하므로 찬 부분은 아래로 내려가서 다시 가열되는 것이다. 튀김은 기름의 대류에 의한 것이고, 오븐은 공기의 대류에 의한 것이다. 점성이 있는 국물의 경우는, 점성이 적은 국물에 비해 물의 대류가 느리게 일어나므로 천천히 가열되며 또한 식을 때도 천천히 식게 된다. 예를 들어, 죽이나 수프가 맑은 국에 비해 천천히 데워지고 천천히 식는다. 매생이국은 다른 국에 비해 점성이 있어 쉽게 식지 않아 입을 데기가 쉽다. 대류에 의해 열이 전달되는 속도는 전도와 복사의 중간 정도이나 대류와 전도가 함께 전달되면 더욱 빨라진다.

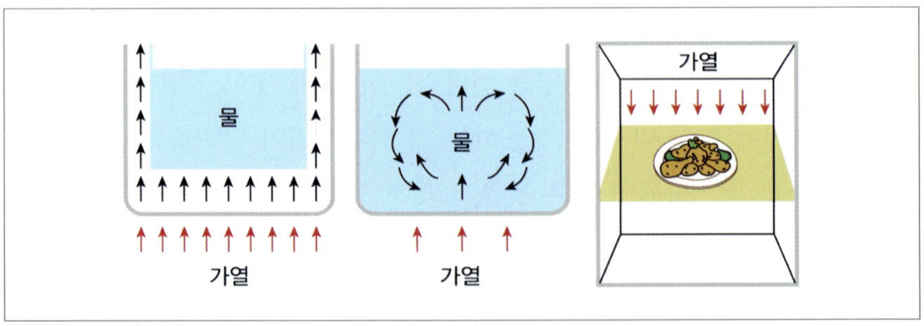

그림 1.4 열의 전달방법

3) 복사

복사열 radiant heat

전도열 conductive heat

직화구이, 전, 토스팅, 전자레인지 요리같은 조리방법에 이용되는 방법으로, 물체에 직접 열을 전달하는 것을 말한다. 이 복사열의 전달은 열의 급원에서 목적물까지 아무런 장애물 없이 직접 전달되고, 속도는 전도나 대류보다 빠르다. 복사열이 조리기구를 통해 전달될 경우, 기구의 외부 표면이 전도열의 흡수에 영향을 미친다. 조리기구의 표면이 검고 거칠수록 복사열을 잘 흡수하며, 표면이 희고 매끄러울수록 열을 반사하여 흡수를 방해한다. 오븐은 대류와 복사열 모두를 이용한 것이다.

4. 열전달매체

조리 시 식품을 익힐 때 열원으로부터 열을 전달해 주는 역할을 한다. 공기, 기름, 물이 있다.

1) 공기

오븐의 가열원리로 열이 가해지면 공기가 뜨거워져 밀도가 낮아진다. 이처럼 밀도가 낮아진 따뜻한 공기는 위로 올라가고, 찬 공기는 밀도가 밑으로 내려오는 원리이다. 공기의 대류를 이용하여 열을 전달하는 방법으로 로스팅(roasting), 베이킹(baking), 브로일링(broiling) 등의 건열조리법은 대류, 복사열 모두에 관여한다.

건열조리법
dry heat method

2) 기름

기름의 대류를 이용한 방법으로 기름의 대류에 의하여 열전도가 일어나며, 전달된 열은 고르게 분산되고, 가열된 기름은 식품 속으로 들어가 익히게 된다. 이러한 기름은 비열이 낮아 열전달 속도가 빠를 뿐만 아니라 끓는점이 높아, 조리시간이 단축되어 다른 매체보다 조리시간이 단축되며 영양소의 손실이 적다.

3) 물

조리 시 주로 사용하는 열전달매체이다. 끓이기, 찜, 삶기, 데치기 등의 습열조리법에서 가열된 냄비의 열이 물의 대류를 통해 전체의 온도가 균일해지고 가열된 열이 식품으로 전달되는 것이다. 찜의 경우는 수증기가 보유하고 있던 증발열을 식품 표면에 전달하는 것이다.

습열조리법
moisture heat method

증발열
vaporization heat

5. 전자레인지에 의한 조리(극초단파, 전자파 이용)

식품 내 양쪽 극성의 물분자를 급속히 진동시킴으로써 식재료 자체 내의 열이 생성

마그네트론 magnetron

마찰열 frictional heat

되도록 하여 조리하는 방법이다. 915MHz 또는 2,450MHz 파장의 마그네트론에서 발생된 전자파가 식품에 투과될 때, 식품 중의 수분이 1초에 24억5천만 번의 진동에 의한 마찰열을 발생시켜 가열되는 조리기구이다.

1) 전자레인지 조리의 특징

- 열의 전달매체가 필요하지 않고 열이 내부에서 발생하기 때문에, 표면이 타거나 갈변되지 않는다.
- 단시간에 가열하므로 영양소의 손실을 줄일 수 있다. 특히 물을 사용하지 않으므로 수용성 영양소의 파괴를 줄일 수 있다.
- 재료 자체의 향과 풍미를 그대로 유지할 수 있다.
- 식품 내 수분의 운동으로 열이 발생되므로, 식품의 수분 및 지방 함량에 따라 가열되는 정도가 다르며 수분의 손실이 많다.
- 조리의 용기는 내열성이 강하고 열의 용량이 적은 것이 좋다.
- 소량의 식품은 가열하기에 적합하지만, 대량의 조리는 어렵다.
- 중량 감소가 많다.

2) 전자레인지와 조리용기

전자레인지에 사용 가능한 그릇은 도자기, 내열성 플라스틱, 파이렉스이며, 전자레인지에 사용 불가능한 그릇은 알루미늄호일, 캔, 법랑그릇, 스테인리스, 석쇠, 칠기, 도금한 식기, 크리스털 제품, 금테 및 은테가 새겨진 금속성분의 그릇 등으로, 이것들은 투과시키지 못하고 반사를 한다. 플라스틱의 사용은 환경 호르몬의 위험이 경고되고 있다.

3) 전자레인지 사용 시 주의할 점

- 전자레인지를 이용할 때 수분의 손실이 크므로 수분이 증발되지 않도록 하고, 되도록이면 커버나 뚜껑을 사용하도록 한다. 따라서 수분 손실로 가열 후 시간이 지나면 금방 단단해지므로, 가능한 한 바로 먹도록 한다.

- 재가열 시 식품의 재질에 따라 데워지는 속도가 다르다. 수분과 지방함량이 많으면 빨리 가열된다.
- 식품 표면이 노릇하게 갈색화 되지 않아 풍미가 떨어져 보이므로, 팬에서 표면을 갈색화 시킨 후 전자레인지에서 내부를 익히는 것도 좋은 조리방법이다.

Exercise

1 분산질의 크기에 따라 분산용액을 분류하시오.

2 우유, 사골국, 계란물 등은 분산용액 중 어디에 속하는가?

3 ① 액체에 콜로이드입자가 분산되어 흐를 수 있는 상태를 (　　　　)이라 한다.
② 교질용액이 어떤 요인들로 인해 흐르지 않고 굳은 상태를 (　　　　)이라 한다.

4 현탁액의 예를 쓰시오.

5 수중유적형의 예를 쓰시오.

6 열의 전달방법 3가지를 쓰시오.

7 열전도율이 느린 재질의 용기에 적합한 음식은 무엇인지 원리를 설명하시오.

8 단시간에 재빨리 센불에서 볶아내야 하는 음식에 적합한 재질은 무엇인가?

9 열의 전달매체 중에서 비열이 낮아 열전달 속도가 빨라져 조리시간을 단축할 수 있는 것은 무엇인가?

10 열의 전달매체가 필요하지 않고 열이 내부에서 발생하기 때문에, 표면이 타거나 갈변되지 않는 매체는 무엇인가?

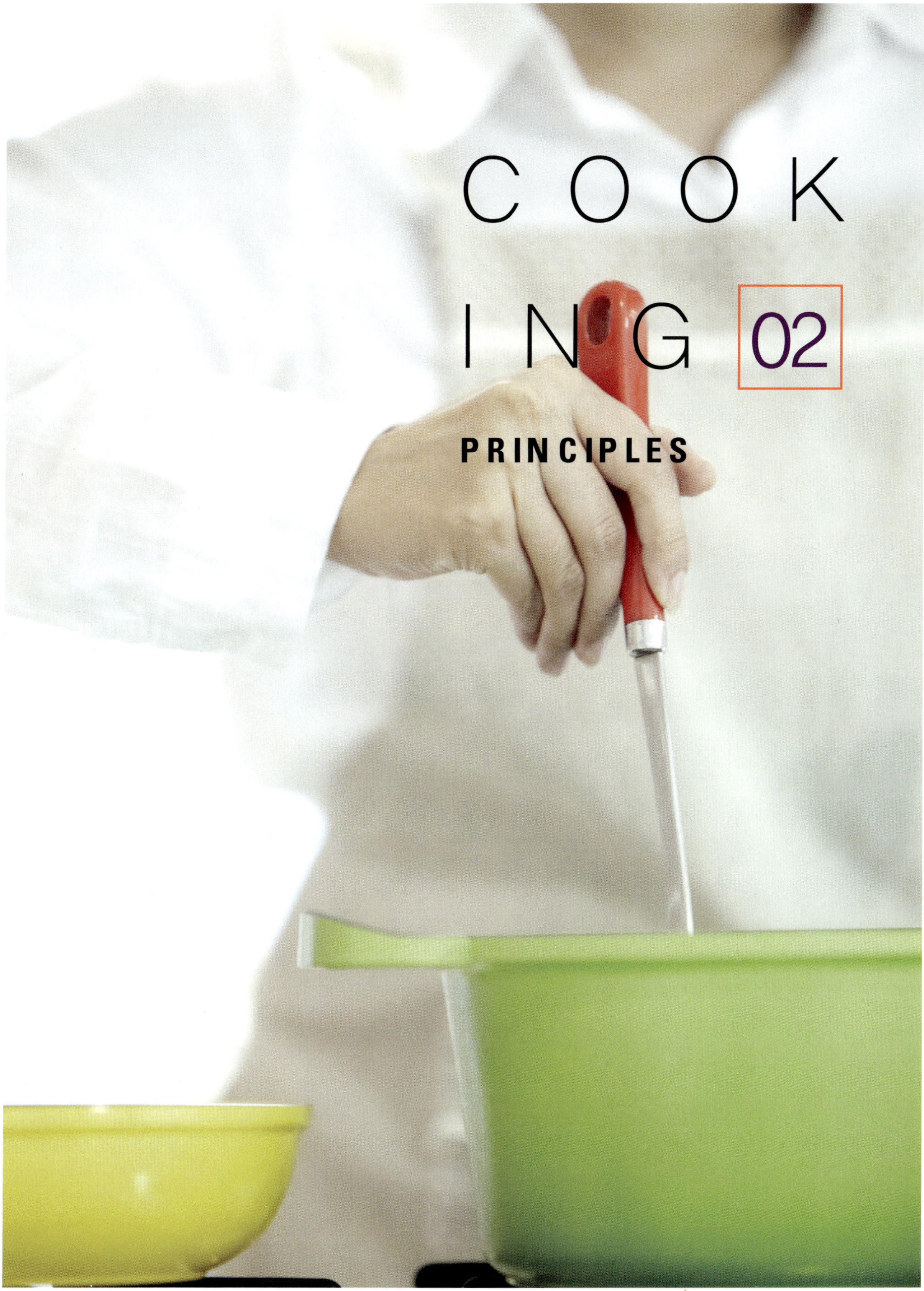
COOK
ING 02
PRINCIPLES

CHAPTER 02

Basic Operations of Cooking

조리의 기본조작

제1절 계량

음식을 만들기 전에 가장 먼저 하는 것이 바로 계량(計量)이다. 예전에는 어머니의 어머니로부터, 혹은 선배 조리사로부터 어깨너머로 배우던 것이 조리였다. 그때는 재료를 살 때의 계량도구는 있었으나, 부엌에서의 계량도구는 표준화되어 통용되는 조리기구가 없었다. 계량화와 표준화는 우리의 음식을 후대에 계승하는데 꼭 필요하며, 현대에 와서야 대량조리 및 음식의 세계화 요구에 의하여 표준화, 과학화가 이루어지고 있다.

조리에서 음식의 맛과 질에 영향을 주는 요인들이 많은데, 이처럼 정확한 계량은 조리의 시작이라 할 수 있다. 이러한 표준화된 도구의 사용은 우리나라 음식의 경우 대량급식이나 세계 어디서든지 재현성을 높일 수가 있다. 이처럼 표준이 되는 맛을 내기 위해서는 정확한 계량과 적절한 조리도구의 사용이 필요하다. 정확한 양을 익힐 때까지 계량도구를 이용하여 조리를 시작하는 것이 바람직하다.

1. 계량단위

사용하는 무게와 부피를 측정하는 단위는 각 나라마다 다르다. 우리나라에서는 주로 '미터법'을 사용하고 있는데, 미터법에서 부피는 '리터(L)'로, 무게는 '그램(g)'으로 나타낸다. 그리고 표준 쿼트(standard quart)법에서는 '쿼트(quart)', '온스(ounce)' 등으로 나타낸다.

미터법
metric system

표준 쿼트법
standard quart

- 중량을 측정하는 기구는 천칭, 상평저울, 디지털저울(전자저울)이 있으며, 재료의 양을 측정할 때에는 중량을 측정하는 것이 더 정확하다. 단위는 그램(g), 파운드(lb), 온스(oz)를 사용한다.
  - 1파운드(lb) = 453.6g = 16온스(oz)
  - 1온스(oz) = 28.25g
- 용량을 측정하는 기구는 계량컵, 계량스푼, 메스실린더, 비커 등이 있으며, 사용이 편리하고 리터(L), 갤런(G), 컵(C), 파인트(pt), 쿼터(qt)를 사용한다.
  - 1컵(C) = 240mL = 8oz = 1/2pt = 1/4qt = 1/16gal
  - 1갤런(gal) = 16C = 3.8L = 4qt = 8pt

표 2.1 표준 계량기의 용량 및 계량 단위

표준 계량기의 용량 및 계량 단위	
• 1컵(1cup) = 200cc = 200g = 약 13큰술	• 1큰술(table spoon) = 15cc = 15g = 1작은술
• 1되 = 1.8L = 1.8kg	• 1관(貫) = 3.75kg
• 1푼(分) = 1돈(錢) = 3.75g	• 1냥(兩) = 1돈(錢) = 3.75g
• 1근(斤) = 600g(육류, 어패류 등) = 400g(야채류)	

2. 계량도구

1) 부피

부피를 측정할 때는 계량컵, 계량스푼 등을 이용하는데 간장, 식초, 기름 등의 액체를 잴 때 사용한다. 이들은 무게 측정이 아니라 부피를 잴 때 사용하는 것이므로, 가루나 고체를 잴 때에는 정확하지가 않다.

지거
jigger

- 계량컵은 200mℓ가 총량이며 50mℓ마다 눈금이 그어져 있다. 계량컵 사용방법은 액체가 흔들리지 않도록 반드시 편편한 장소에서 재도록 하며, 시선을 눈금과 수평이 되게 해서 분량의 눈금을 읽는다. 칵테일 음료를 측정하는 계량컵인 지거는 0.5oz, 1oz를 사용하며, 이때 1oz는 30mℓ, 1.5oz는 45mℓ, 2oz는 60mℓ이다.

- 계량스푼은 1큰술, 1작은술, 1/2작은술, 1/4작은술이 한 세트로 구성되어 있다. 1큰술은 15㎖이며, 1작은술은 5㎖이다. 1큰술은 작은술 세 개와 같다. 스푼 가장자리에 찰랑찰랑 넘치지 않을 정도까지 담아서 측정해야 정확하다.

표 2.2 표준 계량단위

계량단위	미터법
1작은술(tea spoon, ts)	5㎖
1큰술(table spoon, Ts)	15㎖
1컵(cup, C)	200㎖

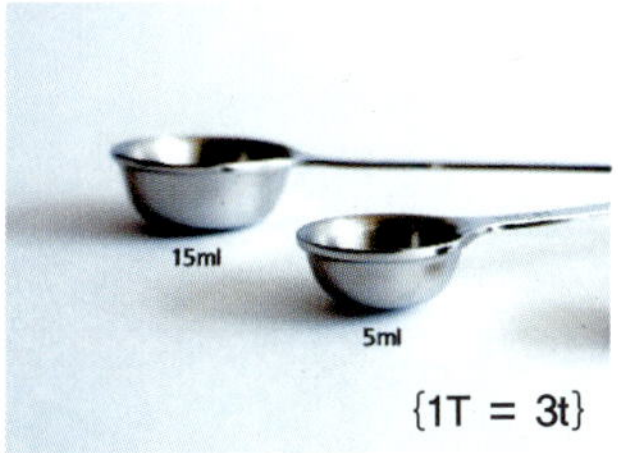

표 2.3 표준 계량기의 부피 및 용량 계량단위

컵 (cups)	작은술 (tea spoon)	큰술 (table spoon)	파인트 (pints)	쿼트 (quarts)	온스 (ounces)	파운드 (pound)	그램 (grams)
1/2	24	8	1/4	1/8	4.15	1/6	75
1	48	16	1/2	1/4	8.3	1/3	150
2	96	32	1	1/2	16.62	1	450
4	192	64	2	1	33.24	2	900

2) 무게

계량스푼
tea measure

고기, 생선, 야채 등과 같은 고체나 가루제품은 저울을 사용하여 무게를 잰다. 그리고 적은 양은 계량스푼을 이용하는데, 계량할 때는 평평한 곳에 저울을 놓고 바늘이 '0'에 있는지를 확인해야 한다. 바람직한 방법은 저울접시의 중앙에 식품을 올려놓고, 저울의 바늘이 정지되었을 때 숫자를 읽는다.

3) 온도

튀김, 오븐조리, 머랭 제조, 제빵 발효 등의 조리 시 식품의 내부온도를 측정하거나 용매의 온도를 측정할 때 이용된다. 액체의 온도를 잴 때는 온도계의 끝이 냄비의 바닥에 닿지 않도록 한다. 용도에 따라서 육류용 온도계, 튀김용 온도계, 제빵용 온도계 등 다양한 종류가 있다.

조리에 사용되는 온도단위는 '섭씨(℃)'와 '화씨(°F)'로 나타낸다. 섭씨는 물의 끓는점을 100℃로 하고, 어는점을 0℃로 구분하여 그 사이를 100등분하여 구분한 것으로, 세계에서 공용되는 단위이다. 화씨는 미국에서 많이 사용되며, 물의 어는점을 32°F로, 끓는점을 212°F로 하여, 이 두 점 사이를 180등분하여 구분한 것이다. 따라서 섭씨온도와 화씨온도는 다음과 같이 환산될 수 있다.

섭씨온도와 화씨온도

℃ = 5/9(°F−32)	℃ = (°F−32)/1.8
°F = 9/5×℃+32	°F = (1.8×℃)+32

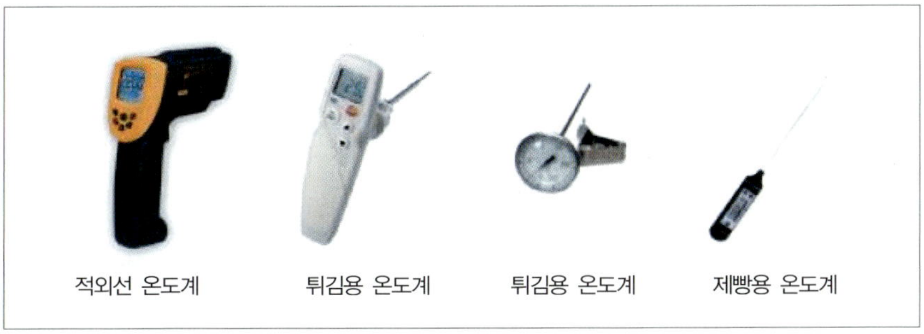

그림 2.1 온도계의 종류

3. 계량방법

계량도구를 사용하여 조리를 하더라도 정확한 사용법을 모르고 사용하는 경우에는 그 맛이 달라진다. 예를 들어, 같은 계량스푼을 사용하더라도 액체를 잴 때와 가루를 잴 때가 다르므로, 똑같이 잰다면 양이 달라져 맛이 달라진다.

1) 액체식품

액체식품
liquid food

액체식품은 투명계량컵을 사용하며, 일반적인 액체는 다음의 그림과 같이 컵을 수평상태로 놓고 눈높이를 액체의 아랫면에 일치되게 하여 눈금을 읽는다. 기름, 간장, 조청, 물 등의 액체는 표면장력이 허락하는 한도, 즉 넘쳐 흘러내리기 전까지 채워서 측정한다. 고추장, 마요네즈, 케첩 등의 농도가 있는 식품의 경우는 공간이 없도록 눌러서 담고 위를 깎아서 측정한다.

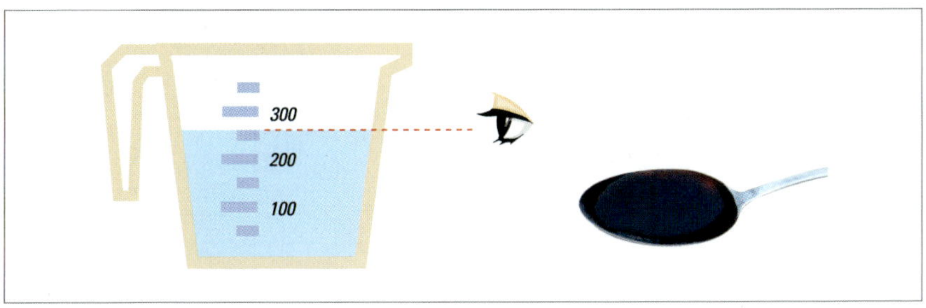

그림 2.2 액체의 눈금 읽기

2) 가루식품

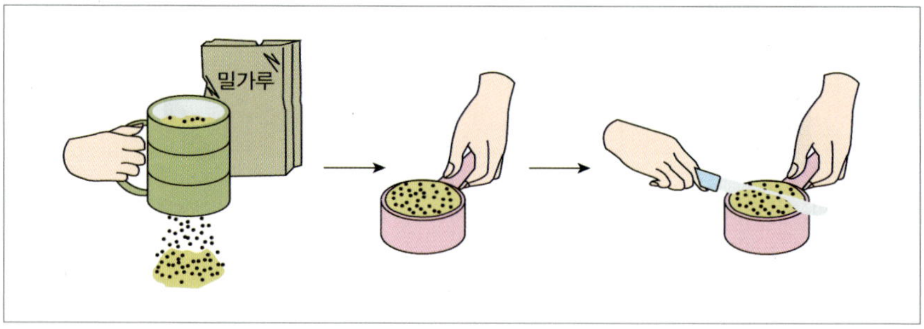

그림 2.3 밀가루의 계량방법

가루식품
powder food

가루식품은 측정 시 부피를 재는 것보다 무게를 재는 것이 더 정확하다. 밀가루는 계량 전에 반드시 체에 친 후 덩어리가 없는 상태에서 계량을 해야 한다. 저울을 사용하지 않고 계량컵이나 계량스푼을 이용할 경우, 누르거나 흔들지 않고 가득 담은 후 윗면이 평면이 되도록 깎아서 측정한다. 흑설탕, 황설탕의 경우는 당밀이 남아있어 서로 달라붙기 때문에 컵에 단단하게 눌러 담은 후 수평으로 깎아서 잰다.

3) 고체식품

고체식품
solid food

고체식품은 주로 저울을 사용한다. 적은 양의 버터, 마가린, 쇼트닝 등을 컵이나

표 2.4 식품별 목측량

식품		단위	실제량(g)	식품		단위	실제량(g)
곡류 · 서류	쌀	1C	180	과일류	배	1개	550
	밀가루	1C	100		사과	1개	300
	고구마	1개	250		귤	1개	100
	감자	1개	140	조미료류	된장	1T	18
어육류 · 난류	조기	1마리	400		간장	1T	17
	닭	1마리	1,200		마요네즈	1T	17
	달걀	1개	50		식초	1T	15
두류 · 채소류	두부	1모	400		참기름	1T	13
	무	1개	1,000		소금	1T	13
	당근	1개	100		백설탕	1T	8
	양파	1개	100		통깨	1T	8

계량스푼을 이용하여 잴 경우에는, 실온에 두어 반 고체상태가 되도록 한 후 컵이나 스푼에 꾹꾹 눌러 담아 빈공간이 없도록 채워서 스패튤라로 수평으로 깎아 계량한다. 쌀, 콩 등의 곡류 등의 알갱이는 컵에 가득 담아 살짝 흔든 후 윗면이 수평이 되도록 깎아서 잰다. 된장이나 다진고기 등의 반유동성 고체식품 재료는 계량기구에 눌러 담아 빈공간이 없도록 채워 깎아서 잰다.

스패튤라
spatula

제2절 기초 조리과정

전처리과정에 속하는 조작(操作)이다. 이는 식품 자체의 독성, 재배기간이나 유통과정 중에 생기는 이물질 등을 제거하고 조리에 적합한 상태로 만드는 과정이다. 이 과정에서 식품이 함유하고 있는 영양소를 파괴하지 않고 최대한 그대로 보존할 수 있도록 처리하는 것이 중요하다. 그러기 위해서는 각 과정들에서의 조리조건이 영양소에 미치는 영향을 잘 이해해야 한다. 이들에 대한 이해 없이 전처리 과정을 단순하게 취급하고 무조건 수행한다면 조리의 목적을 얻을 수 없다. 기본 원리를 잘 파악하고 유익한 성분은 보유하고, 불필요한 성분은 잘 제거되도록 조리과정을 수행한다면 현명한 조리를 할 수 있다.

조작
manipulation

1. 씻기

불순물이나 유해성분을 제거하는 과정이며, 식품 자체의 불쾌한 성분이나 재배과정이나 유통과정 중에 생긴 이물질을 제거하여 위생적으로 안전성을 확보해야 한다. 상추같이 채소의 표면이 굴곡이 있는 경우에는 좀더 여러 번 깨끗이 씻어야 하며, 세척을 통해 흙, 기생충이나 농약 등의 유해물질도 제거한다. 비위생적인 불순물을 제거하기 위해서는 흐르는 물에 씻거나 중성세제(0.2%)를 사용하는 것이 효율적이며, 농약의 경우 세척만으로도 90% 정도를 제거할 수 있다. 아울러 전용세제를 이용하면 효과적으로 더 잘 제거할 수 있다. 이러한 세척은 주로 물을 사용하므로, 수용성 영양소의 손실을 줄이고 갈변을 막기 위해서는 가급적 썰지 않고 통째로 씻는 것이 좋다.

위생적 청결 외에도 비린내, 미끈거림 등의 바람직하지 않은 요인들도 제거하는 과정이기도 하다. 이때는 물에 담가두어 용출시킨다. 생선같은 해산물들은 소금물을 이용하여 세척하면 맛성분의 용출을 줄일 수 있고, 생선의 비린내 성분인 TMA는 물에 용해되므로 세척만으로도 비린내를 줄일 수 있다.

TMA
trimethylamine

해산물은 삼투압에 의해 맛 성분이 빠지지 않도록 주로 소금을 이용하여 씻는다. 굴은 소금물에 담가서 헹구어주며 낙지, 오징어 등과 같은 연채류는 소금을 넣고 문지른 후 물에 헹군다. 그리고 물미역, 감태, 톳 등과 같은 해조류는 물을 넣지 않고 소금만 넣고 여러 번 문지른 후 바다 비린내가 나지 않게 헹구어 준다. 또한 매생이는 볼에 넣고 여러 번 헹구어 잡티를 제거하고 비린내가 나지 않게 헹구어 준다. 일반적으로 조개는 소금물에 해감을 한 후 사용하나, 꼬막은 물은 넣지 않고 꼬막만 볼에 넣은 후 뻘이 다 빠질 때까지 문지르기와 헹구기를 반복한다.

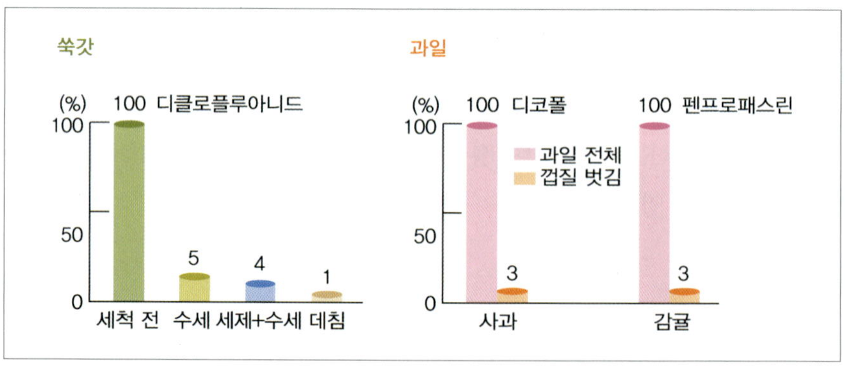

그림 2.4 농산물의 가공과정별 잔류농약의 제거효과

열무 씻기와 아욱 씻기

– 열무 씻기 : 열무김치를 담그기 위해서 열무를 세척할 때에는 이물질과 잔털을 제거하고 열무를 가볍게 흔들어 씻는다. 그렇지 않으면 풋내가 나게 된다.
– 아욱 씻기 : 아욱은 줄기부분의 껍질을 꺾어 잡아당겨 억센 섬유질을 벗겨 낸 다음, 큰 볼에 담고 소금을 넣어 푸른물이 완전히 빠져나올 때까지 많이 주물러 씻는다. 그리고 푸른물이 빠져 나온 아욱을 찬물에 헹구어 꽉 짠다.

2. 불리기, 침출, 변색방지

1) 불리기

불리기의 목적은 수분흡수, 팽윤, 연화에 있다. 채소들은 유통기간 중에 어느 정도 숨이 죽으므로, 물에 담가두면 채소의 세포와 수분 평형을 이루어 다시 회복되어 싱싱해진다. 식품을 오래 저장하기 위해서는 식품을 건조시켜 보관하는데, 이를 조리할 때에는 다시 원래 상태로 만들어서 본래의 질감과 유사하고 부드럽게 만들어야 한다.

식품에 물을 넣고 흡수시키면 식품은 팽윤현상이 일어난다. 그래서 원래 크기의 몇 배로 불어나게 되는데, 보통 표고는 4~5배, 다시마는 5~6배, 미역은 7~8배, 당면은 6~7배, 콩은 3배로 늘어난다. 물에 불리는 경우, 원상태로 되돌리는 복원도 중요하지만, 물을 매체로 이용하므로 용출에 의한 아미노산, 비타민, 무기질 같은 수용성 영양소의 손실이 문제이다. 이 영양소의 용출 정도는 불릴 때에 사용되는 물의 온도, 시간과 농도에 의해 영향을 받는다. 물의 온도가 높을수록, 그리고 시간이 길수록 물의 흡수도 잘되지만, 수용성 성분의 용출도 많으므로 적당한 시간만 불리도록 한다.

팽윤현상
swelling

예를 들어, 미역을 하룻밤 불린 뒤 씻어 미역국을 끓이게 되면 수용성 성분인 요오드를 비롯한 수용성 영양소는 용출되어 버려지게 된다. 따라서 떫은맛을 제거하는 용도를 제외하고는 재료를 깨끗이 씻어 불린 후 그 불린 물을 조리수로 이용하는 것도 바람직한 방법이다.

2) 성분의 침출

침출은 재료가 가지는 불필요한 성분을 제거하는 데에 목적이 있다. 우엉, 도라지, 고비 등의 쓴맛은 알칼로이드이고 수용성이므로, 물에 담가서 우려내어 제거할 수 있으며 떫은맛, 아린맛, 고기의 핏물, 해조류의 염분 등도 제거할 수 있다. 고기의 핏물은 조리 시 거품이 나고 잡내가 나므로 물에 담가 제거해야 한다. 조개류들은 모래가 들어있으므로, 바닷물과 같은 농도의 3% 소금물에 담가 어두운 곳에 두면 모래를 잘 제거할 수 있다. 염장식품의 짠맛 용출에는 1.5%의 소금물을 사용하면 삼투압 작용으로 인해 염분이 효과적으로 제거된다. 그리고 시금치는 데쳐서 물에 담가두면 수산을 제거할 수 있다.

침출
leaching

수산
oxalic acid

3) 식품의 변색방지

효소적 갈변 enzymatic browning

변색 discoloration

재료를 물에 담가 산소와의 접촉을 차단함으로써 식품의 변색을 방지할 수 있다. 배, 감자, 사과, 우엉, 연근은 껍질을 벗겨 공기 중에 놓아두면 색이 변하게 된다. 이는 효소적 갈변으로, 공기 중의 산소에 의해 식품 내에 존재하는 폴리페놀 물질을 폴리페놀 산화효소가 산화시키는 것이다. 특히 숙주는 데친 후 찬물에 담가두어야만 변색을 막을 수 있다.

3. 썰기

조리에 적합하도록 자르는 과정으로, 불필요한 부분을 제거하고 먹기에 적당하며 외관도 아름답게 하는 것이 목적이다. 식품을 적당한 크기로 자르면 표면적이 커져 가열할 때 열전달이 쉬워 조리시간이 단축되며, 양념도 재료에 스며들기가 쉬워 맛도 좋아진다.

4. 갈기, 분쇄, 다지기

블렌더 blender

그라인더 grinder

다지기는 더 곱고 작은 입자로 만드는 과정으로 마늘, 잣, 생강 등에 사용한다. 기구는 블렌더나 그라인더와 같은 것을 사용하기도 한다. 이 방법은 소화를 용이하게 하는 반면, 비타민 C가 파괴되고 갈변이 일어나는 단점이 있다.

5. 혼합교반

믹싱 mixing

블렌딩 blending

섞기는 '믹싱'과 '블렌딩'이라 하며, 재료를 혼합하는 과정을 뜻한다. 믹싱은 혼합의 의미이고, 블렌딩은 기구를 사용하여 재료가 하나의 물질이 되도록 섞어주는 것을 뜻한다. 믹싱은 양념과 열을 골고루 배분할 수가 있어 맛을 증가시킬 수 있으며, 블렌딩을 통해 각각의 재료가 섞임으로써 물리적 특성 변화, 색다른 풍미, 색, 향을 더해 줄 수 있다.

6. 냉각과 냉장

'냉각과 냉장'은 음식의 온도를 내려주어 원하는 맛의 질감, 미생물 번식 억제, 성형 등의 목적이 있다.

- 샐러드용 채소들은 아삭함이 더해지고, 과일은 당도가 높아지며, 음료는 청량감이 더해진다.
- 회 종류는 탄력성을 줄 수 있으며, 동시에 미생물 번식을 억제하여 식중독을 예방할 수 있다.
- 나물을 데친 후 냉수에 담가 효소의 반응을 정지시킴으로써 색의 변화를 막을 수 있고, 계란의 녹변도 막을 수 있다.
- 국수의 전분호화를 정지시킬 수 있다.
- 젤리, 족편, 과편, 묵 등은 냉각을 통해서 졸(sol)에서 겔(gel) 상태로 물성의 변화를 주어 모양을 유지하게 한다.

이러한 냉각속도에 영향을 주는 요인은 식품의 표면적, 식품의 종류, 농도, 용기재질의 열전도율 등이 있다.

7. 동결

'동결'은 식품을 0℃ 이하로 냉각시켜 미생물의 발육을 저지하고 식품의 효소작용을 억제하고자 하는 저장방법이다. 냉동할 때에는 미세한 얼음결정을 위해 -40℃ 이하에서 급속 동결시키는 것이 바람직하다.

동결
freezing

얼음결정체는 형성과정에서 잠열의 제거가 느리게 전개되어 세포막 밖에 큰 얼음결정을 형성하여 조직에 손상을 준다. 또한 동결 농축현상을 일으키는 단백질이나 기타성분의 화학 평형의 균형을 깨뜨려 그 결과 원래의 상태로 되돌아 갈 수가 없게 된다. 이러한 품질저하는 냉동속도에 영향을 받는데, 냉각속도가 빠르면 생성되는 얼음의 결정이 작아 드립이 적으며, 서서히 냉동을 하면 얼음결정의 크기가 커져 조직

동결농축
freeze concentration

손상이 많고 해동 시 드립이 많아 원상복귀가 어렵다.

그러므로 해동했을 때 바로 조리할 수 있도록 적당한 분량과 크기로 동결하는 것이 드립과 질감 변화를 줄일 수가 있다. 그리고 전분류는 굳기 전에 냉동하면 해동 시의 원상태로 돌아갈 수 있으며, 일부 냉동채소는 해동하지 않고 그대로 조리하는 것이 좋다.

표 2.5 식품의 저장 및 동결온도

분 류	식품명	저장온도(℃)	동결온도(℃)
냉동육류	소고기	−23.5 ∼ −17.5	−
	돼지고기	−23.5 ∼ −17.5	−
	닭고기	−29	−
	햄	−23.5 ∼ −17.5	−
신선육류	소고기	0∼1.5	−2.5 ∼ −1.5
	돼지고기	0∼1.5	−2.5 ∼ −1.5
	닭고기	0	−1.5
	햄	0∼11.5	−2.5 ∼ −1.5
가공식품	버터	−10	−2.5
	치즈	1.5	−2.5
	소시지	4.5∼7	−

8. 해동

완만해동 slow thawing

급속해동 quick thawing

'해동(thawing, defrosting)'은 냉동한 식품을 조리에 사용할 수 있는 상태로 되돌리는 과정이다. 해동방법은 '완만해동법'과 '급속해동법'이 있다. 완만해동법은 냉장고 온도에서 또는 찬물에서 천천히 해동하는 방법으로써 해동 이후 드립을 줄일 수 있다. 급속해동법은 전자레인지를 이용하여 해동하는 방법과, 조리된 상태에서 냉동된 식품을 그대로 조리하는 것이다. 이 급속해동은 해동과정에서 드립으로 인한 수분과 영양소 손실, 색 및 조직감 변화, 미생물에 의한 오염 등의 품질저하를 야기한다.

해동온도와 시간은 식품의 씹힘성, 탄력성, 응집성, 색, 외관, 미생물 총균수에 영향을 미친다. 육류와 조각난 닭고기는 냉장온도에서 천천히 해동하면 유출량이 적고 위생상 안전하다. 따라서 이 과정에서 식품의 맛과 질이 덜 손상되도록 해동해야 한다. 냉동기간도 해동한 후의 상태에 영향을 미치므로 가급적 빨리 먹도록 해야 한다. 또한 식품을 조리하지 않고 그대로 냉동시켜 바로 조리하는 것도 손실을 줄이는 방법이다. 호박, 고추, 마늘, 해조류 등은 조리하지 않은 상태에서 냉동시킨 후 해동하지 않고 곧바로 조리에 사용하는 것이다. 대신에 바로 사용할 수 있는 상태로 손질해서 보관해야 한다.

제3절 조리과정

1. 생식품조리

식품을 가열하지 않고 먹는 방법으로, 식품 자체가 가지고 있는 풍미나 미각을 그대로 살려서 먹을 수 있다. 채소나 과일 등을 생으로 먹거나 신선한 육류, 어류, 패류를 가열하지 않고 회로 먹는 방법으로, 식품 고유의 풍미를 살릴 수가 있다. 생으로 먹으면 열원을 사용하지 않아 조리가 간단하고 시간이 절약되나, 재료의 신선도와 위생적인 처리가 우선적으로 필요하다. 또한 생식품 조리는 가열과정을 거치지 않아 영양소 성분의 손실이 적으며, 효소 및 수용성비타민의 이용률을 높일 수 있다.

2. 가열조리

가열조리 조작의 목적은 식품의 조직을 부드럽게 하여 소화하기 쉽게 하며 미생물이나 병원균 및 기생충, 독소 등을 제거하여 위생적이고 안전한 음식이 되도록 하는 것이 목적이다. 그러나 식품을 가열하게 되면 식품이 가지고 있는 성분인 전분, 단백질, 지방 등이 변화되어 질감, 향, 맛의 변화가 일어난다.

따라서 식품의 영양적 · 물리적인 특성을 잘 이용하여 적절한 조리방법을 선택하여 이들의 손실을 최소화하고 음식의 향미를 증진시키는 것이 중요하다. 이러한 조리에 앞서 열을 전달하는 매체와 전달방식의 특성을 잘 이해하여야 한다.

1) 습열조리

'습열조리법'은 데치기, 시머링, 삶기, 끓이기, 찌기가 있다. 식품에 물을 넣고 익히는 방법은 같으나, 각 조리법은 방법과 목적이 다르며 조리과정 중에 모두 쓰이기도 하고 각각 별개로 쓰이기도 한다. 즉 조직 연화, 지미성분 증가, 단백질 응고, 불미성분 제거, 전분의 호화, 지방제거 등 조리목적에 적합한 방법을 선택한다. 그리고 습열조리는 물을 열전달매체로 하므로 수용성 영양소의 손실이 있다.

(1) 데치기

데치기
blanching

'데치기'의 목적은 조직의 연화와 효소의 불활성화, 불미성분 및 지방의 제거, 전분의 호화 등에 있다.

① 효소의 불활성화 및 조직 연화

무청, 배춧잎, 시금치 등의 푸른 채소들은 수확 후 세포 속의 효소들에 의해 물러지거나 누렇게 변색된다. 따라서 채소들을 끓는 물에 데침으로써 효소를 불활성화 시켜 푸른색을 유지하고 조직을 연하게 한다. 녹색채소의 변색을 막기 위한 방법으로는 1%의 소금을 넣고 물이 끓으면 뚜껑을 열어 단시간에 채소를 삶는 것이다. 뚜껑을 덮으면 휘발된 유기산이 다시 물속으로 흘러들어가 푸른색 채소들의 색을 변화시킨다. 식소다, 중조 등의 알칼리성 물질을 넣으면 조직은 연화되나 비타민의 손실은 크다. 또한 오이지를 담그기 전에 오이를 끓는 물에 데침으로써 오이지가 물러지는 것을 막을 수가 있다.

② 불미성분 및 지방의 제거

소나 돼지의 갈비, 닭 등 육류는 요리에 앞서 끓는 물에 데쳐서 잡냄새와 같은 불미성분이나 지방 등을 제거한다. 죽순, 무, 배추 등은 쌀뜨물과 함께 삶으면 효소작용으로 연화되며 색이 희고 불미성분이 제거된다.

(2) 시머링

시머링
simmering

포칭
poaching

육수, 설렁탕, 곰탕 등은 시머링으로 85~95℃의 끓기 직전의 온도에서 오랫동안 끓여 식품의 조직을 부드럽게 해서 맛난 성분이 충분히 우러나도록 한다. 혹은 국을 조리거나 맑은 육수를 만들 때도 시머링으로 조리한다. 포칭은 서양조리에서 달걀이나 생선조리를 할 때 65~83℃의 낮은 온도에서 서서히 익히는 조리법이다.

(3) 삶기

'삶기'는 재료의 연화 및 불순물 제거가 목적이다. 당면, 국수, 파스타 등과 같은 면류의 호화를 가져온다. 편육은 물이 끓은 후에 넣으며 맛성분이 용출되는 것을 막는다. 가열시간은 데치기보다는 길고, 끓이기나 시머링보다는 짧다.

삶기 boiling

생고사리에는 티아미나아제가 있어서 비타민 B_1을 파괴하므로 충분히 삶아서 사용해야만 한다. 죽순, 무, 배추 등은 쌀뜨물과 함께 삶으면 효소작용으로 연화되고, 색이 희며 불미성분이 제거된다.

티아미나아제 thiaminase

(4) 끓이기

'끓이기'의 목적은 물 또는 국물에 조미료를 가미하여 식품을 넣고 가열하여 맛을 내는 것이다. 이것은 재료를 익힘으로써 조직을 연화시켜 소화를 돕는 것이다.

끓이기 boiling

다음은 국물을 끓일 때에 고려해야 하는 사항이다.

① 국물의 양

건더기는 국물의 1/3 정도로 하고, 국물의 양은 재료의 분량, 끓이는 시간, 냄비의 모양 등에 따라 다르며, 질기고 단단한 식품은 넣는 순서를 달리하여 끓여서 전체가 같이 끓도록 한다.

② 끓이는 시간

재료에 따른 끓이는 시간은 채소류, 어패류 등은 국물을 적게 하여 단시간 끓이는 것이 좋고, 건조식품은 미리 불려 원상태로 된 후 양념을 하여 볶아준 뒤 국물을 넣고 약한 불에서 장시간 끓이는 것이 부드럽고 맛이 좋다.

두류의 경우, 끓이기 전에 물에 담가두었다가(3~4시간) 1%의 소금을 넣고 끓인다. 또한 육수와 같이 국물을 내기 위한 식재료는 찬물에서부터 넣고 오래도록 끓인다. 그리고 어육류, 편육 등과 같이 건더기를 먹고자 할 때는 국물이 먼저 끓은 후에 넣는다.

(5) 찌기

찜
steaming

'찜'은 수증기가 갖고 있는 잠열(1g당 539kcal)을 이용하여 식품을 가열하는 조리법이다. 그러나 찌는 도중에 뚜껑을 열게 되면, 온도가 급속도로 낮아져 식품이 잘 익지 못하므로 도중에 뚜껑을 열지 말아야 한다. 김이 오른 뒤에 식품을 넣어야 물기가 식품에 들러붙지 않아 질척해지는 것을 막을 수 있으며, 양념은 도중에 조미를 할 수 없으므로 미리 양념을 해야 한다. 찜은 조리시간이 다소 길지만, 끓이는 조작보다 수용성물질의 손실이 적다. 또한 모양이 흩어지지 않고 온도의 분포도 골고루 되어 식품이 탈 염려가 없는 것이 장점이다.

2) 건열조리

건열조리
dry heat method

건열조리는 물을 사용하지 않는 조리방법으로 구이, 볶음, 튀김 등이 있다.

(1) 구이

캐러멜화
caramelization

'구이'를 하면 가열에 의해 탄수화물은 캐러멜화가 일어나, 식품 표면의 색이 노릇노릇해져 식욕을 돋운다. 수분은 증발하여 성분이 농축되므로 맛은 더욱 진해지고 지방은 분해되며, 단백질은 응고되고 전분은 호화된다. 그리고 식품의 표면과 내부의 온도 차이가 있으므로 내부가 잘 익도록 열원의 온도조절이 필요하고, 표면은 바삭하면서도 내부는 적절한 수분을 보유할 수 있도록 잘 조절해야 한다. 연기로 인해 살균효과가 있어 보존성도 증가된다.

살균효과
sterilizing effect

① 굽는 방법

식품에 직접 열을 가하거나 팬, 석쇠, 오븐을 이용하여 구울 수가 있다. 직접 열을 가하는 '직접구이'와 도구를 이용한 '간접구이'로 나눌 수 있다.

- 직접구이 : 복사열을 이용한 것으로 방사열이 강하고 방사면이 넓은 숯불 같은 것이 효과적이다. 가스불은 석쇠, 철판, 꼬챙이 등을 이용하는 것이 효과적이다. 서양조리에는 쇠꼬챙이에 꿰어 불 위에서 바로 익히는 방법으로 그릴링, 브로일링 등이 있다.

- 간접구이 : 복사열, 전도열, 대류열을 이용하며 팬, 냄비, 철판, 오븐 등을 사용해서 조리하는 방법으로 로스팅, 팬브로일링, 베이킹, 소테, 스터프라잉, 팬프라잉, 딥프라잉이 있다. 팬을 이용할 때 생선이나 연한고기, 채소 등은 빠르게 조리해야 영양소 파괴가 적고 육즙이 덜 나와 풍미를 유지할 수 있다. 그리고 브레이징은 가열된 팬에서 갈색을 내어 표면을 익히고 소량의 스톡이나 와인을 넣어 육류가 부드러워질 때까지 조리는 방법으로 습열과 건열을 동시에 이용한다.

브레이징
braising

② 구이에 적합한 재료

누린내가 나는 수조육류는 구우면 풍미가 더해지므로, 지방이 많은 식품에 적합하다.

③ 구운 정도

- 단백질식품 : 어패류나 수조육류의 경우에는 단백질이 응고되는 온도에서 굽는 것이 적당하며, 굽는 시간이 너무 길어지면 수분이 많이 유출되어 질겨지고 빡빡하여 맛이 덜하므로, 비교적 강한 불에서 굽는 것이 좋다. 스테이크의 경우, 소고기 단백질의 응고점 부근에서 구워질 때가 가장 맛이 있다.
- 전분식품 : 고구마, 팬케이크 등은 수분 함량이 적으므로 약한 불에서 구워야 하며 고구마의 당화효소 활성도를 증가시켜, 당화가 많이 일어나 단맛이 증가하고 수분은 증발하여 성분이 농축되므로 맛이 더 좋아진다.

④ 영양성분 변화

구이를 하면 당분의 캐러멜화가 일어나 식품 표면의 갈색화를 가져와 식욕을 돋우어 주나, 열에 약한 비타민 B_1은 파괴가 일어난다.

(2) 볶기

열전달매체로 기름을 사용하므로 건열조리에 속하며, 튀김과 구이의 중간 형태의 요리이다. 이것은 달궈진 냄비에 기름을 두르고 조리함으로써 고온에서 단시간에 조리할 수 있어 식품 고유의 색을 유지할 수 있고, 수용성 영양소의 손실을 줄이며 카로틴 같은 지용성 영양소의 체내 이용률을 증가시킬 수 있다.

카로틴
carotene

볶은 후의 변화를 보면, 식물성 식품은 연화되는 반면, 동물성 식품은 단단해지고 감미는 증가하며 당분은 캐러멜화 되어 갈색화된다. 냄비에 많은 양을 한꺼번에 넣으면 기름의 온도가 떨어져 조리시간이 길어지고 기름을 흡수하므로 질감이 떨어진다. 따라서 기름을 달군 후 식품을 넣고, 양이 많은 경우 여러 번에 나눠서 볶는데 자주 섞어준다.

식품의 양은 냄비용량의 반 정도가 적당하며 두툼하고 열용량이 큰 냄비를 사용하는 것이 좋다. 그리고 기름의 양은 재료의 10~15%, 밥류는 10%, 알류는 5%가 적당하다. 수분 함량이 높은 식품재료는 센불에서 단시간에 볶아내며 식품 표면에 물기가 많으면 튈 염려가 있기 때문에 물기를 제거해야 한다.

(3) 튀기기

열전도
heat conduction

'튀기기'는 고온의 기름 속에서 식품을 가열하는 조작이며, 열전도는 기름의 대류에 의한다. 이 조리법은 기름에 의한 열량은 증가되나, 식품을 고온의 기름 속에서 단시간 처리하므로 영양소나 단맛의 손실이 적을 뿐만 아니라 기름의 풍미가 식품에 부가된다.

① 튀김옷

박력분
weak flour

박력분을 주로 사용하며, 박력분이 없으면 중력분에 전분을 넣어 10~30% 정도를 혼합하여 사용한다. 튀김옷은 글루텐이 증가하면 질겨지므로 많이 젓지 않는다. 그리고 물의 온도는 낮을수록 바삭하며 계란을 넣기도 하는데, 달걀의 단백질은 열에 응고하므로 점착력, 경도를 증가시킬 수는 있으나, 시간이 지나면 오히려 눅눅해지므로 오래도록 두고 먹을 때에는 달걀을 넣지 않는 것이 좋다.

바삭함을 오래도록 가게 하기 위해서는 튀김옷에 탄산수소나트륨을 0.2% 정도 넣기도 하는데, 중조를 넣으면 기름 속에서 탄산가스가 발생하여 수분이 증발되고 껍질이 식품 겉에서 덩어리로 뭉쳐지는 것을 막게 되어 바삭한 질감을 유지할 수 있게 된다. 그러나 비타민 C, 비타민 B_6 등의 영양소 손실을 가져오기도 한다.

발연점
smoke point

산도
acidity

② 튀김기름

튀김에 사용하는 기름은 발연점이 높고 향미가 좋아, 점조성이 없으며 산도가 높지 않은 것을 선택한다. 여기에는 대두유, 채종유, 미강유, 면실유, 올리브유, 동백유, 낙화생유 등의 식물성유가 적합하다.

동물성유는 융점이 체온보다 높아 입에 넣었을 때 기름이 체온에 의해 녹지 않으므로 기름기가 남게 되어 입안에서의 촉감이 좋지 않다. 그리고 오래된 기름은 산패, 중합 등에 의해 점도가 증가하여 튀길 때 산뜻하게 튀겨지지 않고, 설사 등의 중독증상이 나타나므로 주의해야 한다.

융점
melting point

점도
viscosity

기름의 비열(比熱)은 0.47로써 열용량이 적기 때문에 쉽게 온도가 올라가고, 또한 빨리 온도가 떨어지므로 불조절에 주의하여야 한다. 튀김기름의 양은 재료의 6~10배가 적당하며, 한꺼번에 다량으로 튀기는 것보다는 조금씩 사용량을 늘리는 것이 더 좋다. 그리고 수분이 많은 식품은 튀기기 전에 어느 정도의 수분을 제거하도록 해야 한다.

비열
specific heat

표 2.6 튀김기름류의 물리적 성질

종류	비중	융점	발연점
옥수수기름	0.922	–	227
낙화생유	0.911	–	162
면실유	0.917	–	233
올리브유	0.918	0~6	199
참기름	0.919	3~6	–
대두유	0.927	–	–
야자유	0.924	25.1	138
라드	0.936	28~48	190
양기름	0.945	44~54	–
버터	0.911	28~38	208
소기름	0.948	40~50	–

③ 튀김온도와 시간

튀김온도를 측정할 때는 온도계를 사용하거나 반죽을 이용해 짐작으로 한다. 130℃에서 반죽을 기름에 넣어보면 가라앉았다가 한참 후에 떠오르고, 140~150℃에서는 중간 정도의 높이로 내려갔다가 떠오르고, 160~180℃에서는 약간 가라앉았다가 바로 뜨고, 200℃에서는 미세한 연기를 내면서 바로 뜬다. 그리고 저온에서 튀기게 되면 튀김옷이 벗겨져 바삭함이 덜하며 모양도 좋지가 않다. 그래서 여러 번 사용한 기름은 발연점이 내려가므로 단시간에 튀길 수 없게 되어 기름의 흡수가 많아져 바삭하지가 않다.

식품재료의 기름 흡수에 영향을 주는 요인은, 튀김시간이 오래될수록 튀기는 재료의 표면적과 절단면이 크며, 식품재료 중에서 지질, 인지질 등의 함량이 많을수록 흡유량이 많아진다.

표 2.7 튀김온도와 시간

종 류	온도(℃)	시간(분)
생선류 튀김	170~190	1~3
채소류 튀김	160~180	2~4
가금류(소고기 · 돼지고기)	160~189	7~10
도넛	160~180	3~4
크로켓	180~200	1~2
서류 튀김(감자 · 고구마)	160~180	3~4
해조류(다시마 · 미역)	160~170	1.5
커틀릿	160~180	3~5

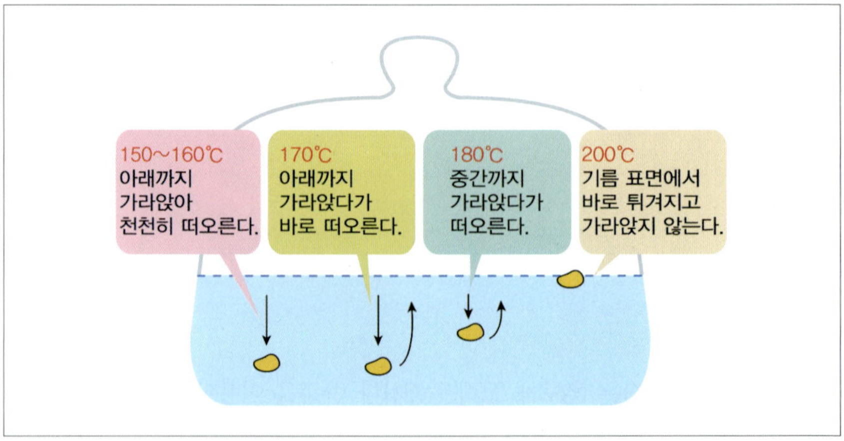

그림 2.5 기름의 온도와 떠오르는 속도의 관계

Exercise

1 부피를 측정할 때 사용하는 도구는 무엇인가?

2 1T = (　　　　　　)t

3 액체식품을 측정하는 방법을 쓰시오.

4 버터와 밀가루를 측정하는 방법을 쓰시오.

5 불리기의 목적을 쓰시오.

6 물을 매체로 하여 불리기를 할 때 손실되는 영양소는 무엇인가?

7 습열조리와 건열조리에 해당하는 조리법을 쓰시오.

8 (　　　　　)의 목적은 조직의 연화와 효소의 불활성화, 불미성분 및 지방의 제거, 전분의 호화 등에 있다.

9 녹색채소의 변색을 막기 위한 방법과 우엉, 연근 등의 떫은맛을 제거하는 방법을 쓰시오.

10 튀김기름에 적합한 조건은 무엇인가?

Cooking Principles

COOK
ING 03
PRINCIPLES

CHAPTER 03

Cereals and Flour Products

곡류 및 밀가루 제품

제1절 곡류

곡류는 탄수화물의 주 급원식품이며 열량을 제공해준다. 쌀, 보리, 조, 수수와 콩은 세계 5대 곡물에 해당되는데, 곡류는 전분이 60～70%, 단백질이 10%, 지방질은 2～3% 내 · 외로 구성되어 있다. 라이신은 부족하나 필수아미노산 조성이 우수하여 단백가가 높다. 그리고 소화 · 흡수가 잘되며 무기질 중 인의 함량이 많아 산성식품에 속한다.

곡류는 쌀류, 맥류, 잡곡으로 분류한다. 맥류에는 보리, 밀, 귀리, 호밀 등이 속하며, 잡곡에는 옥수수, 조, 수수, 메밀, 기장, 피 등이 속한다.

표 3.1 쌀의 분류

미곡류	쌀
맥 류	밀, 보리, 귀리, 호밀, 라이밀
잡곡류	옥수수, 조, 수수, 기장, 메밀, 율무

곡류의 낱알 구조를 보면, 주로 외부는 외과피(왕겨)로 되어 있고, 내부는 종피, 배유, 배아로 되어 있다. 밀, 쌀보리는 탈곡 시 외과피가 비교적 쉽게 벗겨지며, 메밀은 외과피가 단단하게 둘러싸여 있지만 내부의 조직은 부드럽다. 종피 바로 밑에 있는 호분층은 단백질, 지방, 무기질 및 섬유질이 풍부하다. 정곡의 대부분은 배유이며, 배유는 주로 전분으로 되어 있다. 배아는 지방 함량이 많으며 곡류 저장 시 산패의 원인이 되며, 발아할 때 배유와 접하는 부분에서 당화효소를 분비하여 전분을 당화시킨다.

호분층
aleurone

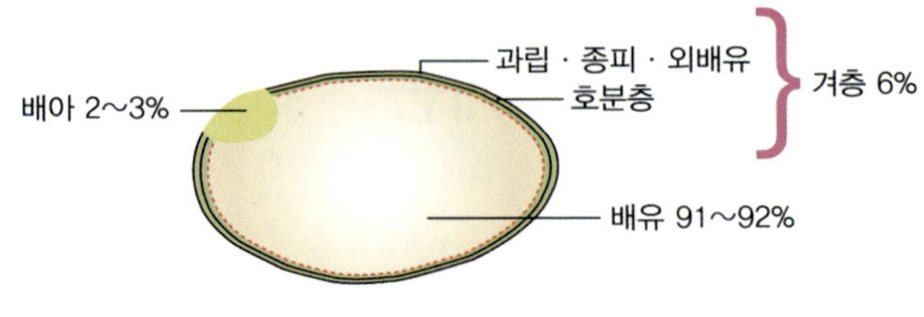

그림 3.1 현미의 구조

1. 쌀류

단립종 japonica type

장립종 indica

쌀의 원산지는 인도 북부와 중국 서남부에 이르는 광범위한 지역으로 알려져 있으며, 우리나라에서는 기원전 2~3세기경에 재배되기 시작했다. 쌀은 형태에 따라 '단립종'과 '장립종'으로 나누어진다. 단립종은 쌀알이 짧고 통통하며 세포막이 얇아 밥을 지을 때 붕괴되어 끈기가 생긴다. 또한 수분흡수가 용이하여 완전히 호화가 일어나는 것이 특징이다. 반면, 장립종은 쌀알이 가늘고 길며 세포벽의 붕괴가 적어 쌀 형태가 그대로 유지되어 끈기가 적고 푸슬푸슬하다. 유색미의 색소는 겨층 부분에

표 3.2 형태에 따른 쌀의 종류

형 태	종 류
자포니카형(일본형) (단립종, 원립종) 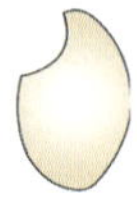	• 학명 : *oryza sativa* subspecies japonica • 재배지역 : 한국, 일본, 중국 동북부, 대만 북부, 미국 서해안 등 온난하고 적당한 강우량인 지역에서 재배되며, 세계 쌀 생산량의 약 20%를 차지함 • 형태 : 짧고 둥글둥글한 형태를 지님 • 특징 : 물을 넣고 가열하면 끈기가 생김
자바니카형(자바형) (중립종, 반장립종) 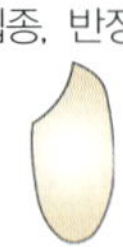	• 학명 : *oryza sativa* subspecies javanica • 재배지역 : 자바섬이나 인도네시아 등 아열대 지역에서 재배되며, 생산량은 미미함 • 형태 : 자포니카형과 인디카형의 중간 형태이며 크기가 약간 큰 편임 • 특징 : 맛이 담백하고 가열하면 끈기가 생기나 인디카형에 가까움
인디카형(인도형) (장립종) 	• 학명 : *oryza sativa* subspecies indica • 재배지역 : 인도, 인도네시아, 방글라데시, 베트남, 태국, 미얀마, 필리핀, 중국 남부, 미 대륙, 브라질 등 고온다습한 열대 및 아열대 지역에서 재배되며, 세계 쌀 생산량의 약 80%를 차지함 • 형태 : 자포니카형에 비해 가늘고 길쭉한 형태임 • 특징 : 자포니카형에 비해 끈기가 적고 푸슬푸슬함

들어 있으며 수용성 색소이므로 밥을 할 때 색이 용출되어 밥의 색을 좋게 한다.

1) 쌀의 구조

벼의 낟알 비율은 현미 80%, 왕겨층 20%로써, 현미는 벼를 탈곡하여 왕겨층을 벗겨낸 것이다. 왕겨는 주로 가축사료나 비료로 이용되며, 왕겨를 제거한 현미는 겨 5%, 배아 3%, 배유 92%로 이루어져 있다. 그러나 겨층(과피, 종피, 호분층, 외배유)은 셀룰로오스가 주성분으로 소화가 잘 안 되므로 도정 시 제거되는데, 겨층과 배아가 거의 모두 제거된 것을 '백미'라 하고, 70%가 제거된 것을 '7분도미', 50%가 제거된 것을 '5분도미'라고 한다. 분도의 수가 많아질수록 많이 깎여 정백비율은 높아지지만 단백질, 지방, 식이섬유 및 비타민 B_1 함량은 감소된다. 그래서 현미의 겨층에는 식이섬유, 단백질, 지방이 많으며, 백미의 주요 부분인 배유 부분에는 전분이 많다. 현미의 소화율은 90%인데 비해, 겨층이 제거된 백미의 소화율은 98%이다.

표 3.3 도정별 영양성분

도정미	수분(%)	단백질(%)	지질(%)	탄수화물(%)	무기질(%)	티아민(%)	소화율(%)
현미	13.25	7.63	2.33	75.7	1.60	5.4	93
5분도미	14.05	7.50	1.50	76.2	0.79	4.0	97
7분도미	14.06	7.27	1.32	76.6	0.71	3.1	98
백미	14.39	7.11	0.97	77.1	0.54	1.7	98

2) 쌀의 영양가

탄수화물이 주성분이며 당질 중 75%가 전분이고 이외에 덱스트린, 섬유소 등이 있다. 쌀 전분은 아밀로오스 20~25%, 아밀로펙틴 75~80%로 구성되어 있으며, 단백질은 7~8%, 현미가 6~7% 함유하고 있다. 그리고 주로 오리제닌이고, 필수아미노산인 라이신이 부족하므로 두류와 함께 섭취하면 필수아미노산을 골고루 섭취할 수가 있다. 쌀의 단백가는 78%로 우수하며, 지방은 현미에 2.3%, 백미에 0.8% 함유되어 있고, 50% 이상이 올레산, 기타 리놀레닉산, 팔미틱산 등 불포화지방산이다. 무기질은 P, K, Mg 등이 풍부하고, Ca, Fe 등은 부족하다. 쌀에는 주로 비타민 B 복합체와 비타민 E 등이 많이 함유되어 있다.

오리제닌 oryzeinin

라이신 lysine

올레산 oleic acid

리놀레닉산 linolenic acid

팔미틱산 palmitic acid

표 3.4 쌀의 단백가

아미노산	전쌀단백	백미단백	표준단백
리이신	3.2	2.2	4.2
트립토판	1.3	1.1	1.4
페닐알라닌	5.0	5.6	2.8
메티오닌	3.0	2.6	4.2
트레오닌	3.8	2.2	2.8
류신	8.2	6.7	4.8
이소로이신	5.2	4.9	4.2
발린	6.2	8.8	4.2

트립토판 tryptophan
페닐알라닌 phenylalanine
메티오닌 methionine
트레오닌 threonine
류신 leucine
이소로이신 isoleucine
발린 valine

3) 쌀의 가공품

쌀을 주식으로 하고 있는 만큼 쌀 가공품도 다양하며, 쌀에 부족한 영양소를 보충하여 나오고 있다.

파보일드쌀 parboiled rice
팽화쌀 puffed rice
프리믹스쌀 premix rice
건조쌀 alpha rice

- 강화쌀 : 백미를 비타민 B_1 용액에 침지시킨 후 건조시킨 것이다.
- 파보일드쌀 : 찐쌀이라고 알려져 있으며, 벼를 물에 담갔다가 물을 빼고 쪄서 말린 다음에 도정한 것이다. 비타민 B_1의 함량이 높다.
- 팽화쌀 : 고압으로 가열하여 압출한 것(튀밥)이다.
- 프리믹스쌀 : 백미에 비타민 B_1, B_2, 무기질 용액을 뿌려서 말린 것이다.
- 건조쌀 : 즉석미의 쌀밥을 고온으로 건조시킨 것으로, 소화가 용이하다.
- 인조쌀 : 고구마전분, 밀가루, 외래미 등을 5 : 4 : 1의 비율로 혼합한 것이다.

4) 쌀의 조리

(1) 밥

벼를 탈곡하였을 때 현미는 왕겨층만 제거한 것이며, 소화율은 90% 정도이다. 그러나 백미는 현미에서 호분층, 종피, 과피, 배아를 모두 제거한 것으로 소화율은 98% 정도이다.

① 밥짓는 과정

밥짓기는 수세, 수침, 가열, 뜸들이기 과정을 거친다.

○ 수세는 불순물, 겨껍질, 돌 등을 제거하는 과정이다.

이때 수용성 영양소의 손실이 있다. 씻는 횟수가 많을수록 손실이 크며, 특히 비타민 B_1의 손실이 가장 크다. 처음에는 물량을 많이 하여 재빨리 씻어주고, 그 다음 2~3회는 문지르며 씻어주고 2회를 헹군 후 수침한다. 쌀을 너무 오래 씻으면 쌀에 있는 수용성 영양소 및 단백질이나 지방 성분들이 씻겨 내려가므로 밥맛이 없어진다. 반면, 술을 빚을 때에는 전분 이외의 성분들이 모두 씻겨 내려가도록 거품이 나지 않을 때까지 쌀을 깨끗이 오래도록 씻어야 술맛이 좋다.

○ 수침은 가열 시 열전도와 호화가 빠르게 되도록 도와준다.

밥을 짓기 전에 필요한 물을 충분히 흡수하는 과정으로, 생쌀의 수분 함량은 13~15% 정도이다. 이러한 불린 쌀의 최대 수분흡수율은 20~30% 정도가 된다. 침수시간은 30~50분 정도로 충분하며, 흡수량은 쌀의 종류나 수온에 따라 차이가 있는데 여름에는 30분, 겨울에는 90분 이상 침수하면 최대에 달한다. 수분을 최대로 흡수한 이후에는 더 이상 흡수하지 않으며, 물에 계속 불리면 쌀알이 으깨지기 쉽고 미생물이 번식하여 부패할 수도 있다. 생쌀로 밥을 하였을 경우 중량은 2.3~2.5배로 증가되며, 밥을 지었을 때의 수분은 65% 정도가 된다. 물의 양은 무게보다는 용적(부피)으로 측정하는 것이 편리하다. 이때 고려되어야 하는 것은 도정의 시기이다. 도정 후 시간이 오래 경과하면 쌀의 수분이 증발하여 건조되므로 더 많은 양의 수분을 필요로 한다.

표 3.5 쌀의 도정과 수세 중 비타민 B_1의 손실

도정률	도정 시 감소		3회 씻음		10회 씻음	
	μg%	감소율(%)	μg%	감소율(%)	μg%	감소율(%)
100(현미)	453	0	430	5.1	417	7.9
99(1분도미)	417	7.9	383	8.2	376	9.8
96(5분도미)	300	33.8	245	18.3	209	30.3
94(7분도미)	271	40.2	218	19.6	160	41.0

따라서 햅쌀은 쌀 용량의 1.1배, 보통 백미는 쌀 용량의 1.2배, 묵은 쌀은 쌀 용량의 1.5배로 물을 넣는다.

○ 가열과정은 전분을 완전히 호화시키는 단계이다.

이때 전분은 98~100℃에서 25~30분간 고온을 유지하는 것이 중요하다. 이 단계에서 쌀의 전분은 완전히 호화되며 소화가 쉽게 된다. 화력조절은 처음에 강한 불에서 10~15분, 그 다음 화력은 중간 정도로 하여 밥물이 쌀알에 대부분 흡수되고 전분이 투명해져서 완전히 익게 되면 광택이 나는데, 이 시간이 10분이다.

○ 뜸들이기는 마지막 단계이다.

이때에는 물의 흡수는 없고 솥 안의 수분만을 흡수할 정도이다. 그리고 그 다음은 화력을 아주 약하게 하여 10~15분간 뜸을 들인다. 뜸이 들었어도 화력을 없이 하여 10분간 그대로 방치하였다가 밥을 푸도록 한다.

표 3.6 쌀의 종류에 따른 물의 분량

쌀의 종류	쌀의 중량에 대한 물의 분량	체적(부피)에 대한 물의 분량
백미(보통)	쌀의 중량의 1.5배	쌀의 용량의 1.2배
햅쌀	쌀의 중량의 1.4배	쌀의 용량의 1.1배
찹쌀	쌀의 중량의 1.1~1.2배	쌀의 용량의 0.9~1배

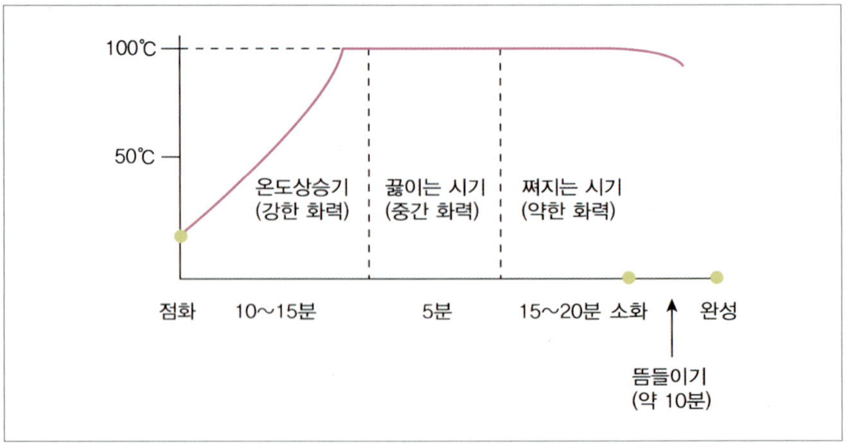

그림 3.2 밥 짓기의 단계별 진행과정

② 밥맛의 구성요소

밥맛은 쌀의 형질, 취반 특성과 밀접한 관계가 있다. 쌀의 형질은 품종에 영향을 받으며 수확 후 오래된 것이나 변질된 것은 밥맛이 나쁘다. 따라서 지나치게 건조된 쌀이나 묵은 쌀은 밥맛이 나쁜 것이다.

쌀의 아밀로오스 함량, 아미노산 함량, 휘발성 향기성분 등에 영향을 받으며 취반 시 호화온도 등의 이화학적 특성과도 관련이 있다. 아밀로오스 함량이 높으면 충분한 팽윤이 잘 일어나지 않아 밥의 끈기가 부족하며 완전한 호화가 어렵고, 반면 노화가 쉽게 일어나 밥이 빨리 굳어진다. 그러므로 밥을 지을 때 세포벽이 약화되어 붕괴되어야만 끈기가 있고 부드러운 밥이 된다. 단백질 함량이 높은 쌀은 밥을 지었을 때 맛이 없다고 평가되나, 쌀의 유리아미노산 중 글루탐산과 아스파라긴산 함량은 밥의 진미를 더해준다. 밥물은 pH7~8 정도일 때 밥맛이나 외관이 가장 좋으며, 산성이 높아질수록 밥맛이 나쁘고 노화가 더 빠르다. 따라서 약간의 소금(0.03%)을 넣으면 밥맛이 좋아진다.

아밀로오스 amylose

아미노산 amino acid

휘발성 향기성분 volatile flavor component

글루탐산 glutamic acid

아스파라긴산 asparaginic acid

(2) 찹쌀밥

찹쌀의 전분은 아밀로펙틴으로 구성되어 있어 전분의 구조상 쌀의 수분 요구량이 적다. 멥쌀은 용적 1.2배, 즉 쌀 1컵에 물 1.2컵이 필요한 반면, 찹쌀은 용적 0.9배, 즉 쌀 1컵에 0.9컵의 물이 필요하다. 이렇게 일반냄비에 찹쌀을 넣고 물을 넣을 경우, 쌀 입자가 물 위로 나오게 되어 호화가 충분히 일어나지 않아 밥이 설익게 된다. 따라서 찹쌀은 충분히 물에 불린 후 찜솥에 넣고 찌는 것이 효율적이다. 또한 충분한 호화를 위해 중간에 물을 뿌려주어야 더욱 부드러운 밥이 된다.

아밀로펙틴 amylopectin

(3) 현미밥

현미는 겉껍질만 벗긴 상태로, 도정을 하지 않았으므로 겨층에 섬유소가 많고 조직이 단단하여 수분흡수가 어렵다. 일반냄비에 현미를 멥쌀처럼 밥을 지으면 수분과 열 침투가 어려워 충분한 호화가 일어나지 않는다. 따라서 현미로 밥을 지으려면 2시간 이상 충분히 불린 후에 가압냄비를 이용하는 것이 좋다. 여름은 2~3시간, 겨울은 4~5시간 이상 충분히 수침한다.

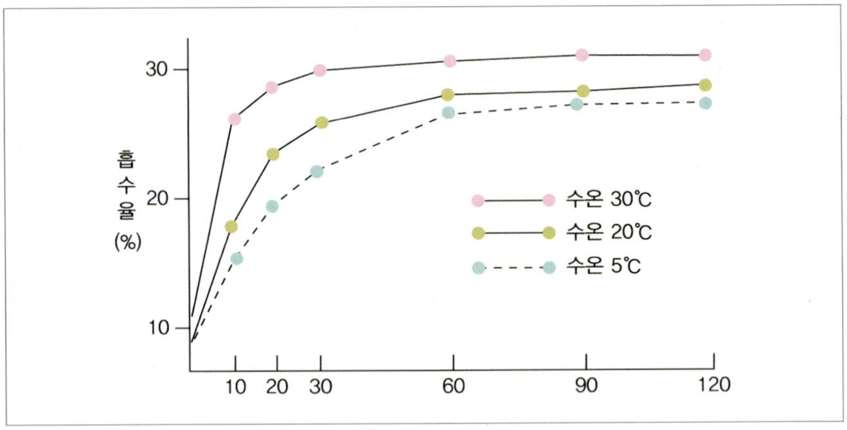

그림 3.3 쌀의 담금시간과 흡수량

(4) 죽

죽의 기본 재료는 곡물이며 찹쌀, 보리, 귀리 등의 곡류 외에 잣, 밤과 같은 견과류, 야채 등이 함께 쓰였다. 죽은 조리법에 따라 세분하여 죽, 미음, 의이(응이), 원미, 암죽 등으로 다양하게 발달하였다. 일반죽은 불린 쌀의 5~6배의 물을 넣고 끓이며, 미음(米飮)은 쌀을 껍질만 남을 정도로 충분히 고아서 체에 밭친 것으로, 곡식을 10배의 물을 부어 푹 고아서 체에 맑게 거른 것이다. 의이(薏苡)는 율무를 가리키는 말로써 율무껍질을 벗기고 물에 불려서 맷돌에 갈아 앙금을 앉히고, 이 앙금을 말려두었다가 이것으로 죽을 쑤는 것이 '의이'이다. 원미(元米)는 곡물을 굵게 동강나게 갈아서 쑨 죽이며, 암죽은 예전에 모유가 부족한 아기에게 우유 대용식으로 쑤는 묽은 죽이다. 이것은 곡식이나 밥 등의 가루를 밥물에 타서 끓인 것이다.

2. 맥류

1) 보리

보리는 고대 그리스시대에서 보리가 힘과 스태미나를 준다고 하여 'Hordearit'라고 불렸고, 여기서 학명이 'Hodeumvulgare'가 되었다. 예부터 주곡작물로써 쌀과 더불어 주요 식량으로 사용되어 왔다. 보리는 대맥(大麥)이라 하고, 주산지는 가을보리의 경우 경남, 경북, 충남, 충북, 경기에서 주로 재배되며, 봄보리는 전국에서 재배된다.

(1) 보리의 분류

보리는 껍질 유무에 따라 '겉보리'와 '쌀보리', '압맥과 할맥'으로 나뉜다. 이삭의 형태에 따라 보리 이삭줄기에 이삭이 두 줄로 배열된 두줄보리와 여섯 줄로 배열된 여섯줄보리 등으로 구분한다. 맥주용 보리는 두줄보리를 정곡해서 이용하는 것이 아니라 싹을 내어서 맥아 상태로 이용한다.

① 겉보리

겉보리는 지방벽에서 배출되는 끈끈한 물질에 의해서 성숙한 후에도 껍질이 종실에 밀착하여 겉껍질이 잘 분리되지 않아 동물사료나 볶아서 보리차용으로 사용하고, 낟알을 싹틔운 다음 말려서 맥아로 만든다. 맥아는 맥주, 위스키, 고추장, 엿기름, 식혜 등의 제조에 중요한 재료이다.

겉보리
barely

쌀보리
naked barley

② 쌀보리

쌀보리는 겉껍질이 잘 벗겨지나 외피층에 섬유소가 많고 단단하므로, 수분이나 열 침투가 어려워 쌀과 함께 조리하려면 먼저 보리를 삶은 후 섞어서 밥을 지어야 한다.

③ 압맥과 할맥

정백(淨白)한 보리는 조리시간을 덜어주고 소화율을 높이기 위해 압맥과 할맥으로 가공한다. 압맥(납작보리)은 정맥의 고열 증기로 쪄여 조직의 변화를 준 후 2개의 롤러 사이로 통과시켜 누러진 형태로 가공된 것이고, 할맥은 보리의 중심부를 기계적으로 2등분하여 섬유소를 제거한 것이다.

그림 3.4 보리의 가공품

그림 3.5 두줄보리와 여섯줄보리

(2) 맥아

고온에서 발아시켜 싹이 짧은 '단맥아'와 저온에서 발아시켜 싹이 긴 '장맥아'가 있다. 단맥아는 맥주의 양조에 사용되고, 장맥아는 식혜나 엿의 제조에 사용된다. 보리를 20~25℃로 물을 주어 8일간 두어 보리의 1.7~2.0배가 되도록 한다. 싹을 틔운 후 건조시킨 것으로써 '엿기름'이라고 한다.

보리를 싹틔워 맥아를 제조하는 이유는, 전분을 당으로 분해하는 효소인 아밀라아제를 활성화시키기 위해서이다.

식혜

식혜는 우리나라의 전통 깊은 음료 중 하나로, 엿기름에 함유된 효소 아밀라아제에 의해 밥알의 전분이 당화되어, 단맛은 증가하고 밥알은 비중이 감소되어 표면에 뜨게 되는 식품이다.

만드는 방법

- 엿기름가루를 물에 담가 가라앉힌 후 당 · 효소 등의 수용성 성분을 용출시켜 맑게 거른 후 엿기름물을 만들어 둔다.
- 잘 불린 찹쌀이나 멥쌀을 쪄서 따뜻할 때 엿기름물을 부어 대략 60°C에서 4~5시간 정도 삭혀 둔다.
- 밥알이 세알 정도 뜨기 시작하면 건져내어 냉수로 헹구고, 남은 식혜물을 끓여 식혀 효소작용을 정지시킨다.
- 조청은 식혜보다 좀더 오래 밥알을 삭힌 뒤 밥알을 건져내고 물만 계속 달여 주면 조청이 된다. 이 조청을 타지 않게 저어가며 지속적으로 오래 달여 주면 갈색의 엿이 된다.

(3) 보리의 영양

프롤라민
prolamin

보리의 단백질은 프롤라민에 속하는 호르데인과 글루테닌에 속하는 호르데닌이 있다. 트립토판이 비교적 많고, 리신과 트레오닌이 부족하다. 철분, 비타민 B군 등이 다량으로 함유되어 있어 심장병, 변비, 각기병 및 소화기이상과 같은 증상을 완화시키는 효과가 있고, 암을 예방하는 약리성분이 많이 함유되어 있다고 한다. 특히, 보리에는 식이섬유소인 베타글루칸이 다량 함유되어 있어 면역력을 높여 주고, 체내 LDL은 감소시키고, HDL 함량은 증가시켜 콜레스테롤 축적을 억제하고 간 지질을 낮추는데 효과적이며 대장의 기능을 향상시켜 준다.

베타글루칸
β-glucan

2) 밀

밀은 소맥(小麥)이라 하고, 식량작물 중에서 가장 넓게 분포되어 전 세계적으로 재배되고 있으며, 밀의 종류는 14종이 있었으나 계속해서 새롭게 품종개발이 이루어져 현재는 30,000여 품종에 이르고 있다. 이들 중 '보통밀', '듀럼밀'종이 전세계 밀 생산의 90%를 차지한다. 우리나라에서는 경남지방에서 주로 재배되나 거의 전량을 수입에 의존하고 있는 실정이다.

보통밀
common wheat

듀럼밀
durum wheat

밀은 배유, 배아, 외피의 3부분으로 구성되어 있다. 배유에는 주로 단백질이 많으며, 배유의 중심부로 갈수록 전분이 많아진다. 밀은 골이 깊어서 정백률이 떨어져 분쇄하여 가루로 만들어 사용하며, 소맥을 제분하면 입자가 작아지고 표면적이 넓어져 소화율이 높아진다. 밀의 배유 부분을 가루로 한 것이 밀가루이며, 소맥분에 물을 넣

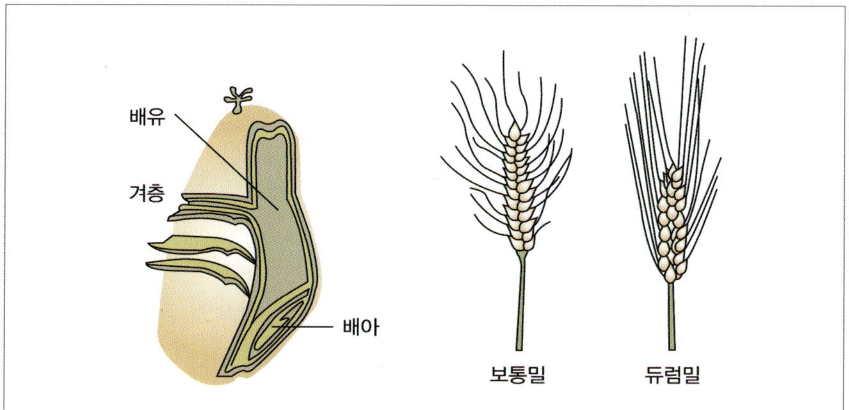

그림 3.6 밀의 구조 및 이삭 모양

으면 점탄성이 있는 글루텐이 형성되어 빵 · 국수의 제조에 이용된다. 외피, 종피에는 무기질이 많으나, 외피는 소화되지 않는 섬유소와 회분을 많이 함유하고 있어 조리하면 호화도 쉽지 않고 소화율도 80% 정도로 다소 떨어진다. 배아에는 단백질, 비타민, 지방 등이 있다.

(1) 밀가루의 분류

겨울밀 winter wheat
봄밀 spring wheat
붉은색 밀 red wheat
흰색 밀 white wheat
경질밀 hard wheat
연질밀 soft wheat
세몰라 semola
강력분 bread flour
중력분 all-purpose flour
박력분 cake flour

- 재배시기에 따라 '겨울밀'과 '봄밀'로 나뉘며, 겨울밀은 경질밀로 단백질 함량이 많고, 봄밀은 연질밀로 단백질 함량이 적다.
- 색깔에 따라 '붉은색 밀'과 '흰색 밀'로 나뉜다.
- 조직감에 따라 '경질밀' 또는 '연질밀'로 나뉘며, 경질은 단백질 함량이 13~14% 정도이고, 연질밀은 단백질 함량이 8~9% 정도이다. 듀럼밀은 초경질밀로 단백질 함량이 경질밀보다 많고, 일반 밀과 생김새는 비슷하지만 성질이나 재배 환경은 전혀 다르다. 듀럼밀의 배아를 굵게 갈아서 만든 가루를 '세몰라'라고 하며, 파스타용으로 적당하다.
- 제분율에 따라 '전립 밀가루', '98% 밀가루', '85% 밀가루', '72% 밀가루'로 나뉜다.
- 단백질의 함량에 따라 '강력분', '중력분', '박력분'으로 분류된다. 강력분은 경질밀로 만들고 글루텐의 점성과 탄력성이 커서 식빵, 페이스트리 제조에 적합하며, 박력분은 연질밀로 만드는데 글루텐의 점성과 탄력성이 약해서 케이크, 쿠키, 크래커 제조에 적합하다. 중력분은 강력분과 박력분의 중간 정도의 단백질 함량을 가지며 글루텐의 특성도 중간 정도이다. 다목적 밀가루라고 부르며 주로 가정에서 만드는 만두, 칼국수 등의 제조에 쓰인다.

(2) 밀가루의 품질

밀가루의 품질은 회분 함량으로 구분한다. 회분이 많을수록 등급이 낮아지는데, 회분은 껍질에 많이 존재하므로 껍질이 많이 들어가면 착색이 되고 글루텐 형성이 방해된다. 또한 빛깔, 외관, 소화율 등이 좋지 않게 된다.

표 3.7 보통밀의 종류

재배시기	겨울밀	단백질 함량이 많아 제빵용 밀가루 제분에 적당하다.
	봄 밀	단백질 함량이 적어 케이크, 쿠키, 크래커, 페이스트리용 밀가루 제분에 적합하다.
색 깔	붉은색 밀과 흰색 밀	
조직감	경질 또는 연질	
제분율	전립밀가루, 98% 밀가루, 85% 밀가루, 72% 밀가루	

표 3.8 밀가루(소맥분)의 종류

종 류	글루텐 양	용 도
강력분	13% 이상	빵, 마카로니
중력분	10~13%	국수류(면류)
박력분	10% 미만	튀김, 과자

(3) 밀가루 단백질의 특성

밀 단백질 특성을 이용하여 제과·제빵, 국수 등을 제조할 수 있으며, 파스타용으로는 듀럼밀을 원료로 한 세몰리나를 이용한다.

세몰리나 semolina

표 3.9 밀가루의 등급별 분류

등 급	회 분
특등급	0.3~0.4
1등급	0.4~0.45
2등급	0.46~0.60
3등급	0.7~1.0
최하등급	1.2~2.0

① 글루텐의 형성

밀가루에는 다른 곡류에서는 볼 수 없는 특성을 가지고 있다. 밀 단백질에는 글리아딘과 글루테닌이 대부분을 차지하는데, 밀가루에 물을 넣고 반죽하면 '글루텐'이라는 단백질을 형성한다.

글리아딘 gliadin

글루테닌 glutenin

글루텐 gluten

글루텐이라는 단백질은 물(50~60%)을 흡수하여 반죽할수록 점성과 탄력성이 증가하는 성질이 있다. 글루텐 함량이 많은 것일수록 팽화율이 큰데, 글루텐은 총 밀가루 단백질의 80~85% 정도이다.

반죽상태에서 글리아딘은 잘 늘어나는 점성을 나타내며, 글루테닌은 단단하고 강한 탄력성을 나타난다. 즉 글루테닌과 글리아딘이 물과 결합하여 3차원의 망상구조를 이루어 글루텐을 형성하며 글루텐은 오래 반죽할수록 질기고 탄성이 강해진다. 또한 글루테닌은 탄성이 강해서 빵의 모양을 유지할 수 있게 해 주며, 글리아딘은 응집성과 신장성을 주어 국수처럼 늘어날 수 있게 해준다.

귀리나 호밀로 만든 빵은 이들의 글루테닌 함량이 부족하므로, 탄성이 적어 잘 부풀지 못해 빵이 묵직해진다. 또한 쌀, 도토리전분 등으로 국수를 만들면 글리아딘이 부족하여 잘 늘어나지 않고 잘 끊어지게 된다. 글루텐의 점탄성을 필요로 하는 빵이나 마카로니는 글루텐 함량이 많은 밀가루가 적합하며, 반대로 튀김은 점성이 적어야 바삭하게 되므로 글루텐 함량이 적은 박력분을 사용하는 것이 적합하다.

글루텐

글루텐을 밀가루에서 빼내려면, 밀가루에 물을 섞어 주물러서 덩어리로 만들어 물속에서 씻으며, 가용성 성분이나 전분류는 씻겨나가고 물에 녹지 않는 부분만 남게 된다. 이것이 글루텐이며 글루테닌과 글리아딘이 결합되어 있다.

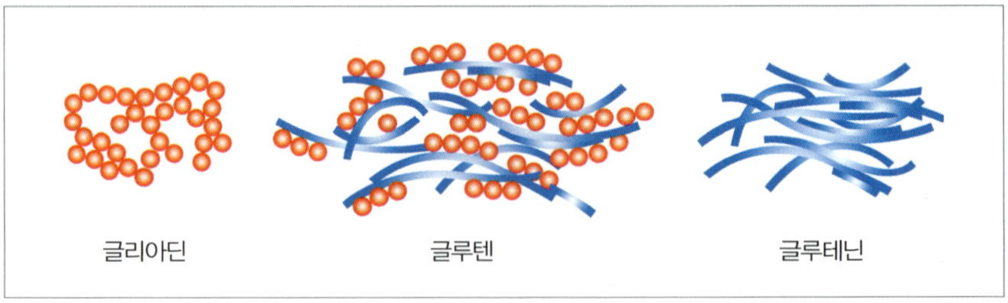

그림 3.7 글루텐 형성

② 글루텐의 형성에 영향을 주는 요소

- 수분 : 밀가루에 50~60%의 수분은 글리아딘과 글루테닌을 결합하게 하여 3차원의 망상구조인 글루텐을 형성한다. 수분 첨가는 한 번에 넣는 것보다 소량씩 여러 번 나누어 넣는 것이 글루텐의 형성을 많게 한다.

- 설탕 : 설탕은 친수성이므로, 글리아딘과 글루테닌의 결합에 쓰일 수분을 빼앗아 글루텐 형성을 억제한다. 따라서 설탕의 첨가는 밀가루와 물을 먼저 섞은 뒤 넣는 것이 효과적이다.
- 달걀 : 달걀 단백질은 열에 응고하는 성질이 있어 구조를 형성하는 글루텐을 도와주어 제품의 모양을 유지하게 한다.
- 지방 : 밀가루 입자에 지방피막을 입혀서 물과 밀가루가 접촉하는 것을 막아 글루텐 형성을 방해하는데, 글루텐이 길게 성장하지 못하게 하여 반죽을 부드럽게 한다.

지방피막
adipose capsule

- 소금 : 효모, 즉 이스트를 사용할 때 적절한 소금의 첨가는 발효작용을 조절하여 글루텐의 강도를 높여주나, 지나친 소금의 양은 삼투압으로 인하여 오히려 글루텐의 점착성이 저하된다.

삼투압
osmotic pressure

- 반죽횟수 : 반죽을 해서 치대기 시작하면 글루텐이 형성되기 시작한다. 글루텐의 망상구조가 생성될 때까지 반죽을 오래 치대야 하며, 글루텐이 잘 생성되면 반죽이 끈적이지 않고 탄력성 있게 잘 늘어나고 반죽 표면도 매끄러워진다. 또한 치대는 동안 공기가 삽입되어 빵을 부풀리게 되는데, 지나치면 오히려 글루텐 섬유가 늘어나 가늘어지고 끊어져, 반죽은 물러지며 부피도 작아진다.

3. 잡곡류

'호밀'은 내한성이 매우 강하기 때문에 전국에서 주로 가을에 파종되며, 글리아딘 함량이 적어 글루텐을 형성하지 않아서 제빵 시 덜 부풀고 색이 검다. 그리고 귀리는 필수아미노산의 함량이 많고 식이섬유 및 베타글루칸 등을 함유하고 있어 콜레스테롤을 저하시킨다. 또한 옥수수는 세계 3대 곡류에 속하는데, 옥수수의 품종은 마치종, 경립종, 연립종, 감미종, 폭렬종, 나종 등으로 나눌 수 있다.

'수수'는 오곡 중의 하나로 입질에 따라 '차수수', '메수수'로 나뉘며, 차수수는 식용으로 이용되나, 메수수는 식용으로 적당하지 못하여 가축의 사료나 공업용 원료, 술의 원료로 이용된다. 이는 밥, 수수부꾸미, 전분, 문배주, 중국의 고량주의 원료로 사용된다. 그리고 율무는 응이죽, 율무차 등 주로 건강식품으로 많이 이용하고 있으며, 한방에서는 건위, 진통 및 소염제로 알려져 있다. 또한 혈중 중성지방을 감소시킨다.

제2절 밀가루 제품

주재료는 밀가루이며 이를 이용한 조리에는 빵류와 국수류가 있다. 빵의 조리에는 팽창제, 소금, 설탕, 유지 등의 부재료가 들어간다. 이 빵류는 크게 발효빵, 무발효빵, 케이크, 쿠키, 페스트리 등으로 나눌 수 있다.

1. 빵류

1) 발효빵

발효빵
yeast leavened bread

'발효빵'은 반죽에 생물학적 팽창제인 이스트를 넣어 발효시켜, 이때 생긴 이산화탄소(CO_2)를 이용하여 반죽을 부풀리는 것이다.

글루타티온
glutathione

- 밀가루는 강력분으로, 글루텐 함량이 많고 알맹이가 굵은 것이 좋다. 시스테인, 시스틴, 글루타티온 등의 함량이 많으면 반죽이 단단하고 탄성이 커져서 이산화탄소의 보유력이 커지게 되므로, 제빵에 좋다.

효모
saccharomyces cerevisiae

포도당
glucose

- 효모는 반죽 안에 있는 포도당을 영양원으로 해서 증식을 하게 된다. 이때 생성된 이산화탄소로 반죽을 부풀어 오르게 하여 스펀지 모양으로 만들어 제품을 부드럽게 한다. 건조 효모의 사용량은 밀가루의 0.5~1%이면 충분하다.
- 발효빵은 이스트가 생성한 이산화탄소를 이용하여 부풀리는 것이다. 따라서 이스트가 적절히 생육할 수 있는 환경조건이 필요하다. 그러므로 발효실은 약 28℃, 습도 75%가 적정하다. 더 낮은 온도에서는 발효 속도가 느려지며 너무 높은 온도는 반죽이 시어지고 무르며 끈끈해진다. 그리고 발효실에서 2~3시간 동안 1차로 발효시킨다. 이스트에서 생성된 이산화탄소에 의해 부풀어 올라, 손가락으로 눌러보아 제자리로 되돌아오는 정도로 반죽이 팽창하면, 이스트를 골고루 분산시켜 발효를 고르게 하기 위해 가스 빼기를 한다. 이때 글루텐 섬유질이 끊어지지 않도록 주의해야 하고, 재반죽하여 제품의 모양대로 성형한 후 약 30℃, 습도 80~85%의 발효실에서 2차 발효시켜 오븐에서 굽는다.

재반죽의 목적

- 글루텐이 지나치게 늘어나는 것을 막기 위하여
- 이스트가 영양원을 골고루 섭취할 수 있게 하기 위하여
- 한곳에 뭉쳐 있는 이스트를 골고루 흩어지게 하기 위하여
- 발효하는 동안 생성된 열을 균일하게 분산하기 위하여

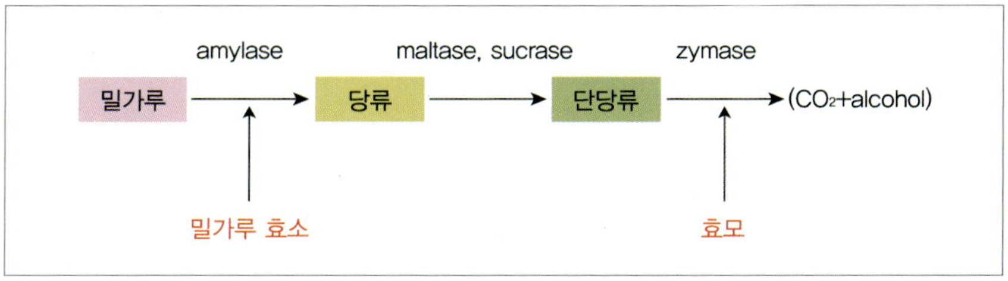

그림 3.8 발효빵의 발효과정

(1) 빵반죽의 종류

이스트빵을 반죽하는 방법에는 '직날법', '중종법', '무반죽법' 등이 있다.

① 직날법

'직날법'은 모든 재료를 한꺼번에 섞어 한 덩어리가 되도록 오래 치대어 반죽하는 방법으로, 최적의 탄성을 가질 때까지 혼합한다. 밀가루는 점성과 탄성이 강한 강력분을 사용하며, 반죽의 표면이 매끄러워질 때까지 치대어 1차로 발효실에서 2~3시간 발효시키면 2배 정도로 부풀어 오른다. 다시 치대어 이스트를 골고루 분산시키기 위해 가스빼기를 한 후, 재반죽하여 일정한 크기로 떼어서 성형하여 다시 2차 발효시킨 후 다시 2배 정도 부풀면 오븐에 넣어 굽는다.

직날법
straight dough method

② 중종법

'중종법'은 가루의 일부를 우선 물과 이스트를 섞어 반죽을 하고 충분히 발효시킨 후, 남긴 가루를 섞어 다시 발효시키는 방법을 말한다. 스트레이트법보다 반죽 생지의 표면이 얇게 생성되어 발효 시 생성되는 가스를 가두는 힘이 크므로 부피가 큰 제품을 만들 수 있다.

중종법
sponge method

스트레이트법
straight dough method

③ 무반죽법

'무반죽법'은 밀가루의 특성상 물만 섞어도 스스로 엉겨서 글루텐을 만들기 때문에, 치대지 않아도 된다. 이런 현상을 이용해 치대는 과정 없이 주걱으로 젓거나 손으로 몇 번 주물러 만들 수 있다.

(2) 반죽에 첨가되는 재료의 특성

① 수분

반죽 시 첨가된 우유, 과일즙, 그리고 달걀에 포함된 수분 등을 이용한다. 첫째, 용매제 역할을 하며, 설탕과 소금, 베이킹파우더 등을 용해하거나 글루텐 생성을 위해 글리아딘과 글루테닌이 결합하려면 물이 필요하다. 둘째, 팽창제 역할을 하며 화학적 팽창제와 반응하여 이산화탄소가스 형성을 촉진하고, 가열시 수증기를 형성하여 팽창제 역할을 한다. 셋째, 전분의 호화에도 필요하다.

② 설탕

감미제 sweeting agents

이스트 yeast

감미제로 쓰이며 이스트의 영양원으로 쓰인다. 이스트가 생육하려면 전분의 당화로 생성된 당으로는 부족하여 당분을 더 첨가하여야 한다. 주로 설탕을 사용하는데, 너무 많은 양의 설탕은 오히려 이스트의 생육을 억제한다. 반죽 표면에 갈색반응을 일으켜 향과 색을 낸다. 또한 너무 많이 넣으면 반죽이 질어지고 오븐에서 구울 때 가스의 팽창에 따른 압력 증가로 터지게 된다. 제과 제조 시 설탕은 바삭바삭한 질감을 주나 포도당, 꿀, 물엿 등은 보습력이 있어 부드러운 질감을 주며 노화를 지연시킨다.

③ 달걀

레시틴 lecithin

응고성, 수분 제공, 유화성이 있다. 달걀의 단백질은 열에 응고되는 성질이 있어 글루텐의 구조형성을 도와주어 빵 모양을 유지시켜 준다. 달걀 속 수분은 기포를 형성하여 팽창제의 역할을 한다. 그리고 난황의 레시틴은 유화성이 있어 지방을 골고루 분산시켜 질감을 향상시킨다.

④ 지방

'연화작용'과 '갈변작용'을 한다. 밀가루 입자에 지방피막을 입혀 글루텐 형성을 방해하여 반죽 내에 켜를 생기게 하고, 부드럽고 바삭바삭한 질감을 주는 연화작용을 한다. 고형지방은 반죽 혼합 시 온도에 따라 형성성이 달라지는데, 버터의 형성성은 22~28℃에서 최대이며 18℃에서는 낮아진다. 또한 가열시 표면이 갈색으로 변화되는 갈변작용을 한다.

연화작용 shortening

갈변작용 browning effect

⑤ 소금

소금은 맛, 발효작용을 조절한다. 맛을 좋게 하며, 적당량(1~2%)의 소금은 효모, 즉 이스트를 사용할 때 발효작용을 조절하여 글루텐의 강도를 높여준다. 지나친 소금의 사용은 삼투압작용으로 효모의 생육을 억제한다.

발효작용 zymolysis

⑥ 팽창제

팽창제는 팽화작용을 한다. 글루텐을 도와 빵을 부풀게 하여 부드러운 질감을 갖게 한다.

(3) 팽창제

팽창제는 반죽을 가열할 때 반죽 내에서 팽창하여 글루텐이 점탄성을 가지고 구조를 형성하는 것을 도와준다. 반죽을 부풀게 하는 기체로 공기, 증기, 이산화탄소 등이 있다. '물리적 팽창제', '생물학적 팽창제', '화학적 팽창제'로 나뉠 수 있다.

팽창제 leavening agents

① 물리적 팽창제

- 공기 : 반죽과정에서 혼합된 공기가 가열되면 팽창하고 용적률을 증가시키게 된다. 밀가루를 체에 칠 때, 난백거품을 낼 때, 고체지방과 설탕의 크리밍, 비팅, 폴딩 등의 과정에서 공기가 삽입되고, 가열하게 되면 들어간 공기는 팽창되어 반죽을 부풀게 한다.
- 증기 : 밀가루반죽을 굽거나 찌기 위해 열을 가하면 우유, 과일즙, 그리고 달걀속의 수분이 증발하여 수증기가 되면서 부피가 팽창하게 된다. 증기를 팽창제로

크리밍 creaming

비팅 beating

폴딩 folding

이용할 때에는 단시간 내에 고온을 유지하는 것이 중요하다. '오븐팽창'이 잘 일어나도록 초기 10분 동안 고온유지를 해야 한다.

오븐팽창
oven spring

오븐라이즈
oven rise

오븐팽창과 오븐라이즈

'오븐팽창'은 반죽온도가 49℃에 달하면 10분 이내의 짧은 시간동안 반죽 처음 크기의 1/3 정도로 급격하게 부피가 팽창되는 상태를 말한다. '오븐라이즈'는 반죽의 내부온도가 60℃에 이르지 않은 상태로 여전히 이스트가 활동하여 반죽 속에 가스를 생성하며 반죽의 부피가 조금씩 커지는 상태를 말한다.

② 생물학적 팽창제

생물인 효모가 생산한 CO_2를 이용하여 부풀리는 것이다. 밀가루반죽에 효모를 넣고 반죽하면 밀가루의 당화효소에 의하여 당분이 생성되는데, 이것이 효모가 발효하는데 필요한 영양원이 된다. 포도와 같은 열매들은 꼭지에 효모가 붙어 있어서 포도만으로도 술을 만들 수 있다. 그러나 밀가루와 같은 곡류는 효모를 가지고 있지 않으므로 외부에서 첨가시켜야 한다. 빵에 사용하는 효모는 사카로미세스 세레비시아를 주로 이용하며, 이스트가 반죽 중의 당을 영양원으로 하여 증식하고, 이때 이산화탄소와 에탄올을 생성하게 된다. 이를 가열하면 이산화탄소가 팽창하여 빵을 부풀게 하고 빵 속에 많은 구멍을 만드는 것이다.

사카로미세스 세레비시아
saccharomyces cerevisiae

효모는 미생물이므로 적절한 생육조건이 필요하다. 이스트의 영양원은 전분의 분해산물이나 포도당, 과당, 맥아당, 설탕 등이 있다. 발효의 최적온도는 27～38℃이며, 건조 이스트의 경우, 수분량이 적어 보통 상온에서 보관하나 46℃의 따뜻한 물에 넣어 수화시켜 사용한다. 압착형 이스트는 습기가 70% 정도 함유된 이스트 생세포를 전분과 함께 압착한 것으로 가스를 쉽게 생산할 수 있으며, 29℃ 정도의 물에 넣으면 활력이 좋아진다. 스타터는 발효가 시작되게 할 수 있는 것으로, 이스트를 넣고 발효시킨 반죽의 일부를 남겨두었다가 스타터로 사용한다. 스타터는 박테리아와 이스트에 의해 이산화탄소가 생성되는 것이다.

건조 이스트
dry yeast

압착형 이스트
compressed yeast

스타터
starter

$$C_1H_{12}O_2 \xrightarrow{\text{가열}} 2CO_2 + 2C_2H_5OH$$

단당류 가열 에틸알코올

③ 화학적 팽창제

화학반응을 통해 가스를 생성하는 방법으로 탄산수소나트륨(중조), 탄산수소암모늄, 베이킹파우더 등의 화학적 팽창제가 있다.

○ 중탄산소다

밀가루반죽에 중탄산나트륨(중조)을 넣고 가열하면 탄산가스를 생성하여 밀가루반죽을 부풀게 하나, 탄산소다가 남기 때문에 빵에서 씁쓸한 맛이 나고 밀가루의 플라본 색소를 황갈색으로 변화시켜 갈색반점이 나타나기도 한다. 따라서 탄산소다를 중화시키기 위해 산이 함유된 물질을 첨가하여 쓴맛과 잔류물 등을 중화시키는 것이다. 중성염을 형성할 수 있는 당밀, 꿀, 레몬주스, 사과주스, 주석산, 사워크림 등과 같은 산 물질을 첨가해준다.

중탄산소다
baking soda

플라본
flavon

〈가열에 의한 가스형성〉

$$2NaHCO_3 \xrightarrow{\text{가열}} Na_2CO_3 + CO_2 + 2H_2O$$

〈화학작용에 의한 가스형성〉

$$H_6C_4O_6 + 2NHCO_3 \xrightarrow{\text{가열}} Na_2C_4H_4O_6 + 2CO_2 + 2H_2O$$

주석산 중조 가열 주석산소다 탄산가스 물

○ 베이킹파우더

탄산소다의 단점을 보완한 것으로 중탄산나트륨, 산이나 산을 형성할 수 있는 재료, 전분 등을 혼합한 것이다. 즉 베이킹파우더는 베이킹소다에 주석산, 주석영, 인산, 인산염, 알루미늄 화합물의 산이나 산성염과 전분을 혼합하여 만든 것이다. 이러한 베이킹파우더는 물을 첨가하거나 가열하면 탄산가스를 발생시킨다.

베이킹파우더
baking powder

– 단일반응 분말

인산염, 주석산염, 황산염 베이킹파우더 등이 혼합된 베이킹파우더로, 재료를 물에 넣자마자 이산화탄소가 발생되므로, 굽는 동안 이산화탄소의 손실이 많아 잘 부풀지

단일반응 분말
single-acting powder

않기 때문에 부피가 작고 표면이 갈라지는 단점이 있다.

〈주석산염 베이킹파우더〉

주석산

$2NaHCO_3 + H_2C_4H_4O_6 \rightarrow Na_2C_4H_4O_6 + 2H_2O + 2CO_2\uparrow$

중탄산나트륨 주석산 주석산나트륨

주석산의 칼륨염

$NaHCO_3 + KHC_4H_4O_6 \rightarrow NaKC_4H_4O_6 + H_2O + CO_2\uparrow$

중탄산나트륨 주석산칼륨 주석산나트륨칼륨

↑ 물

〈인산염 베이킹파우더〉

$8NaHCO_3 + 3CaH_4(PO_4)2 \rightarrow Ca_3(PO_4)2 + 4Na_2HPO_4 + 8H_2O + 8CO_2\uparrow$

중탄산나트륨 일인산칼슘 제삼인산칼륨 제이인산나트륨

이중반응 분말
double-acting powder

- 이중반응 분말

2가지의 산에 의해 2번 탄산가스를 생성하는 것이다. 반죽 초기에 반응하는 산염과 열을 가했을 때 이산화탄소를 생성하는 산염을 모두 함유하고 있어 이산화탄소의 손실이 거의 없다. 인산염과 황산염을 2 : 1의 비율로 된 이중반응 베이킹파우더 형태이다. 1단계에서 인산염에 의해 탄산가스가 생성되고, 2단계에서 황산염(SAS)에 의해 탄산가스가 또 생성된다.

〈SAS[phosphate] 베이킹파우더〉

$Na_2SO_4A_{12}(SO_4)3 + 6H_2O \rightarrow Na_2SO_4 + 2Al(OH)_3 + 3H_2SO_4$

SAS 황산나트륨 수산화알루미늄 황산

↑ 가열

$H_2SO_4 + 6NaHCO_3 \rightarrow 3Na_2SO_4 + 6H_2O + 6CO_2\uparrow$

황산 중탄산나트륨 황산나트륨

↑ 가열

표 3.10 발효빵의 실패원인

무거움	숙성시간 부족, 반죽의 지나친 팽창, 지방의 과다 사용
질 김	소금의 과다 첨가, 반죽 팽창부족, 설탕량 부족
신 맛	반죽의 과도 팽창, 굽기 부족
검은 빵	상한 이스트 사용, 저급
거친 질감	긴 발효시간, 낮은 오븐온도, 저급 밀가루 사용
부서짐	반죽의 지나친 팽창, 글루텐 부족

2) 무발효빵

무발효빵 quick bread

무발효빵은 발효과정을 거치지 않고 반죽에 베이킹파우더 같은 화학적 팽창제를 넣어 암모니아 및 이산화탄소를 발생시켜 부풀려 굽는 것이다. 밀가루는 글루텐 함량이 적은 박력분이 적합하며, 화학적 팽창제를 이용하여 부풀려 구운 것은 머핀, 와플, 그리들 케이크, 콘 브레드, 팬케이크 등이 있다. 또한 화학적 팽창제를 사용하지 않고 공기를 이용하여 부풀려 구운 것은 팝오버, 크림퍼프 등이 있다.

3) 케이크

박력분을 사용하며 반죽 속에 많은 공기를 포함시켜 팽창되게 하여 다공성 해면사의 조직을 만들어 부드러운 질감을 갖게 한다. '크리밍법'을 통해 삽입된 공기가 가열 중 팽창되어 케이크 조직을 만든다.

크리밍법 creaming method

크리밍법은 반죽 내 공기입자가 잘 포함되도록 저어주어 부드러운 질감을 갖게 한다. 첫째, 고체유지의 크림화이다. 고체유지가 부드럽게 크림화가 될 때까지 잘 저어준다. 이때 삽입된 공기입자가 외부로 팽창되어 반죽 부피도 늘어나고 질감과 조직을 좋게 한다. 여기에 난황을 첨가시킬 경우 천천히 저어가면서 첨가한다. 둘째, 난백을 휘핑할 때 설탕을 몇 번에 나누어 넣어 녹을 때까지 휘핑을 한다. 이때 삽입된 공기가 팽창제 역할을 하게 된다. 마지막으로, 거품용액을 형성시킨 후 밀가루와 베이킹파우더나 소다, 소금과 같은 건조 재료를 체질하여 골고루 섞이게 한다. 그리고 다음에 우유와 같은 액체 재료를 잘 혼합한다.

쇼트닝 shortening

지방은 크리밍성이 좋고 쇼트닝성이 있는 것으로 사용한다. 크리밍성이 큰 유지일수록 밀가루 제품의 팽창을 돕고 품질도 높인다. 마가린과 쇼트닝 등은 지방입자가 작아

크리밍성이 큰 편인데 비해, 버터는 크리밍성이 가장 적다. 버터케이크, 파운드케이크, 플레인케이크 등이 있는데, 지방을 넣지 않은 케이크는 난백단백질의 크리밍성에 의해 생성된 거품에 의해 부풀게 된다. 여기에는 엔젤 케이크, 스펀지케이크 등이 있다.

표 3.11 지방 유무에 따른 분류

지방을 넣은 케이크	파운드케이크, 플레인케이크
지방을 넣지 않은 케이크	엔젤케이크, 스펀지케이크

표 3.12 케이크의 실패원인

부피 부족	팽창제 부족, 설탕 과다사용, 지나친 혼합, 크리밍 부족
거친 질감	설탕 과다사용, 불충분한 혼합
가운데 부분이 솟아오른 모양	높은 오븐온도, 밀가루 양에 비해 다른 부재료의 양이 부족
중앙 부분의 함몰	낮은 오븐온도, 과량의 부재료 첨가, 불충분한 굽기
무겁고 단단함	부재료의 부족, 과량의 밀가루, 지나친 혼합
부피 부족	팽창제 부족, 불충분한 크리밍, 지나친 혼합, 낮은 오븐온도

4) 쿠키

중력분이나 박력분을 사용한다. 반죽은 '도우'와 '배터'로 구분한다.

도우
dough

① 도우

밀가루반죽에 물을 첨가하여 손으로 성형할 수 있는 정도로 되게 반죽한 것을 '도우'라고 하며, '된 반죽(stiff dough)'에는 쿠키, 냉동 쿠키, 프레스 쿠키 등이 있다. 베이킹파우더 비스킷반죽은 '부드러운 반죽(soft dough)'에 속한다.

배터
batter

② 배터

도우보다 진 반죽으로, '아주 묽게 흐르는 반죽(pour batter)'과 '약간 된 반죽(drop batter)'이 있으며 숟가락으로 떠 넣거나 짤주머니를 이용하여 성형한다. 묽은 배터에는 번철에 떨어뜨려 굽는 쿠키, 스펀지쿠키 등이 있다. 된 배터에는 머핀반죽이 있다.

머핀
muffin

연화작용

밀가루 제품에 지방을 첨가하여 반죽하면 지방이 얇은 층으로 퍼져 글루텐 표면을 둘러싸서 글루텐 형성을 막고, 반죽할 때 마찰을 감소시켜 글루텐이 서로 결합하지 못하게 하기 때문에 음식이 부드럽고 연해지는데, 이것을 '연화'라고 한다. 지방을 많이 넣고 반죽한 크래커, 페이스트리, 비스킷 등이 바삭바삭한 것과 케이크 등이다.

크리밍성

고형지방은 교반에 의해 내부에 공기를 품는 성질이 있는데, 이를 크리밍(creaming)성이라 한다. 아이스크림, 생크림, 버터 등을 교반하면 공기를 함유하여 부피가 증가되고 부드럽게 되므로 버터크림이나 파운드케이크를 만들 때 이용한다.

5) 패스트리

중력분을 사용하며, 지방은 고체지방을 쓰고 그 외 소금, 물을 넣는다. 고체지방은 패스트리의 특성에 매우 중요한 유연함과 얇은 모양을 제공한다. 특히 경질 밀가루는 얇은 모양을 촉진시킨다. 고체지방덩어리는 반죽하는 동안에 글루텐 표면에 넓은 지방의 막을 형성하여 글루텐의 연결을 차단시키므로 얇은 층이 생기고 글루텐의 형성을 방해한다. 즉 유지가 글루텐을 짧게 한다고 하여 '쇼트'라고 하며, 이러한 특성을 '쇼트닝성'이라고 하는데 고체지방은 쇼트닝성을 제공한다. 또한 가열 시 반죽 내 공간이 생겨 구운 후에 바삭바삭 해진다. 고체지방은 밀가루에 비해 지방이 부족하거나 반죽이 지나치면 파이껍질이 질겨지고, 지방이 많거나 혼합이 덜되면 파이가 잘 부서진다.

패스트리
pastry

쇼트
short

쇼트닝성
shortening property

표 3.13 팽창제에 따른 분류

팽창제 종류	발효 유무	밀가루 제품
이스트	발효	식빵, 롤, 도넛
공기	발효	퍼프오버, 엔젤케이크, 스펀지케이크
베이킹파우더	무발효	케이크, 도넛, 와플, 비스킷, 쿠키

6) 조리 시 영양성분의 변화

밀가루는 세척을 하지 않으므로 수세에 의한 수용성 영양소 손실은 없으나 반죽, 발효, 가열의 과정에서 영양성분의 손실이 크다. 비타민 B_1은 굽는 시간이 길수록 손실이 크며, 알칼리성에 불안정하므로 팽창제 사용 시 손실이 일어난다. 비타민 B_2는 열에는 강하나 광선에 약하여 빵을 썰어두면 급속히 분해된다.

2. 국수류

국수류는 일반적으로 글루텐의 함량이 8~10%가 적합하며 글리아딘의 늘어나는 성질을 이용한 것이다. 전분의 점도가 높은 것이 바람직하며 메밀, 밀가루, 전분가루 등을 첨가하여 메밀국수, 당면, 냉면, 국수 등을 만든다.

우리나라는 밀가루, 소금, 물을 사용하며, 소금은 글리아딘의 점성을 강화시키고 글루텐의 망상구조를 촘촘히 하는 작용을 하기 때문에 반죽을 질기게 한다. 또한 건조과정 중에 국수가 부러지지 않게 한다. 중국은 소금 대신 알칼리제를 사용하는데, 밀가루에 있는 안토크잔틴 색소가 알칼리제에 의해 황색을 띤다. 서양은 파스타, 누들, 마카로니 등에서는 점탄성이 가장 강한 듀럼밀인 세몰리나가루를 이용하며, 달걀, 올리브유를 넣고 반죽한다. 당면은 동면이라고 하며 주로 고구마를 사용하여 만드는데, 묽게 반죽하여 선상으로 끓는 물에 넣어 삶은 다음 동결시킨다.

1) 국수 삶기

물의 양은 국수의 6배 정도를 넣어 국수가 서로 들러붙지 않게 해야 한다. 물이 끓으면 국수를 넣고 끓이다가, 거품과 함께 끓어오르면 냉수 한 컵을 넣어 열을 내려준다. 다시 끓여 거품이 일고 끓어오르면 다시 냉수 한 컵을 넣고 더 끓인다. 다시 거품이 일어 끓으면 불을 끄고 소쿠리에 건져 헹군다. 헹굴 때는 냉수를 이용하여 빨리 헹구어 국수의 탄력성이 유지되도록 하고, 국수 표면에 있는 전분기가 제거되도록 주물러 씻는다.

2) 파스타 삶기

물의 양은 파스타가 2배 정도 부피가 늘어나는 것을 감안하여 물을 넣는다. 소금, 올리브 오일을 넣고 면을 펼쳐서 천천히 끓는 물에 넣는다. 오일은 거품이 형성되는 것을 줄이고 서로 달라붙는 것을 방지한다. 요리에 따라 다소 삶는 시간은 다른데,

8~11분 정도 삶으며 면을 잘라보아 중간에 심이 없어야 한다. 이 시점이 알단테 상태이고, 이보다 1분 정도 미리 국수를 꺼내야 하며 물에 씻지 않아야 소스가 잘 섞여 맛이 있다.

알단테
al dente

Exercise

1 '현미'와 '백미'의 차이를 쓰시오.

2 밥을 할 때 불린쌀, 햅쌀, 묵은쌀과 물의 비율을 쓰시오.

3 '대맥'과 '소맥'이 무엇인지 쓰시오.

4 보리를 싹 틔워 (　　　　　)를 제조하여 식혜나 엿 제조에 이용한다.

5 보리의 소화율을 높이기 위해 (　　　　　)과 (　　　　　)으로 가공한다.

6 반죽상태에서 (　　　　　)은 잘 늘어나는 점성을 나타내며, (　　　　　)은 단단하고 강한 탄력성을 나타난다.

7 제과·제빵 제조 시 물리적 팽창제의 종류와 역할을 쓰시오.

8 무발효빵의 분류와 각 분류에 해당하는 빵 종류를 쓰시오.

9 크리밍법(creaming method)은 무엇이며, 이를 이용하여 만든 케이크의 종류를 쓰시오.

10 고체 지방덩어리는 반죽하는 동안에 글루텐 표면에 넓은 지방의 막을 형성하여 글루텐의 연결을 차단시키므로 얇은 층이 생기고, 글루텐의 형성을 방해하여 유지가 글루텐을 짧게 한다는 성질은 무엇인가?

COOK ING 04

PRINCIPLES

CHAPTER 04

Starch and Saccharide

전분 및 당류

제1절 전분

1. 전분의 구조

전분
starch

'전분'은 탄수화물의 주된 성분이며 주요 열량공급원이다. 식물의 뿌리, 종자, 줄기 등에 다량 함유되어 있으며 주로 쌀, 보리, 밀, 옥수수 등의 종실과 감자, 고구마, 타피오카, 칡 등 뿌리에 함유되어 있다.

전분은 포도당이 수천 개가 결합되어 형성된 고분자이며, 그 구조를 보면 서로 다른 두 개의 형태인데 '아밀로오스'와 '아밀로펙틴'이다.

아밀로오스
amylose

아밀로펙틴
amylopectin

포도당
D-glucose

아밀로오스는 포도당이 직쇄 형태(94~96%)로 연결되어 있으며 500~2,000 정도의 포도당 중합체이다. 아밀로펙틴은 아밀로오스의 군데군데 α-1,6 결합에 의해 분지된 것으로, 전분자가 1,000~수만인 거대분자이다.

아밀로오스와 아밀로펙틴의 구조는 전분의 성질에 영향을 미친다. 일반적으로 쌀,

표 4.1 각종 전분의 아밀로오스와 아밀로펙틴의 함량

곡류명	아밀로오스	아밀로펙	곡류명	아밀로오스	아밀로펙틴
쌀	20	80	밀	24	76
찹쌀	0	100	메밀	28	72
보리	27	73	감자	23	77
찰보리	3	97	고구마	20	80
옥수수	21	79	수수	27	73
찰옥수수	0~6	94~100	바나나	21	79

밀, 보리, 옥수수, 귀리, 수수 등의 전분은 그 비율이 아밀로오스 20대 아밀로펙틴 80이다. 찹쌀의 경우, 아밀로오스는 거의 없고 아밀로펙틴으로만 구성되어 있다. 아밀로오스는 가열하면 엉키는 성질이 있으며, 아밀로펙틴은 끈기가 생긴다.

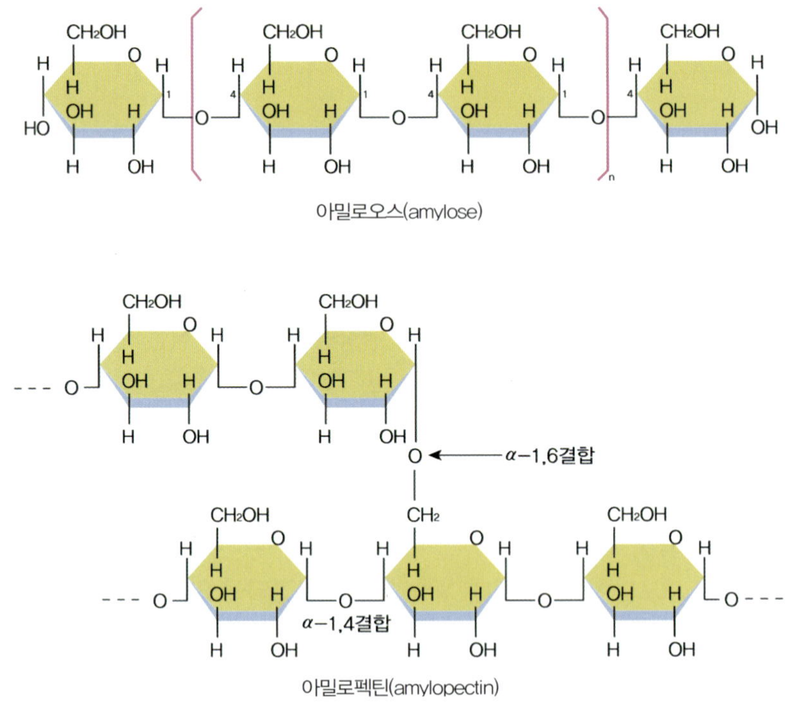

그림 4.1 아밀로오스와 아밀로펙틴 구조

2. 전분의 성질

1) 전분의 호화

호화 gelatinization

알파녹말 α-starch

'호화'란, 전분을 익히는 것을 말한다. 전분에 물을 가해서 가열할 때 일어나는 물리적 변화를 말하며 '알파녹말'이라고 한다. 전분은 조밀하게 결합된 결정 부분 아밀로오스와 비교적 엉성한 비결정 부분이 아밀로펙틴 분자가 규칙적으로 밀착된 상태로 있기 때문에 수분이나 소화액이 침투하지 못하는 상태이다. 그러나 수분이 들어가서 전분의 분자 배열이 깨져 팽윤상태가 되고, 열을 가하여 전분을 끓이면 약 70~75℃에서 전분 알맹이가 파괴되어 아밀로오스는 물에 녹고, 아밀로펙틴은 흡수되어 풀어져 전분입자의 형태가 없어지면서 점성이 높고 반투명의 교질상태가 된다.

따라서 호화가 일어난 전분은 소화가 잘되며 맛있는 전분상태로 된다. 그래서 반드시 물을 붓고 가열하지 않으면 먹기가 곤란하며 소화가 잘되지 않는다. 호화되는 최저온도는 60℃ 전 · 후이다.

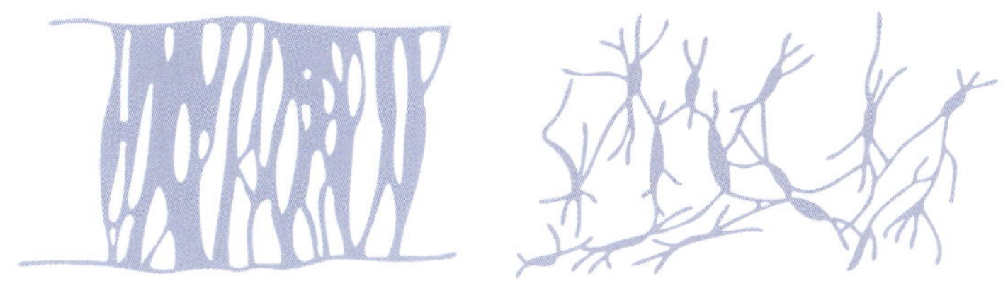

그림 4.2 생전분입자와 호화전분입자의 형태

(1) 호화에 영향을 주는 요인

① 전분의 종류

전분의 종류에 따라 호화상태가 다르다. 쌀, 옥수수, 녹두 등의 곡류 전분은 가열에 의해 점성이 생기며 투명해진다. 또한 냉각 시 불투명하고 비교적 단단한 겔을 형성한다. 감자, 타피오카, 칡 등의 근경류 전분은 가열시 매우 강한 점성이 있고 비교적 투명한 장점이 있으나, 냉각 시 강도가 약한 겔을 형성한다. 일반적으로 근경류 전분을 선호하는데, 값이 비싸다.

또한 아밀로오스와 아밀로펙틴의 함량에 따라 호화상태가 다르며, 아밀로펙틴 함량이 많은 찰곡류 전분들은 가열 시 아주 강한 점성이 있어 잘 끊어지지 않고 냉각 시 겔 형성이 잘 안 된다. 반면, 고아밀로오스 전분은 가열 시 잘 끊어지며 냉각 시 매우 단단하고 불투명한 겔을 형성한다.

예를 들어, 탕수육소스나 덮밥의 소스에 사용되는 전분은 투명하면서도 시간이 지나도 쉽게 굳지 않는 전분을 선택해야 한다. 반면, 과편이나 젤리는 호화시켜 겔화시켜서 굳혀야 하므로, 투명하면서도 단단한 겔을 형성하는 전분을 선택해야 한다. 이처럼 전분의 특성을 알고 조리에 적용하는 것이 효율적이다.

② 전분의 입자

감자, 고구마와 같은 서류를 익힐 때는 잿속에 묻어서 익히거나 숯불에 구워도 잘 익는다. 쌀의 경우에는 잿속에 묻어서 밥을 하기도 힘들고 산에 올라가서 밥을 해도 잘 익지 않는다. 이처럼 전분에 따라 호화되는 온도가 각기 다르다. 이것은 전분의 호화가 전분입자 크기에 영향을 받기 때문이다.

전분입자의 크기는 전분에 따라 다르며 입자 형태도 원형, 타원형, 다각형 등 식품에 따라 매우 다양하다. 곡류의 전분입자 크기는 2~10$\mu\ell$이며 감자, 고구마 등의 서류는 5~150$\mu\ell$로 서류의 입자가 곡류보다 더 크다. 전분입자가 작으면 호화 온도가 높고 전분입자가 크면 호화 온도가 낮다. 따라서 전분입자가 작은 쌀은 100℃에서 호화되며, 전분입자가 큰 서류는 그보다 낮은 60℃ 전·후 온도에서 호화된다. 또한 아밀로펙틴의 함량이 많을수록 호화 속도가 느리며, 전분입자의 크기는 겔 형성, 노화에도 영향을 미친다.

표 4.2 각종 전분입자의 크기 및 형태

종류 \ 모양	전분입자의 크기(μ)	형태	평균 크기(μ)
고구마	20~40	다면형	18
감자	5~100	계란형	50
옥수수	6~21	다면형	16
밀	5~40	볼록렌즈형	20
쌀	2~8	다면형	4

- 온도 : 열온도가 높을수록 호화되기가 쉽다. 호화 시작온도는 56~75℃ 범위이며, 전분 분해효소가 주로 활성화하는 범위이다. 감자와 같이 입자가 큰 전분은 낮은 온도(56~65℃)에서 호화되고, 밀가루와 같이 입자가 작은 곡류 전분은 좀더 높은 온도(56~75℃)에서 호화된다.

- 시간 : 90℃ 이상에서 계속 가열하면, 전분입자는 계속된 가열에 의해 결합력이 깨지게 되어 오히려 점성이 감소된다.

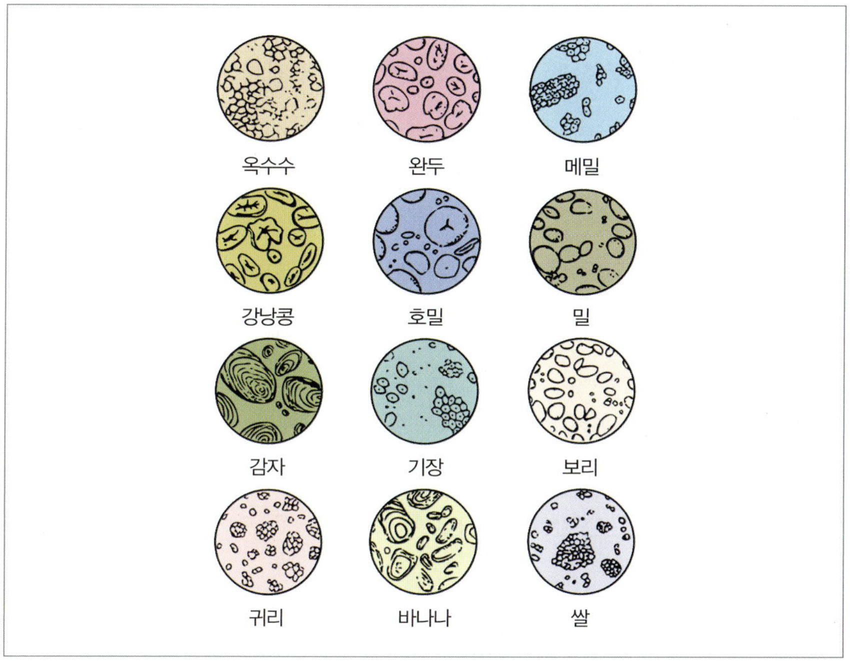

그림 4.3 각종 녹말의 녹말입자

- 젓기 : 호화된 교질용액인 전분 풀을 형성하기 전에 지나치게 저어주면, 호화가 제대로 안되어 점성이 감소된다.
- 산 : 산은 전분을 가수분해하여 호화가 잘 안되게 하며 전분 겔의 점성을 감소시키므로 산의 첨가 시 전분을 따로 호화시킨 후 산과 섞는 것이 좋다. 예를 들어, 과일을 넣고 만든 파이 속이나 탕수육소스를 만들 때, 전분 혼합물에 레몬즙이나 식초와 같이 산성 성분(pH4 이하)을 넣게 되면 산과 열이 결합하여 가수분해반응이 일어나고, 전분 분자를 좀더 작은 분자로 쪼개어 묽게 되는 원인이 된다. 따라서 전분에 산을 첨가할 경우에는 전분이 완전히 호화한 후에 넣는 것이 묽게 되는 것을 방지할 수 있다.

가수분해
hydrolysis

- 당 : 전분에 설탕을 첨가하여 호화시키면, 설탕은 친수성이므로 용해성이 커서 물과 결합함으로써 전분이 이용할 물이 감소되므로 호화가 지연된다.
- 지방, 단백질 : 지방이나 단백질은 전분을 둘러싸서 전분의 수화를 막으므로, 호화를 지연시킨다.

수소결합 hydrogen bond

- 나트륨 : 소금, 간장, 중조 등을 첨가하였을 때 수소결합에 영향을 주기 때문에 전분 겔의 점도가 낮아진다.

(2) 호화의 단계

- 제1단계 : 현탁액이 수화되고 난 후 흡수되는 상태를 말한다. 이 단계는 가역적이므로 건조시키면 원상태로 되돌아갈 수 있다. 이것은 수화하여 20~30% 정도 수분을 흡수하여 팽윤된다.
- 제2단계 : 전분이 팽윤되고 전분의 결정성이 소실되는 상태를 말한다. 이 단계는 비가역적이며 60℃ 이상이 되면 수소결합이 끊기고 무게의 3~25배의 수분을 흡수한다. 이것은 아밀로오스와 아밀로펙틴의 일부가 끊어져 용출되어 점도가 증가한다.

교질용액 colloid solution

- 제3단계 : 온도가 계속 상승하여 전분입자가 붕괴되고, 전분 현탁액은 교질용액으로 되는 상태를 말한다. 이것은 호화가 완성되는 단계이다.

2) 전분의 겔화

묵은 전분의 겔 특성을 잘 이용한 전통식품이다. 도토리가루로 묵을 쑤거나 오미자즙으로 과편을 만들 때, 가루에 물을 넣고 가열하면 풀처럼 되었다가 쫄깃한 상태가 되면 불을 끄고 틀에 부어 식히면 탄력성 있는 묵 상태가 된다. 이 탄력성 있는 묵이 바로 겔화된 상태이다. 즉 겔화(gelation)는 전분에 물을 넣고 가열하여 호화시키면 풀처럼 되었다가 식으면 묵처럼 되는 현상으로, 노화과정과 유사하나 노화가 아니며 수분이 빠져나오지 못한 상태이므로 결정구조가 아닌 반고체의 겔을 형성하는 것이 노화와 다르다.

콜로이드용액 colloidal solution

겔이란 콜로이드용액이 일정한 농도 이상으로 진해져서 튼튼한 그물조직이 형성되어 물을 가두고 안정한 겔 상태로 고체의 성질을 갖는 것이다.

전분 겔의 형성과 텍스처는 전분의 아밀로오스 함량에 영향을 받으며, 아밀로오스 함량이 많을수록 겔 강도가 크다. 아밀로펙틴으로만 된 전분은 겔화가 천천히 일어난다. 그리고 전분에 들어있는 지질과 단백질 함량, 겔을 만들 때의 전분농도와 저장 조건 등에도 영향을 받는다.

3) 전분의 노화

(1) 노화의 정의

보통 밥이나 떡 등이 굳은 상태를 말하는데, 호화된 전분(α-전분)을 그대로 방치하면 날전분(β-전분)에 가까운 상태로 되는 현상을 말한다. 전분입자는 서서히 평행으로 모이면서 전분 분자끼리 수소결합을 하여 부분적으로 재결정 구조를 형성하여 β-전분 형태로 된다. 호화된 전분 내의 수분이 소실되고 수소결합이 재결정되므로 단단해지고 소화작용이 어려워 소화율도 떨어진다.

노화
retrogradation

호화된 전분
α-전분

날전분
β-전분

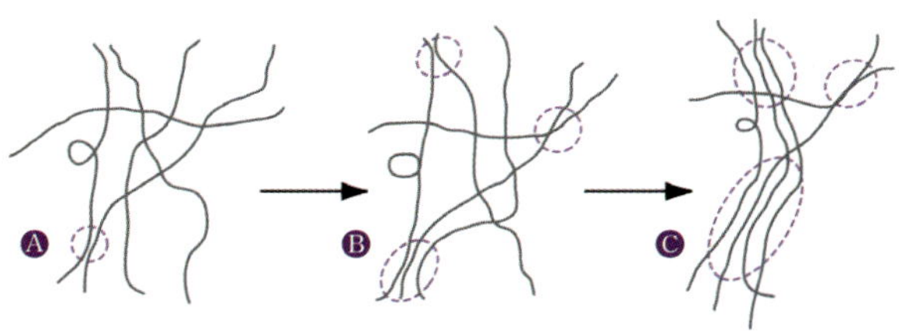

그림 4.4 노화의 모형도

(2) 전분의 노화에 영향을 주는 요인

- 전분의 종류 : 쌀, 밀, 옥수수 등의 입자가 작은 곡류전분은 노화가 쉽게 일어난다. 반면 감자, 고구마 등의 입자가 큰 서류전분은 노화가 서서히 일어난다. 즉 삶은 감자가 밥보다 더 천천히 굳는다. 또한 아밀로펙틴 함량이 많을수록 노화가 지연되는데, 그 이유는 아밀로펙틴은 가지가 많아 분자 간 수소결합을 입체적으로 방해하여 노화를 어렵게 하기 때문이다. 즉 멥쌀로 만든 떡이나 밥이 찹쌀로

만든 것보다 더 빨리 굳는 것이다.

- 수분 함량 : 수분 함량이 30~60%일 때 가장 노화가 되기 쉬우며, 15% 이하일 때는 노화가 잘 일어나지 않고, 10% 이하일 때는 노화가 거의 일어나지 않는다.
- 온도 : 전분의 노화는 0~4℃의 냉장온도에서 가장 쉽게 일어나며, 60℃ 이상과 -20℃ 이하에서는 노화가 잘 일어나지 않는다.
- pH : 알칼리성에서는 노화가 매우 억제되며, 산성에서는 노화속도가 촉진된다.
- 설탕 : 설탕 첨가 시 노화가 억제된다.
- 노화방지제 : 식품첨가물인 모노글리세라이드를 첨가하면 노화가 억제된다.

모노글리세라이드 monoglyceride

- 염류 : 황산마그네슘은 노화를 촉진하나, 무기염류는 노화를 억제하는 경향이 있다.
- 유화제 : 전분의 콜로이드 용액의 안정성을 증가시켜주므로 노화가 억제된다.

표 4.3 노화에 영향을 주는 요인

종 류	호 화	노 화
전분의 종류	곡류전분 〉 뿌리전분보다 호화온도가 높다.	뿌리전분보다 노화가 쉽다.
아밀로오즈와 아밀로펙틴 함량	멥쌀이 찹쌀보다 호화가 빠르다.	찹쌀이 멥쌀보다 노화가 느리다.
온도	쌀 : 70℃(3~4시간), 100℃(20분) 빵 : 230℃	60℃ 이상에서 노화가 안 일어나고, 0℃가 가장 잘 일어난다.
pH	알칼리성 〉 산성 호화촉진	산성에서 노화 촉진한다.
수분	수분 증가할수록 빠르다.	30~60%에서 가장 잘 일어나고, 10% 이하에서는 안 일어난다.

4) 전분의 당화

밀가루나 생쌀은 단맛이 거의 없다. 그러나 이것에 열을 가해 조리를 하면 약간의 단맛이 생긴다. 밥을 입에 넣고 한참을 씹으면 침 속의 전분 분해효소에 의해 전분이 분해되어 단맛이 느껴진다. 밥을 하여 엿기름이라는 전분 분해효소를 넣고 가열하면 단맛이 나는 식혜음료가 되는 것이다.

곡류가루는 단맛이 없지만 가루를 볶아서 미숫가루를 만들면 단맛이 생긴다. 또한 생밀가루는 물에 섞이지 않지만 가열하여 만든 미숫가루는 용해되지는 않아도 물에 잘 섞이게 된다.

이처럼 전분이 당화효소나 산에 의해 가수분해 되어 단당류, 이당류 또는 올리고당으로 만들어지는 것을 '당화'라 한다. 다당류인 전분은 조리 시 용해성이 낮아 물에 섞이지 않고 분리되며 단맛도 거의 없다. 그러나 당화된 경우 포도당 결합이 끊어져 단당류나 이당류가 많아지므로 용해성이 커지며 단맛을 낸다. 당화된 식품으로는 식혜, 조청, 엿, 물엿, 시럽 등이 있다.

표 4.4 전분 당화효소

종 류	공급원	특 징
α-아밀라아제(액화효소)	발아 중인 곡류에 존재	전분의 α-1,4 결합을 무작위로 가수분해
β-아밀라아제(당화효소)	감자, 곡류, 두류, 엿기름, 타액에 존재	맥아당 단위로 비환원성 말단에서부터 가수분해
글루코아밀라아제(액화효소)	곰팡이, 효모, 세균 등에 존재	비환원성말단부터 포도당 단위로 절단

(1) 당화방법

- 효소당화법 : 보리를 20~25℃로 물을 부어 산소를 작용시켜 8일간 두면 보리의 1.7~2.0배가 되도록 한다. 아밀라아제를 비롯한 여러 효소들이 증가된다.
- 염산법, 황산법, 수산법 : 전분당, 정제 포도당을 만든다.

5) 전분의 호정화

'호정화'는 전분을 160~170℃에서 물 없이 가열하면 여러 단계의 가용성 전분을 거쳐 덱스트린(호정)으로 분해되는데, 이러한 변화를 호정화라 한다. 다당류에서 가열 후 분해되어 생성된 중간단계의 덱스트린은 용해성이 높아져 물에 더 잘 녹고 소화도 용이해진다. 또한 단맛도 증가하고 갈색으로 변하게 된다.

호정화 dextrinization

예를 들면, 곡물가루를 건열로 볶아서 만든 미숫가루는 생전분에 비해 물에 더 잘 섞이고 구수한 맛을 내게 된다. 밀가루에 우유를 넣어 가열하면 풀처럼 되지만, 밀가루를 건열로 볶아 호정화가 일어나게 한 후 우유를 넣고 가열하면 잘 섞이게 되며 이것이 '루'이다. 이외에도 뻥튀기, 팝콘, 미숫가루 등이 있다.

루 roux

제2절 당류

조리에 단맛을 주기 위해서 주로 자연에서 얻어지는 탄수화물을 이용하는 것이다. 천연에 존재하는 당을 이용하는데, 사탕수수나 사탕무에서 설탕을 얻거나 과일, 꿀 등에서 과당을 얻기도 한다. 탄수화물의 종류 중 다당류는 단맛이 적으므로 이를 분해하면 단맛이 증가되므로 분해된 콘시럽, 엿 등을 조리에 이용한다. 물, 불에 의해서도 다당류가 분해되어 단맛이 증가되지만 산이나 효소 등에 의해서도 분해를 시킨다. 식품산업의 발달로 액상과당, 당알코올류, 전화당, 올리고당 등을 비롯하여 아스파탐, 스테비오사이드 등의 인공감미료 등이 개발되어 조리에 다양하게 사용되고 있다.

과당 fructose

액상과당 high fructose corn syrup

당알코올 sugar alcohol

전화당 invert sugar

올리고당 oligosaccharides

아스파탐 aspartame

스테비오사이드 stevioside

1. 당류의 특성 및 조리원리

당은 조리에 단맛을 제공하는 것 외에도 갈색화, 노화방지, 용해성, 결정성, 미생물의 영양분 등 식품에 여러 가지 기능을 부과시켜 준다. 이러한 당류의 특성을 이용하여 제품의 풍미, 색, 질감뿐만 아니라 저장성도 향상시킬 수 있다. 당류의 기능은 당의 종류에 따라 특성이 다르므로 그 기능도 다소의 차이가 난다.

1) 단맛

단맛의 정도는 당의 종류에 따라 그 크기가 서로 다르다. 설탕을 감미도의 표준으로 하는데, 설탕은 다른 당류와는 달리 α, β형의 이성질체가 존재하지 않아 단맛이 변하지 않기 때문이다. 당의 상대적 감미도는 과당의 단맛이 가장 크며, 전화당, 설탕, 포도당, 자일로스, 맥아당의 순으로 단맛이 감소한다. 또한 단맛은 온도에 따라서도 다르다. 0℃ 이하 그리고 50℃ 이상에서는 단맛이 저하된다.

2) 용해성

당류는 친수기인 수산기(-OH)를 가지므로 물에 모두 잘 용해된다. 당의 입자 크기, 종류와 물의 온도에 따라 용해도가 다르며, 당의 입자가 적을수록 용해시키는 물의 온도가 높을수록 용해성이 커진다. 당 용액의 온도를 높이면 당의 용해성이 커지고,

온도를 내리면 과포화 용액이 된다. 20℃에서는 203.9g의 설탕이 녹으며, 70℃에서는 320.5g이, 100℃에서는 487.2g의 당이, 115℃에서 669.0g이 용해된다. 용해성은 같은 조건에서는 과당이 가장 크며, 그 다음이 설탕, 포도당, 맥아당, 유당 순으로 감미가 강한 당이 용해가 쉽게 된다.

용해성
solubility

3) 흡습성

천연당류는 친수성이므로 수분을 보유하는 능력이 크다. 그래서 공기 중에 두면 수분을 흡수해 덩어리가 생기거나 눅눅해진다. 또한 흡습량은 온도가 높을수록 증가한다. 꿀과 당밀 같은 과당은 흡습성이 매우 크므로, 케이크나 떡 제조에 첨가하면 노화가 덜 일어나고 식품에 촉촉함을 주며 부드럽게 해준다.

흡습성
moisture absorption

4) 가수분해

당류는 가열과 산, 효소에 의해 가수분해 된다. 이당류는 산, 효소에 쉽게 가수분해가 되며 알칼리에는 다소의 영향을 받는다. 맥아당이나 유당에 비해 설탕은 쉽게 산 가수분해 된다.

가수분해
hydrolysis

5) 결정성

설탕은 높은 온도에서 농축시킨 후 냉각하면 과포화되어 설탕 결정이 생기는 성질이 있다. 이처럼 당 용액으로 미세한 결정을 만들어 캔디를 만들 수가 있다. 결정이 이루어지려면 먼저 핵이 생겨야 하고, 핵 위에 용해물질들이 붙어 결정이 커져가는 것이다.

결정
crystallization

(1) 결정성 캔디

많은 설탕 결정이 형성되어 잘 만들어진 '결정성 캔디'는, 설탕 결정이 아주 작아 매우 미세구조를 가지기 때문에 아주 단단하거나 질기지 않고 아주 부드럽고 크림같다. 결정이 이루어지려면 먼저 핵이 생겨야 하고, 핵 위에 용해물질들이 붙어 결정이 커져가는 것이다. 그리고 결정 크기에 따라 폰단트, 퍼지, 얼음사탕 등이 있다. 이러한 결정 형성에 영향을 주는 요소들은 다음과 같다.

- 용액의 성질 : 당의 종류에 따라서 결정 크기에 차이가 나는데, 용해성이 낮은 당이 결정이 크다. 즉 용해성이 낮은 유당은 결정성이 큰 반면, 용해성이 큰 포도당은 결정이 서서히 형성되며 결정의 크기도 작다.
- 용액의 농도 : 용액이 농축되면 핵의 형성이 빠르고, 결정의 크기도 커진다.
- 용액의 온도 : 높은 온도에서는 핵의 형성이 빠르고, 용해물질들이 잘 붙어서 결정의 크기도 커진다.
- 교반 : 젓는 속도가 빠르면 크기는 작지만 미세한 결정이 생기고, 느리면 소수의 핵을 중심으로 큰 결정이 생긴다.
- 불순물의 존재 : 당 용액 이외의 다른 물질이 존재하면 결정 형성을 방해하여 결정의 크기가 작고 미세한 결정이 생긴다. 설탕이 분해되어 전화당이 생기거나 물엿의 경우 결정에 저항을 가져 결정체가 천천히 생기며 미세하다. 따라서 포도당, 과당, 시럽, 버터, 초콜릿, 전화당, 꿀, 난백, 우유 등의 첨가는 결정을 방해한다.

(2) 비결정성 캔디

'비결정성 캔디'는 때때로 무정형 또는 형태가 없다는 뜻의 '무정형 캔디'라 불리기도 한다. 이 캔디를 제조할 때에는 당의 결정을 방해하기 위해서 다양한 성분과 기술이 이용된다. 이러한 방해물질로는 시럽, 꿀, 우유, 크림, 버터, 달걀흰자, 유기산 등이 있다. 캐러멜, 마시멜로, 토페와 브리톨 등이 있다.

6) 캐러멜화 반응

고온에서 당류 또는 당류의 수용액을 가열할 때 일어나는 산화반응으로, 효소에 의한 반응이 아닌 비효소적 갈색화작용이다. 설탕을 170℃에서 계속 가열하면 '캐러멜화 반응'에 의해 갈색화가 일어나며, 각종 분해산물들은 식품의 향기나 맛이 생성된다. 따라서 설탕을 넣고 조리하게 되면 캐러멜의 독특한 고소함과 향이 더해지고 색이 노릇노릇해져 식욕을 증가시킨다. 설탕공예, 캐러멜캔디, 약식, 제빵 등의 제조에 쓰인다.

7) 보존성

고농도의 당은 수분을 탈수시켜 미생물의 증식을 억제하고 보존성이 높아져 식품

저장에 이용된다. 각종 채소 및 열매의 엑기스나 잼 등에 이용되는 저장법이다.

2. 당의 분류

당의 종류 및 입체구조 등에 따라 단맛 정도는 차이가 난다. 자연당의 급원은 벌꿀, 과일, 꽃, 사탕무, 사탕수수, 전분 등이 있고, 여기에서 얻어진 소당류가 주로 단맛을 내며 다당류가 되면 거의 단맛이 없어진다.

1) 포도당

자연계에 널리 존재하며, 과일 특히 포도와 꿀, 시럽 등에 많이 함유되어 있다.

포도당
glucose

2) 과당

포도당과 결합하여 자당을 이루고 유리상태로 과일과 꿀 등에 많이 존재한다. 과당은 천연당류 중에서 감미도가 가장 강하고 상쾌하여 감미료로 사용된다. 과당은 α-, β-형의 이성체가 존재하며 β-형이 α-형보다 더 달며, 온도가 상승됨에 따라 α-형으로 기울어 감미도가 급격히 감소한다.

과당
fructose

3) 유당

유당은 포유류의 유즙에만 존재하는데, 우유에 약 4.5%, 모유에 약 7% 함유되어 있다. 효모에 의해서 발효되지 않고 제빵 시 빵의 갈색화를 가져오며, 단맛은 자당을 100으로 했을 때 16~28 정도이다.

유당
lactose

4) 설탕

자당은 사탕수수나 사탕무를 압착법이나 온수침출법을 사용하여 즙을 추출한 후 결정화하여 정제한다. 압착한 즙은 사탕수수에 들어있는 단백질, 검 물질, 무기질, 산과 같은 불순물을 침전시켜 제거한다. 이 수분을 증발시키고 남은 액체를 원심분리기에 넣고 돌림으로써 결정체를 가라앉혀 액체에서 분리한다. 이때 생긴 설탕 결정

설탕
sucrose

체를 원당이라 하고, 남은 액체를 당밀이라고 한다. 이 과정을 세 번 정도 반복하여 순백의 결정체를 얻는다. 갈색의 원당이 흑설탕에 해당하고 당밀은 황설탕에 해당하며, 원당의 정제과정을 거친 순백의 결정체는 백설탕이다. 자당은 단맛의 표준물질로 사용되며 자당의 단맛은 100으로 한다.

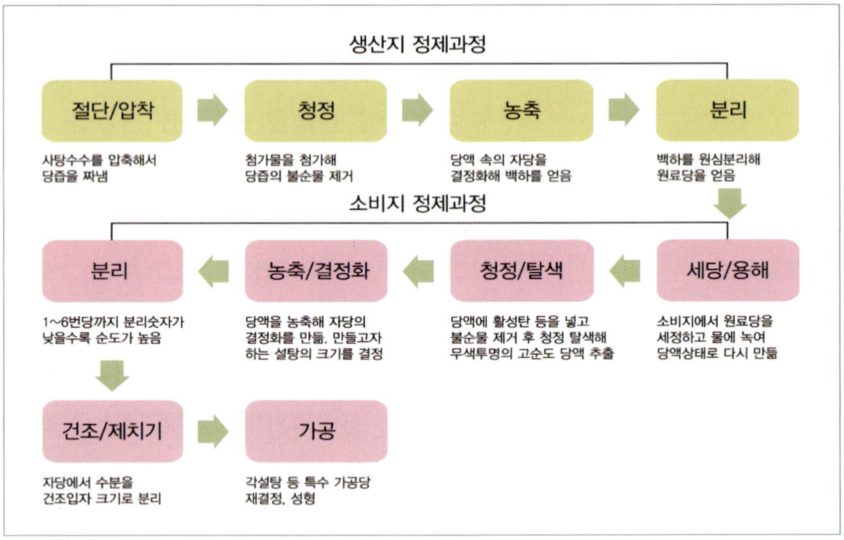

그림 4.5 생산지와 소비지 정제과정

5) 시럽류

'시럽'은 옥수수전분에 산분해효소를 넣어 가수분해하여 만들며 점성과 향이 있다. 제과 · 제빵에 다양하게 사용되고 있다.

(1) 물엿

물엿 starch syrup

'물엿'은 전분에 산이나 효소를 가하여 가수분해된 것으로, 물이 혼합된 점조성 감미물질이다. 흡습성과 점성, 윤기를 증가시켜 준다.

(2) 꿀

'꿀'은 벌집에 저장한 당액에서 정제한 것으로 수분 20~30%, 과당 40%, 포도당

35%, 설탕과 덱스트린 2%와 그 외 성분으로 구성되었으며, 대부분의 꿀은 과당함량이 많아 결정이 생성되지 않고 설탕보다 향미가 더 강하며 흡습성이 크다. 제과제조 시 노화를 지연시켜 준다.

(3) 조청

곡물로 밥을 지어 엿기름물을 부어 7~8시간 삭혀 계속 고아서 만든 것이다. '조청'은 진한 갈색이며 음식에 단맛과 향미, 윤기를 주어 과자나 조림에 많이 이용된다.

조청
thick starch syrups

(4) 메이플시럽

'메이플시럽'은 단풍나무 즙액에서 대부분의 수분을 증발시켜 만든 것으로, 독특한 향이 있어 팬케이크, 와플, 프런치 토스트 등 제과제품에 많이 쓰인다.

메이플시럽
maple syrup

(5) 전화당

'전화당'은 설탕을 산이나 자당효소를 첨가하면 동량의 포도당과 과당의 혼합물이 생기는데, 설탕의 비선광도는 우선성이지만 가수분해 되면 우선성이 좌선성으로 변하게 된다. 이를 전화당이라 한다. 전화당은 감미가 강하며 설탕의 1.2배이며, 흡습성과 용해도가 더 커지므로 저장성 또한 증가된다.

2) 당 유도물질과 인공감미료

당 알코올은 단당류의 카르보닐기가 환원되어 -CH_2OH로 된 형태이며, 단맛은 내나 열량은 적어 저칼로리 제품, 무설탕 제품, 다이어트 제품 등의 감미제로 쓰인다. 자일리톨(75), 솔비톨(48), 에리스리톨(45), 만니톨(45), 이노시톨(45) 등이 있다. 인공감미료 설탕보다 30~수천 배에 해당하는 강한 단맛을 가지고, 아스파탐을 제외하고 거의 칼로리가 없다.

(1) 아스파탐

페닐알라닌과 아스파트산을 합성하여 만든 아미노산계의 합성 감미료이다. '그린스위트'라는 이름으로 판매되고 있는데, 설탕보다 단맛이 150~200배 높으며 열량이

아스파탐
aspartame

그린스위트
green sweet

적어 저칼로리 제품의 캔디, 디저트, 음료수 등에 사용된다.

사카린
saccharin

(2) 사카린

설탕보다 단맛이 200~700배 높으며 열량이 거의 없다.

스테비오사이드
stevioside

스테비아
stevia

(3) 스테비오사이드

스테비아에서 추출한 것으로, 설탕보다 단맛이 약 300배 높으며 탄산음료, 양조류, 유제품 등에 사용된다.

표 4.5 단맛 성분의 감미도

종류	감미도	종류	감미도
당류		inositol	45
sucrose	100	mannitol	45
maltose	50~60	dulcitol	41
lactose	16~27	glycerol	48
mannose	32~60	glycol	49
glucose	50~74	방향족 화합물	
fructose	100~173	glycyrrhizin	15,000
galactose	27~32	phyllodulcin	60
rhamnose	60	perillartin	200,000~500,000
xylose	40	stevioside	300,000
raffinose	23	rebeaudioside A	390,000
glucosamine	50	인공감미료	
invert sugar	120	saccharin	20,000~70,000
당알코올		dulcin	7,000~35,000
xylitol	75	Na-cyclohexyl-	3,000~4,000
sorbitol	48~70	sulfamate	
erythritol	45	aspartame	15,000~20,000

Exercise

1 감자(고구마)와 옥수수(곡류) 전분을 조리할 때 호화와 노화의 차이를 쓰시오.

2 초밥과 일반 밥에서 호화와 노화의 차이를 쓰시오.

3 콜로이드 분산액에서 콜로이드 입자가 분산액에 분산되어 있을 때 (　　　　)이라 한다. 졸이 어떤 요인에 의해서 굳어진 상태를 (　　　　)이라 한다.

4 전분 겔의 형성과 텍스처는 전분의 (　　　　) 함량에 영향을 받으며, (　　　　) 함량이 많을수록 겔 강도가 크다.

5 곡류 전분과 근경류 전분 중 어느 것이 가열시 매우 강한 점성이 있고, 비교적 투명한 장점이 있는가?

6 전분의 노화억제 방법 3가지를 쓰시오.

7 전분을 산이나 효소를 이용하여 가수분해하면 작은 분자로 되면서 (　　　　)가 일어난다. 조청, 엿이 만들어지는 과정으로 가수분해 되면 단맛이 증가되며 물에 녹는 성질도 증가된다.

8 다음은 전분 분해효소이다. 괄호 안에 효소의 종류를 쓰시오.
효소에 의한 가수분해는 2가지 종류의 아밀라아제에 의해 일어난다.
(　　　　)는 액화효소로 전분을 무작위로 끊어 점도가 낮은 액체 상태로 만든다.
(　　　　)는 말단에서부터 2개 단위로 끊어 맥아당을 생성하는 효소로, 단맛이 생기므로 당화효소라고도 하는데 엿기름, 고구마 등에 존재한다.

9 다음은 무엇에 대한 설명인지 쓰시오.
- 전분에 물을 첨가하지 않은 상태에서 160~170℃로 가열하면 전분 분자가 덱스트린으로 분해됨
- 빵을 구웠을 때
- 미숫가루를 만들기 위해 곡류를 볶을 때
- 브라운 루를 만들기 위해 밀가루를 볶을 때

10 전분에 산을 가하여 가열하면 호화와 점도에 어떠한 영향을 미치는가?

Exercise

11 설탕을 기준으로 할 때 당류의 단맛을 순서대로 나열하시오.

12 공기 중에 수분을 흡수하여 덩어리가 생기거나 눅눅해지는 것은 당의 무슨 성질 때문인가?

13 설탕은 높은 온도에서 농축시킨 후 냉각하면 과포화 되어 (　　　　)이 생기는 성질이 있다.

14 결정성 캔디의 종류를 쓰시오.

15 (　　　　)은 천연의 과일과 꿀에 존재하고, 천연의 당류 중 흡수성이 강하여 결정화되기가 어려우며 끈적거림이 있다.

16 (　　　　)은 옥수수 전분에 산분해효소를 넣어 가수분해하여 만들며, 점성과 향이 있다.

17 과당은 α-, β-형의 이성체가 존재하여 (　　　　)-형이 (　　　　)-형보다 더 달며, 온도가 상승됨에 따라 α-형으로 기울어 감미도가 급격히 감소한다.

18 (　　　　)은 곡물로 밥을 지어서 엿기름물을 부어 7~8시간 삭혀 계속 고아서 만든 것이다.

19 (　　　　)은 설탕을 산이나 자당효소를 첨가하면 동량의 포도당과 과당의 혼합물이 생기는데, 감미가 강하며 설탕의 1.2배이며, 흡습성과 용해도가 더 커지므로 저장성 또한 증가된다.

20 (　　　　)은 단당류의 카르보닐기가 환원되어 $-CH_2OH$로 된 형태이며, 단맛은 내나 열량은 적어 저칼로리제품, 무설탕제품, 다이어트제품 등의 감미제로 쓰인다. 리비톨, 자일리톨, 솔비톨 등이 있다.

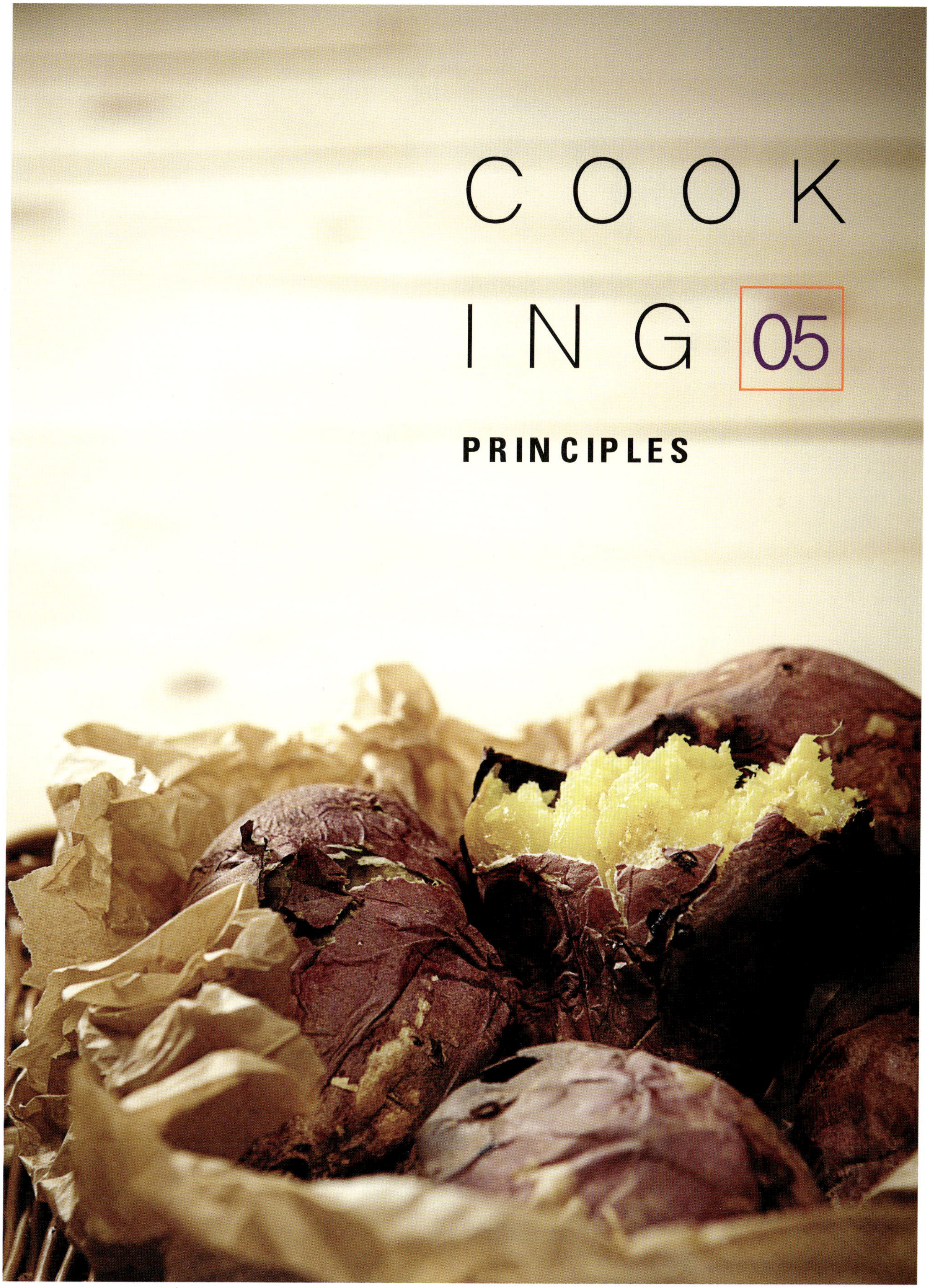
COOK
ING 05
PRINCIPLES

CHAPTER 05

서류 Root and Tuber Crops

제1절 서류의 특성

'서류(薯類)'는 식물의 땅 속 줄기나 뿌리가 발달한 작물로써 감자, 고구마, 카사바, 돼지감자 등이 있다. 고구마는 덩이뿌리에, 감자·토란·참마·뚱딴지의 경우는 땅 속줄기에, 곤약은 둥근 뿌리에 각각 전분과 기타 다당류를 저장하기 때문에 식용을 목적으로 재배를 한다. 서류는 척박한 땅에서도 잘 재배되므로 단위면적 당 생산 열량이 곡류보다 높은 경제적인 열량식품이다. 고구마나 감자 등의 지하전분은 전분입자가 쉽게 분리되어 전분을 만들기가 쉽다. 이 전분을 이용하여 글루탐산나트륨 등의 원료가 되기도 하고, 맥주나 알코올 등 공업의 원료, 연제품 제조 또는 작물용으로도 그 용도가 다양하다.

글루탐산나트륨
sodium glutamate

표 5.1 대표적인 서류의 성분표(100g)

종류	에너지 (kcal)	수분 (%)	단백질 (g)	지질 (g)	탄수화물 (g)	섬유소 (g)	무기질				비타민				폐기율 (%)
							칼슘 (mg)	인 (mg)	철 (mg)	칼륨 (mg)	B_1 (mg)	B_2 (mg)	나이아신 (mg)	C (mg)	
감자(생)	66	81.4	2.8	–	14.6	0.2	4	63	0.6	485	0.11	0.06	1.0	36	6
고구마	128	66.3	1.4	0.2	31.2	0.9	24	54	0.5	429	0.06	0.05	0.7	25	7
토란(생)	58	83.2	2.5	0.2	13.1	0.8	27	45	0.5	365	0.08	0.03	0.8	7	20
마(산마, 얌)	95	73.5	5.1	0.7	19.6	0.9	27	53	0.2	–	0.10	0.02	0.4	9	20
돼지감자	35	81.2	1.9	0.2	15.1	–	13	55	0.2	630	0.07	0.05	1.7	12	30
곤약(가루)	177	6.0	3.0	0.4	85.3	–	57	160	2.1	3,000	0	0	0	0	0

※ – : 수치가 애매하거나 측정되지 않음.
자료 : 식품성분표 제7개정판. 2006.

큐어링 curing

서류는 대개 수분 함량이 70~80%로, 수확 후 큐어링 처리를 하지 않으면 품질이 저하되고 저장성이 낮아지며 단백질, 지방, 비타민 함량이 적지만 칼륨과 칼슘 함량이 높은 알칼리성 식품이다. 서류는 냉해를 받기가 쉬우므로 저장 시 많은 주의를 요한다.

1. 감자

1) 감자의 품종 및 특성

'감자(potato)'의 원산지는 남미의 안데스 고산지대이며, 우리나라는 순조(1824) 때 만주에서 도입되었다. 봄감자는 평창, 홍천, 인제, 명화, 봉화 등지에서 재배되고, 가을감자는 김제, 정읍, 익산, 해남, 무안 등 남부지방에서 재배된다.

대표적인 품종은 남작, 수미, 대지, 세풍, 조풍, 남서, 대서 등이 있다. 남작은 가장 오래된 품종으로 전분 함량이 많은 분질성 감자이다. 대지가 품종 중에서도 가장 많이 재배되고 있으며, 수미는 가공용으로 쓰이고, 대서는 주로 칩 가공용으로 쓰인다. 감자는 괴경을 이용해서 영양번식을 하는데, 5~30g 정도의 재배종자용 우량 소괴경 씨감자를 생산한다. 알감자는 30~50g 정도로 조림용으로 사용하며, 왜감자는 상인들이 사용하는 용어로 개량고구마를 뜻한다.

2) 감자의 성분

라이신 lysine

감자는 수분이 81%이고 당질이 14%, 단백질이 3%이며 라이신 함량이 높은 편이다. 칼륨과 칼슘 함량이 많아 알칼리성 식품에 속하며, 감자에는 서당, 포도당 및 과당이 주로 함유되어 있고, 당 함량은 가공 시 품질에 영향을 미친다. 감자에 당 함량이 높으면 칩 또는 튀김용 냉동감자 등으로 가공할 경우, 색이 암갈색으로 되어 품질이 떨어진다. 당 함량에 가장 영향을 미치는 요인으로는 수확 후 저장조건으로써 감자를 4℃로 저온 저장할 경우 환원당 함량이 증가하나, 단백질 함량은 0.7~1.2%로 저하된다.

칩 chip

튀김용 냉동감자 french fry

감자에는 껍질 밑에 비타민 C가 100g 중 15~40mg이 함유되어 있어서 껍질째 조리하는 것이 좋다. 특히 육질이 황색품종인 것이 백색품종보다 높으며 카로티노이드가 0.11~0.187mg이 들어 있다. 적색이나 자주색은 안토시아닌에 의한 것이다.

카로티노이드 carotinoid

3) 감자의 조리원리

(1) 감자의 갈변

껍질을 벗기거나 잘라서 공기 중에 방치하면 갈색으로 변하게 된다. 이것은 효소적 갈변반응으로, 감자의 아미노산의 일종인 티로신과 탄닌의 일종인 클로로제닌산 등이 티로시나아제, 폴리페놀라아제 효소 등에 의해 산화되어 흑갈색의 멜라닌 색소를 형성한 것이다. 티로시나아제는 수용성이므로 물이나 소금물에 담가두면 갈변을 방지할 수 있으며, 또한 티로신과 클로로제닌산은 수용성이므로 껍질을 벗겨 물에 담그면 용출되어 갈변하지 않는다.

효소적 갈변반응
enzymatic browning reaction

클로로제닌산
chlorogenic acid

티로시나아제
tyrosinase

폴리페놀라아제
polyphenolase

(2) 점질감자와 분질감자

감자는 가열 후의 질감에 따라 '분질감자'와 '점질감자'로 나눌 수 있다. 점질감자는 가열 후 찰진 질감을 나타내며 대지마, 셰프감자가 여기에 속한다. 전분 함량이 낮고 단백질 함량이 많은데, 육색이 황색인 것일수록 단백질의 함량이 높다. 또한 여름에 심는 감자가 전분 함량이 낮다. 삶았을 때 세포들이 잘 분리되지 않아 잘 부서지지도 않으므로 찜, 조림, 기름에 볶는 요리에 적합하다.

분질감자
mealy potato

점질감자
waxy potato

셰프감자
chef potato

분질감자는 남작, 수미, 자주, 아이다호, 러셋이 여기에 속한다. 전분 함량이 높고 단백질 함량은 적으며 내부 육색이 백색이다. 분질감자는 가열 후 점질감자에 비해 전분입자 크기가 크고 푸실푸실 하면서 윤이 나질 않는다. 삶거나 찔 때 세포들이 분리가 잘되기 때문에 부서지기 쉬워 메시드포테이토, 프렌치프라이, 오븐구이에 적합하다.

물 11컵에 소금 1컵을 녹여 감자를 껍질째 담갔을 때 점질은 전분 함량이 적어 비중이 낮아 위로 뜨며, 반면 분질감자는 전분 함량이 많아 비중이 높아 밑으로 가라앉는다.

(3) 감자의 가공조리

감자전분은 무색무취이므로 소시지, 어묵, 어육 등의 가공제품에 많이 이용되며, 이외에도 감자칩, 프렌치프라이, 매시드 포테이토, 전분생산, 조림, 곤약(구약), 샐러드, 기능성 식품의 원료인 유색감자 등으로 조리되고 있다.

매시드 포테이토는 햇감자보다는 전분의 숙성이 충분히 이루어진 숙성한 감자가

프로토펙틴
protopectin

적합하다. 미성숙한 감자에는 프로토펙틴이 많이 함유되어 있는데, 이는 불용성으로 분리가 어려우므로 숙성한 감자가 적합하다. 감자를 삶은 후 뜨거울 때 으깨야 하고, 식은 것을 부서뜨리면 전분이 세포 밖으로 나와 점성이 생기므로 으깨기가 어려우며 보슬보슬해지지 않는다.

포테이토칩에는 전분 함량은 높고 당 함량이 낮은 감자가 적합하다. 당 함량이 높은 감자로 만들면 당이 캐러멜화를 일으켜 갈색이 진해지고 맛도 떨어진다. 특히 감자를 저장할 때 저온에 저장하면 호흡작용이 느려져 효소들에 의한 전분의 분해가 계속되어 당이 많이 생성된다. 따라서 실온에서 저장해야 감자의 호흡작용이 활발해서 당을 많이 소모하게 되므로 당 함량이 낮아진다.

(4) 감자의 독성

감자에 있는 솔라닌은 자연독으로써 덩이줄기의 외부에 많으며, 특히 싹 부위와 햇빛에 노출되어 녹색으로 변한 껍질 부분에 많이 존재한다. 솔라닌은 독성이 있어 위장장애를 일으키며, 다량섭취 시 중추신경계 손상이 일어나므로 조리 시 반드시 제거해야 한다.

2. 고구마

1) 고구마 재배지

'고구마(sweet potato)'의 원산지는 중남미이며, 우리나라에는 영조 6년(1736)에 통신사 조엄이 대마도에서 그 종자를 들여와 재배하기 시작하였다. 고구마는 수량성이 높은 작물로 재배면적이 다소 증가하고 있으며, 최근 간식용 고구마의 수요가 증대되고 있다. 고구마 주산지는 전남의 해남, 경기의 여주지방이며, 이들 산지를 중심으로 대단위 재배가 이루어지고 있다. 고구마의 특성은 품종, 토양 등 재배조건에 따라 다르다.

2) 고구마의 성분

고구마는 수분이 66.3%이고, 당질이 30.3%, 그 대부분이 전분인데, 이외에 덱스트린, 포도당, 자당, 맥아당 등이 있어 단맛을 낸다. 단백질이 1.4%인 고구마의 단백질은 이포메인이다. 또한 각종 비타민과 칼륨, 칼슘, 철 등 미네랄이 풍부하여 건강식에 좋다.

이포메인
ipomein

고구마의 색은 카로틴의 영향으로 노란색을 띠고, 고구마를 자를 때 유백색의 점액이 흘러나오는데, 이것은 얄라핀이라고 하는 수지배당체이며 공기와 접촉하면 흑색으로 변하게 된다. 고구마는 칼로리가 적으면서 위장에 머무는 시간이 길어 배고픔을 덜 느끼게 한다. 또한 고구마에 풍부하게 들어있는 식물성 섬유가 장의 움직임을 활발하게 하여 변비 및 대장암 예방에 효과적이고, 혈청 콜레스테롤을 감소시킨다.

얄라핀
jalapin

수지 배당체
resin glycoside

3) 고구마의 종류

고구마를 찌거나 구웠을 때 수분이 적고 밤과 같은 질감의 '분질고구마'와 수분이 많고 단맛이 강한 '점질고구마'가 있다. 분질고구마는 육질이 분질이며 단맛이 강하여 껍질의 색은 적색 계통으로 사람들이 주로 선호한다. 점질고구마는 수분 함량이 많아 물고구마라고도 하며, 전분수율이 높고 가루의 점도가 높아 주정용이나 전분 추출용으로 적합하다. 호박고구마는 육질이 호박처럼 노란색을 띤다고 하여 붙여진 명칭이다. 물고구마에 호박을 접목시켜 생으로 먹을 수 있도록 육성된 것으로, 샐러드에 이용하며, 날것일 때는 주황색을 띠고 익히면 짙은 노란색을 띤다. 일반고구마에 비하여 크기는 작은 편이지만, 수분과 당분이 풍부하며 소화도 잘 된다.

분질고구마
mealy sweet potato

점질고구마
waxy sweet potato

4) 고구마의 조리원리

(1) β–아밀라아제 활성

고구마에는 β-아밀라아제가 많아서 조리 시 전분을 맥아당으로 당화시켜 단맛이 증가한다. 이 효소는 55~65℃에서 가장 활성이 크므로, 이 온도에서 오래 가열하는 것이 효과적이다. 고구마는 찌는 것보다 방사열을 이용하여 천천히 화덕에서 굽는 것이 β-아밀라아제 활성이 충분히 일어나 더 맛있게 된다.

β-아밀라아제
β-amylase

(2) 관수현상

고구마가 물에 잠겨 오래 방치되었을 때는 세포가 죽어서 가열을 해도 연화되지 않는다. 이는 고구마의 세포 중에서 삼투작용을 맡고 있던 칼슘과 마그네슘 이온이

빗살모양 칼슘 Calcium Pectinate

펙티나아제 pectinase

세포막의 프로토펙틴과 결합해서 빗살모양 칼슘을 형성하여 펙틴으로 변하지 못하기 때문이다. 또한 고구마를 낮은 온도에서 가열하거나 가열 도중 가열을 중단하고 방치했다가 다시 가열할 경우에는 연화되지 않는다. 이미 가열로 효소 펙티나아제가 불활성화 되어 불용성 펙틴을 가용성 상태로 만들지 못하기 때문이다.

(3) 고구마전분

고구마는 중국요리에 많이 쓰이는데, 전분으로 이용하거나 주정용, 시럽과 당면제조 등 가공식품을 만들거나 첨가제로써 식품산업에 이용하고 있으며, 절단하여 건조한 후 알코올, 풀, 가용성 전분 등의 가공 원료로도 사용된다. 고구마전분은 다른 전분에 비해 페이스트의 점도가 높고 투명하며 겔의 냉동 및 해동 안정성이 우수하여 다양한 제품에 이용된다.

페이스트 paste

3. 토란

'토란(taro)'은 "땅속의 달걀"이라고 하며, 원산지는 인도이다. 지하경에 영양이 축적된 괴경으로 동남아시아에서는 주식으로 이용한다. 수분 함량이 많아 열량이 낮은 편이며, 주성분은 전분이고 칼륨이 풍부한 알칼리성 식품이다. 식이섬유가 많아 변비를 개선하고 소화를 도와준다. 껍질을 벗기면 미끈미끈한 점질물이 있는데, 이것은 갈락토오스와 단백질의 결합체인 수용성의 당단백질로 '갈락탄'이라 한다. 이는 간장이나 신장을 튼튼하게 해준다.

갈락탄 galactan

토란의 껍질에는 수산칼슘이 있어 토란을 만지면 손이 가려워지는데, 소금물에 씻으면 쉽게 제거된다. 토란의 아린맛은 호모겐티스산이며 쌀뜨물이나 소금물로 데치면 없어지고 점질물도 제거된다. 토란은 추석에 주로 탕으로 먹으며, 그 외 조림, 찜에 이용되고, 줄기인 토란대는 나물이나 육개장의 재료로 쓰인다.

호모겐티스산 homogentisic acid

4. 산마

산에서 나는 것은 '산마(yam)'라 하고, 말려서 한약재로 쓰는 것은 '산약'이라 한다.

조선시대에 구황식품으로 많이 등장하고 있으며, 뿌리를 쪄서 먹거나 가루를 내어 국수를 만들어 흉년에 식량을 보충하였다고 한다.

마의 주성분은 전분과 점액물질이며, 점액물질은 뮤신으로 단백질과 만나 결합한 것으로, 위벽을 보호하는 효과가 있으며 α-아밀라아제 등의 소화효소가 많아 소화를 도와준다. 따라서 효소는 열에 약하므로 생으로 먹거나 갈아서 생즙으로 먹는 것이 효과적이며, 그 외에도 조림, 전, 샐러드, 튀김, 마즙 등에 이용된다. 마를 갈아놓으면 티로신의 작용으로 인해 갈색으로 변하게 되는데, 껍질을 벗긴 후에 식초에 담가놓으면 갈변을 방지할 수 있다.

뮤신 mucin

티로신 tyrosine

5. 카사바

'카사바(cassava)'는 아메리카 열대지역이 원산지로, 지하에 괴경이 생기며 여기에 전분을 저장한다. 현재는 열대지방에서 재배되며 원주민의 중요한 식량이고 태국, 인도네시아 등지에서 '타피오카' 전분 제조에 이용된다. 카사바에는 전분이 20~25% 정도 함유되어 있고, 당질, 지질, 콜레스테롤은 거의 없으며, 칼슘과 비타민 C가 풍부한 편이다.

타피오카 tapioca

고구마처럼 삶아서 먹으며 생으로는 먹지 않는다. 카사바는 독성이 있는 사이안산을 생성하는데, 이것은 삶거나 물에 담가두면 가수분해 되므로 제거된다. 타피오카 전분은 버블티라는 음료에 이용되며 깨찰빵, 떡, 청포묵 등을 제조할 때도 첨가된다. 그 외 알코올 발효원료, 과자제조 등에 사용된다.

사이안산 cyanic acid

6. 구약감자

'구약감자(glucomannan)'는 인도차이나반도가 원산지로, 토란과에 속하는 구약초, 구약나물이라고도 한다. 이 구약감자를 이용하여 곤약을 만든다. 아린맛이 강하여 그대로 삶아먹지 않고 구약감자의 뿌리를 말려 섬유질을 제거한 가루나 으깬 것으로 만들어 먹는다. 구약감자의 글루코만난은 물 흡수력이 커서 물을 넣으면 크게 팽창하여 용적이 늘고 점도가 높은 콜로이드액이 되며, 여기에 응고제를 첨가해 가열한

곤약 konjac

글루코만난 glucomannan

후 식혀 묵의 형태인 곤약으로 만들어 식용을 한다. 곤약은 글루코만난을 다량으로 함유하고 있는데, 이것은 소화액 중의 효소에 의해서는 분해되지 않고 장내 세균의 작용에 의해 분해되어 포도당과 만노오스가 생성되며, 인슐린 분비조절 효과가 있어 당뇨예방 및 혈중 콜레스테롤을 낮추는 작용을 한다. 저칼로리식품(6kcal/100g)으로 다이어트에 좋으며 어묵, 탕, 주스에 이용된다.

7. 돼지감자

이눌린 inulin

'돼지감자(jerusalem artichoke)'는 "뚱딴지"라고도 하는데, 북미가 원산지이며 지하 괴경으로 마디가 있고 크기는 작은 감자 정도이다. 주성분은 과당의 다당류인 이눌린으로 산이나 효소, 가수분해에 의해 과당의 원료가 된다. 사람의 체내에는 이눌린을 분해시키는 효소가 없어 소화하지 못하나, 장내 유산균을 증식시켜 장내 환경을 건강하게 하여 대장암 발생 억제효과가 있으며, 인슐린 분비를 촉진시켜 당뇨에 효과가 있는 것으로 보고되었다. 식용보다는 주로 사료나 알코올 제조용으로 사용되며, 껍질을 벗기면 곧 산화되므로 반드시 물에 담가서 갈변을 방지해야 한다.

8. 야콘

프락토올리고당 fructo oligosaccharide

폴리페놀 polyphenol

원산지는 남아메리카 안데스지방의 볼리비아와 페루이며, 한국에는 1985년에 들어와 강화군, 상주시, 괴산군 등에서 재배되고 있으며, 일본으로 수출도 한다. 원산지에서는 "땅속의 배"로 불린다. 뿌리의 생김새가 고구마와 비슷하게 생겼으며, 당도가 높아 식용으로 재배되는 작물이다. 덩이뿌리는 고구마처럼 단맛이 나고 질감이 아삭하며 배 맛같이 시원하고 수분이 많다. 그리고 육색이 흰색보다 노란색일수록 단맛이 있다. 주된 성분은 프락토올리고당, 이눌린, 폴리페놀 등이며, 알칼리성 식이섬유도 많이 들어 있다. 어린잎은 샐러드나 차로 이용되며 나물로도 이용한다. 대표적인 음식은 야콘냉면, 야콘국수, 야콘호떡 등이 있다.

Exercise

1 감자의 껍질을 벗기거나 잘라서 공기 중에 방치하면 갈색으로 변하게 되는데, 이것은 (효소적 / 비효소적) 갈변반응이다.

2 감자의 갈변반응 억제방법을 쓰시오.

3 감자는 가열 후 질감에 따라 분류할 때 전분 함량이 높고 단백질 함량은 적으며, 내부 육색이 백색인 감자는 (점질 / 분질) 감자이다.

4 삶았을 때 세포들이 잘 분리되지 않아 잘 부서지지 않으므로 찜, 조림, 기름에 볶는 요리에 적합한 감자는 (점질 / 분질) 감자이다.

5 감자를 소금물에 껍질째 담갔을 때 비중이 낮아서 위로 뜨는 것은 (점질 / 분질) 감자이다.

6 포테이토칩에 적합한 감자의 특성과 저장방법을 쓰시오.

7 고구마를 화덕에서 구울 때 더 맛있는 이유를 쓰시오.

8 토란의 미끈미끈한 점질물과 아린맛의 제거방법을 쓰시오.

9 산마의 점액물질은 (　　　　)이며 위벽을 보호하는 효과가 있고, α-아밀라아제 등의 소화효소가 많아 소화를 도와준다.

10 고구마처럼 삶아서 먹으며 생으로는 먹지 않고, 타피오카 전분은 버블티라는 음료에 이용되며 깨찰빵, 떡, 청포묵 등을 제조할 때도 첨가되는 것은?

11 곤약을 만들며 다글루코만난(glucomannan)을 다량 함유하고 있는데, 이것은 소화액 중의 효소에 의해서는 분해되지 않고 장내세균의 작용에 의해 분해되며, 인슐린 분비조절 효과가 있어 당뇨예방 및 혈중 콜레스테롤을 낮추는 작용을 하는 것은?

12 '땅속의 배'로 불리며 당도가 높아 식용으로 재배되는 작물은?

Cooking Principles

COOK ING 06

PRINCIPLES

CHAPTER 06

두류 Pulses

'두류(豆類)'는 단백질 공급원으로, 영양가가 높고 단백질의 아미노산 조성이 매우 우수하며, 식물성 단백질이지만 생물가가 높아 경제성도 높고 영양학적으로 가치가 높은 식품이다. 두류의 일반성분은 곡류에 비하여 단백질과 지방질 그리고 비타민 B_1이 많은 것이 특징이며, 무기질 중 칼륨과 칼슘 등이 풍부한 알칼리성 식품이다.

종자의 구조는 종피, 배아, 자엽 부분으로 나누어져 있으며, 타원형의 종자 한쪽 중심에 배꼽이 있고, 그 반대쪽에 작은 주공이 있다. 이 중 가식부는 자엽이고, 자엽 사이에 생장점과 제 1엽으로 분화된 배아가 있다. 가식부인 자엽은 전체의 88~90% 정도를 차지하며, 영양분을 저장하는 저장소이다. 콩의 배아부분은 발아, 성장하는 곳으로 약 2.5%를 차지하고, 콩의 종피를 제거할 때 자엽에서 쉽게 떨어져 나간다.

종피 seed coat
배아 germ, hypocotyl
자엽 cotyledon
배꼽 hilum
주공 micropyle

두류는 함유하고 있는 영양성분의 차이에 따라 단백질과 지질 함량이 높은 대두, 땅콩 및 당질 함량이 높은 팥, 녹두, 완두, 강낭콩 등과 채소의 특성을 갖는 청태콩, 풋완두콩, 껍질콩 등으로 구분할 수 있다. 생콩은 소화율이 낮은 반면, 익힌 콩은 소화율이 70~80% 정도이어서 가공품으로서 두부를 제조하여 이용하며, 지방의 함량이 높은 땅콩은 땅콩버터를 제조할 수 있다.

기타 두류(팥, 녹두, 완두, 강낭콩 등)는 단백질의 양은 미약하고 오히려 탄수화물의 함량이 높아 소, 묵 등으로 사용하는 경우가 많다.

제1절 두류의 종류

고단백, 고지방, 저탄수화물의 두류로는 대두, 낙화생 등이 있다. 저단백, 고탄수화물 두류로는 팥, 녹두, 강낭콩, 완두 등이 있으며, 쪄서 많이 사용한다. 채소의 성질을 띤 것으로는 풋완두, 조림콩 등이 있다.

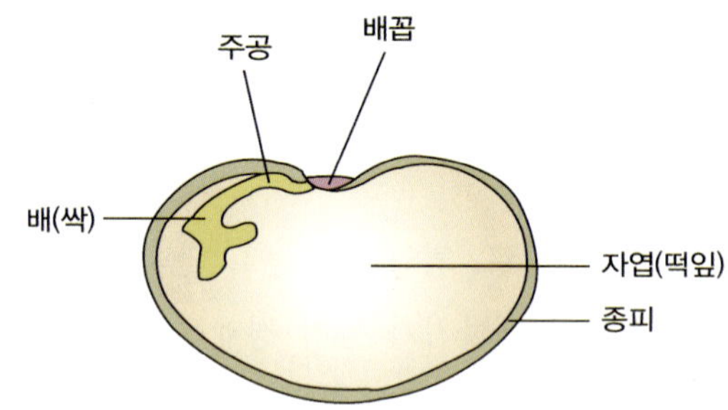

그림 6.1 두류의 구조

표 6.1 두류의 성분 및 폐기율(100g)

종 류	열량 (kcal)	수분 (%)	단백질 (g)	지방 (g)	당질 (g)	섬유소 (g)	무기질				비타민			폐기율 (%)
							칼슘 (mg)	인 (mg)	철 (mg)	칼륨 (mg)	B_1 (mg)	B_2 (mg)	나이아신 (mg)	
콩	400	9.7	36.2	17.8	25.7	5.0	245	620	6.5	13.40	0.53	0.28	2.2	0
팥	337	8.9	19.3	0.1	63.7	4.7	82	424	5.6	1,180	0.54	0.14	3.3	0
녹두	335	10.9	22.3	1.5	57.4	4.6	100	335	5.5	1,323	0.40	0.14	2.0	0
완두	132	63.3	10.5	0.3	21.4	2.9	30	161	2.2	296	0.59	0.13	1.9	0
강낭콩	156	57.7	10.0	1.2	27.3	1.9	62	97	3.7	732	0.48	0.11	1.6	0

자료 : 식품수급표 제7개정판, 2006.

1. 대두

대두(大豆)는 콩의 껍질색에 따라 '황대두', '흑대두', '청대두'로 분류하며, 대두의 알이 클수록 단백질 함량이 많아 두부, 장류제조 등에 이용되고, 알이 작을수록 지방 함량이 많아 식용유 제조와 콩나물용 콩으로 이용된다.

올리고당 oligosaccharides
갈락탄 galactan
아라반 araban
헤미셀룰로오스 hemicellulose

대두지방은 18~20%로, 필수지방산인 리놀레산이 56.7%, 리놀렌산이 8.7% 포함되어 있다. 탄수화물은 20~29% 정도가 들어 있는데, 전분은 1% 이하로 적고 설탕, 라피노오스 및 스타키오스 등의 올리고당과 갈락탄, 아라반, 헤미셀룰로오스 등의 다당류가 대부분이다. 대두단백질의 대부분은 수용성으로 글리시닌이 전체 단백질의 84%이고, 칼슘염과 마그네슘염에 응고하는 성질을 가지며 이를 이용하여 만든 식품이 두부이다.

또한 콩에는 사포닌, 이소플라본, 레시틴 등이 들어 있다. 한편 날콩에는 단백질의 소화 흡수를 방해하는 트립신의 저해성분이 들어 있어서 익혀 먹어야 해롭지 않다.

글리시닌 glycinin

사포닌 saponin

이소플라본 isoflavone

레시틴 lecithin

트립신 저해 trypsin inhibitor

표 6.2 콩의 종류에 따른 특성

콩의 종류	특 성
흰콩	• 백태라고도 하며, 된장과 두부 등을 만들 때 이용된다.
흑태	• 검은콩 가운데서 가장 크기가 크며, 속은 노란빛을 띤다. • 맛이 고소하고 담백하여 콩밥, 콩자반에 이용된다.
서리태	• 속청 – 흑태와 모양은 같으나 속이 파랗다. – 활성산소를 제거하는 항산화 능력이 탁월하다. – 단백질과 식물성 지방이 풍부하고, 물에 담그면 잘 무른다. – 단맛이 좋아 식용으로 많이 이용된다.
서목태	• 약콩, 쥐눈이콩 – 일반 검정콩보다 매우 작아 쥐 눈 같다하여 생긴 이름이다. (한방에서는 약재로 이용 : 약콩)
청태	• 청대콩, 푸른콩 – 껍질과 속살 모두 녹색이다. – 콩국, 된장, 미숫가루 등에 이용된다.

소림 대두 콩나물콩 청태 약콩 서리태 풋콩 꼬투리

그림 6.2 콩의 종류

2. 팥

'팥(small red bean)'은 소두라 하며, 두류 중 탄수화물 함량이 많은 편이며 당질이 64%, 단백질 20%, 지방은 0.1% 정도 함유되어 있다. 팥의 표피에는 시아닌이라는 배

시아닌 cyanidin

당체가 들어 있어 아린맛이 있다. 붉은팥은 거피하여 양갱으로 많이 사용하는데, 껍질은 삶은 후 걸러서 제거한다. 팥의 껍질은 단단하여 12시간 이상 불린 다음 삶아야 하며, 팥의 껍질에는 '사포닌'이라는 배당체가 있어 삶을 때 거품이 나므로 한 번 끓인 물을 따라버린 다음, 다시 물을 붓고 삶아야 떫은맛을 없앨 수가 있다. 팥은 팥밥, 떡고물이나 소로 이용한다.

사포닌
saponin

3. 녹두

'녹두(mung beans)'는 탄수화물 57%, 단백질 20~25% 정도를 함유하고 있으며, 콩과는 달리 전분이 34% 들어 있고 떡과 죽에 이용되며 싹을 내서 숙주나물로 쓴다. 녹두전분은 청포묵과 당면을 만드는 데 이용된다. 그리고 녹두는 껍질이 두껍기 때문에 주로 반으로 갈라 유통되었지만, 요즘은 거피된 녹두를 물에 불린 다음 껍질을 완전히 제거하여 사용한다. 껍질을 제거한 녹두는 곱게 갈아 고명과 함께 빈대떡으로 지져낸다. 녹두는 빈대떡을 부칠 때 미리 갈아놓으면 아밀라아제의 작용으로 인해 반죽이 묽어지므로 소를 만든 후 바로 지져내야 한다.

4. 완두

'완두(pea)'는 당질이 주성분이며, 그 대부분은 전분이다. 성숙하기 전 푸른 것은 수분이 많고, 단맛이 있어 통조림으로 많이 이용한다. 완두는 밥에 넣어먹거나 떡, 과자의 고물로도 이용되며, 어린 꼬투리는 비타민이 풍부하여 채소요리에 쓰인다.

5. 강낭콩

'강낭콩(kidney bean)'의 당질은 60%로 대부분이 전분이며, 단백질이 20% 정도이다. 용도에 따라 완숙종자를 이용한 '필드콩'과 풋강낭콩을 이용하는 '가든콩'이 있는데, 가든콩의 어린 꼬투리를 이용하는 것이 '스냅콩'이다. 밥을 지을 때 넣거나 앙금, 떡고물, 양갱, 통조림 등에 사용된다.

필드콩
filed bean

가든콩
garden bean

스냅콩
snap bean

제2절 두류의 조리원리

1. 흡수성

콩은 건조된 상태로 보관되기 때문에 조리 전에 장시간 물에 담가 충분히 불린 다음 가열해야 쉽게 물러진다. 그리고 담가둔 물의 온도에 따라 수침시간이 달라지며, 흡수속도도 달라진다. 또한 콩의 저장기간, 보존상태 등에 따라서도 달라진다.

일반적으로 수온은 20℃ 내·외에서 5~7시간 동안 불린다. 식소다나 탄산칼슘의 첨가는 콩을 연화시키지만 빨리 무르게 되며, 비타민 B_1을 파괴시키므로 1%의 소금물을 사용하는 것이 바람직하다. 두류의 물의 흡수속도는 백태가 가장 빠르고, 흑대두, 강낭콩, 팥 등의 순이다.

2. 응고성

콩의 주된 단백질인 글리시닌은 완전단백질이며 콩을 물에 담가서 갈아 삶으면 염용성인 글리시닌이 용출된다. 이 글리시닌의 응고성을 이용하여 만든 것이 두부이다. 글리시닌의 특징은 다음과 같다.

- 글리시닌은 묽은 염류용액에 녹는다.
- 글리시닌은 등전점인 pH4~5 정도에서 침전하게 된다.
- 열에는 응고되지 않으나 금속염과 산에는 불안정하여 응고 침전된다.
- 첨가하는 금속염에 따라 응고물의 질감, 응집성이 달라진다.

3. 기포성

사포닌은 기포성이 있어 거품을 내는 성질이 있다. 콩, 팥의 껍질 부분에는 이러한 사포닌 성분이 있어 장을 자극하여 설사를 유발한다. 따라서 반드시 처음 삶은 물은 버려 사포닌 성분을 일부 제거한 후 다시 물을 부어 삶아야 좋다. 콩을 끓일 때는 약간의 기름을 첨가하면 감소시킬 수 있다.

사포닌의 생리적 기능

사포닌은 콜레스테롤과 유사한 화학적 구조이며, 콜레스테롤 흡수 저해 및 체외로 배출시킨다. 또한 콩의 사포닌은 과산화지질을 분해하여 암을 예방하고 체지방 축적으로 인한 비만을 감소시켜준다. 사포닌은 콩, 파, 더덕, 도라지, 영지버섯, 칡, 인삼, 홍삼 등에 함유되어 있다.

제3절 두류의 조리식품

1. 두부

'두부'는 콩을 10시간 정도 물에 불려 갈아서 끓이면 콩 속의 글리시닌 단백질 이외에도 가용성 성분들이 추출된다. 그 다음 비지를 제거하면 두유가 된다. 이것이 우리나라에서 여름에 국수를 말아먹는 콩국인 것이다. 이 두유를 끓여 약 70~80℃ 온도에서 칼슘과 마그네슘을 첨가하여 저어주면 글리시닌의 등전점이 pH4~5이므로 이 pH에서 불용성이 된다.

두유는 서서히 뭉글뭉글 뭉치면서 응고가 시작되는데, 이렇게 응고가 되면 형틀에 헝겊을 깔고 눌러 굳혀서 만든 것이 두부이다. 응고제는 예전에는 간수를 사용하였으나, 요즘은 염화마그네슘(99%)을 용해시켜 사용한다. 응고시간도 빠르고 소화성도 우수하며 특유의 풍미가 좋다. 그러나 황산칼슘이나 염화칼슘 등은 질감과 풍미가 다소 떨어진다. 응고제의 양은 대두의 1~2%로 응고제의 종류에 따라 두부의 질감이 달라지고, 두유의 가열온도가 높으며 응고제의 첨가량이 많을수록 단단하다. 그리고 고형분의 양에 따라 경두부(22%), 냉장두부(12%), 연두부와 순두부(6%)로 나눌 수 있다.

조리 시 두부를 끓일 때는 소금을 넣고 끓이면 나트륨이 칼슘이온과 두부단백질이 결합하여 응고되는 것을 막기 때문에 좀더 부드러운 질감을 얻을 수 있다. 두부는 수분 함량이 많고 물을 넣어 보관하므로, 세균이 번식하기가 쉬워 물을 자주 갈아주며 냉장보관하고 빨리 먹는 것이 좋다.

2. 된장

'된장'은 우리나라의 대표적인 대두 발효식품으로 청국장, 간장 등과 함께 콩을 주원료로 하여 바실루스 세균, 곰팡이, 효모 등의 미생물에 의해 발효 숙성된 것이다. 이들 미생물이 생성한 효소, 즉 프로테아제, 아밀라아제, 리파아제 등에 의해 원료의 단백질과 탄수화물 그리고 지방 등이 가용성으로 분해되어 된장의 맛과 향이 결정된다. 발효를 거친 된장은 일반적으로 단백질과 아미노산 함량이 높을 뿐만 아니라, 저장성이 늘어나며, 그 특유의 맛과 향을 지니고 있어 우리 식생활에 널리 애용되어 왔다.

바실루스 bacillus

프로테아제 protease

아밀라아제 amylase

리파아제 lipase

표 6.3 두부 응고제의 종류와 장 · 단점

종 류	용해도	두유 온도	장 점	단 점
황산칼슘($CaSO_4 \cdot 2H_2O$)	난용성	80～85℃	반응이 완만하여 사용이 편리하고, 수율과 색깔이 좋다.	두부 표면이 거칠고 잔류 황산칼슘이 많아서 회분과다의 우려가 있으며 맛이 덜하다.
염화마그네슘($MgCl_2 \cdot 6H_2O$)	수용성	75～80℃	두부의 풍미가 좋고 맛이 좋다. 응고시간이 빠르고 압착 시 물이 잘 빠진다.	순간적으로 응고하기 때문에 고도의 기술이 필요하다.
글루코노델타락톤($C_6H_{10}O_6$)	수용성	85～90℃	표면이 매끈하고 수율이 좋으며 조직이 부드러워 순두부 제조에 이용된다.	산 응고로 인해 두부의 풍미가 덜하다.
염화칼슘($CaCl_2$)	수용성	75～80℃	사용이 편리하고 물빠짐이 좋아 튀김 두부용으로 많이 사용된다.	풍미가 덜하다.

출처 : 송재철 외(1998). 최신 식품학. 교학사.

표 6.4 각종 두류제품의 소화율

종 류	소화율(%)	종 류	소화율(%)
간장	98	콩가루	83
두부	95	콩장	68
두유	95	볶은콩	60
된장	85	비지	60

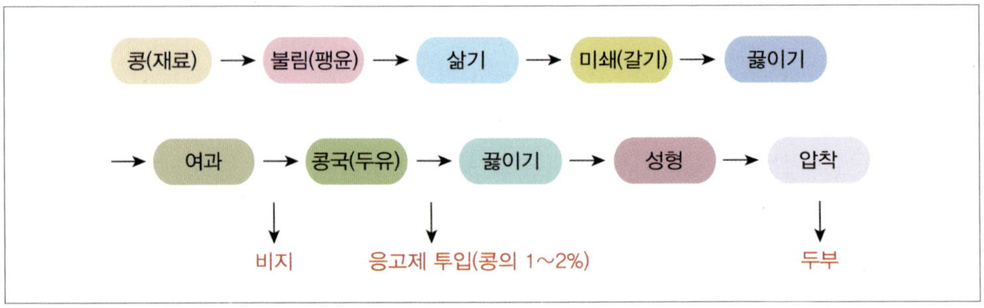

그림 6.3 두부의 제조

1) 메주의 제조

(1) 메주콩

메주콩은 일반적으로 대두를 말하며, 알이 굵고 고르며 윤기가 흐르는 것을 선택한다. 콩을 깨끗한 물에 잘 씻어서 하루 정도 물에 담가 충분히 불려놓았다가 익힌다.

(2) 메주 쑤는 시기

메주 쑤는 시기는 주로 10~12월에 많이 하는데, 장의 종류나 지역에 따라 차이가 있으나, 입동(立冬) 무렵인 음력 10월 또는 동짓달에 쑨다.

(3) 콩 삶기

삶거나 찌기도 하지만, 주로 가마솥에 넣고 100℃에서 김이 오른 후 3~4시간 이상 푹 삶는다. 삶게 되면 부피가 처음의 2~3배로 늘어난다.

(4) 빻기

푹 삶은 콩을 소쿠리에 건져 물기를 뺀 후, 식기 전에 절구에 담아 완전히 으깨지도록 빠르게 찧는다.

(5) 메주 만들기

메주 형태는 지역에 따라 형태와 크기가 다양하고, 메주의 종류는 용도에 따라서 간장용 메주, 고추장용 떡메주, 고추장메주, 절메주, 집메주 등으로 나눌 수 있다. 발효방법에 의한 분류를 보면 자연발효형 메주, 코지형 메주로 나누어진다.

(6) 자연발효(말리기)

표면을 건조시킨 후 2~3개월 동안 자연발효 시킨다. 이때 건조과정에서 미생물 대사에 의해 메주 품질의 차이가 발생한다. 잘 말린 메주는 표면이 잘 말라있고, 처음의 콩 빛깔대로 노르스름하며 속은 약간 말랑말랑해야 한다.

(7) 장 담그기

'재래식 방법'과 '개량식 방법'으로 나누는데, 재래식 방법은 자연발효 시킨 메주를 소금물에 넣어 침지시켜 저장한 다음, 간장을 분리하고 고형분을 숙성시켜 만드는 방법이다.

개량식은 메주를 제조하는 과정이 없으며 밀가루, 쌀, 보리쌀 등의 전분에 주로 황국균 등의 균주를 접종하여 코지(국자)를 만들고, 증자한 콩과 발효한 콩 메주를 혼합하여 7일 정도 단시간에 띄워 침지과정이 없이 숙성시켜 만드는 방법이다. 그리고 혼합식 방법은 이들 두 종류의 혼합에 의한 것이라고 할 수 있다.

황국균
aspergillus oryzae

장을 담글 때 사용하는 소금은 주로 천일염을 쓰는데, 소금에 들어있는 철(Fe), 구리(Cu)는 된장의 갈변을 촉진시키므로 이들이 적게 함유된 것이 좋다. 메주를 소금물에 넣고 40일 정도가 지나 숙성되면 메주는 모두 건져 낸다. 간은 소금으로 조절한다.

2) 된장의 종류

- 막된장 : 메주에 소금물을 부어 간장을 빼고 난 된장이다.
- 토장 : 메주 및 염수를 혼합 숙성하거나 메주만으로 담은 된장이다. 2~3개월 숙성시켜 먹는다.

- 막장 : 숙성시키지 않고 간장을 분리하지 않으며, 전분질을 따로 익혀서 합하여 만든 속성된장이다.
- 담북장 : 청국장에 소금, 고춧가루, 마늘을 함께 섞어 절구에 찧은 것이다.
- 즙장 : 속성장의 일종으로 콩과 밀을 혼합하여 띄워 메주를 만들고, 이것에 소금물로 버무린 다음 항아리 혹은 두엄 속에 담아 고온에서 띄우는데, 〈수은잡방〉에서는 "말똥 속에 7일 간 익힌다"고 하였다.

3) 된장의 기능성

된장은 필수아미노산, 지방산, 유기산 미네랄, 비타민 등을 보충해 줄 수 있으며 각종 생리활성, 예를 들어 항산화 효과, 혈전용해 효과, 항암 효과, 고혈압방지 효과, 항 돌연변이성 등에 대한 효과가 입증되었다.

3. 청국장

자연발효에 의한 '청국장'은 영양분이 많고 소화가 잘되는 식품으로, 배양균을 첨가하여 만들어 먹을 수 있다. 메주콩을 더운물에 불렸다가 물을 붓고 푹 끓여 익힌 다음 보온만으로 띄운 것이다.

아스페르길루스 오리제
aspergillus oryzae

바실러스 서브틸리스
bacillus subtilis

바실러스 메센트리커스
bacillus mesentricus

사카로미세스속
saccharomyces

자이고사카로마이세스속
zygosaccharomyces

토룰롭시스속
torulopsis

표 6.5 된장 제조에 관여하는 미생물의 특징

미생물	관련 미생물	특 징
곰팡이	아스페르길루스 오리제	아밀라아제, 프로테아제의 생성이 강한 균주이다.
세균	바실러스 서브틸리스 바실러스 메센트리커스	삼투압을 견디는 힘이 강하다.
효모	사카로미세스속 자이고사카로마이세스속 토룰롭시스속	된장의 풍미에 관여하고 알코올 발효를 주로 한다.

출처 : 윤숙자(2003). 한국의 전통 발효음식. 신광출판사.

1) 청국장의 제조

콩을 깨끗이 씻어 불린 후 3배 정도로 불어나면 콩을 푹 삶는다. 한 김을 날려 보낸 후 잘 마른 볏짚을 꽂아 약 40~50℃의 온도와 습도 60~80%를 맞추어 2~3일 내·외로 발효시킨다. 그리고 이에 필요한 고초균은 내열성이 강한 호기성균으로써, 최적 번식온도는 40~42℃, 최적 pH6.5~7.5이다. 볏짚에 존재하는 고초균에 따라 맛이 달라지며, 좋지 않은 균이 많은 경우 맛이 저하되고 부패하기도 한다.

2) 청국장의 기능성

청국장은 여러 가지 필수아미노산, 식물성 지방 및 유기산들을 많이 함유하고 있으며 그 풍미와 영양가가 뛰어난 발효식품이다. 특히 다른 발효식품과는 달리 소금이 첨가되지 않아 염도가 높지 않고 고혈압, 뇌졸중, 위암 등의 발생을 낮출 수 있다.

청국장에는 식이섬유, 인지질, 이소플라본, 페놀산, 사포닌, 트립신 저해제, 피트산 등의 기능성 성분이 함유되어 있으며, 특히 청국장에는 이소플라본이 배당체보다 생체 이용성이 우수한 아글리콘의 형태로 존재하고 있어, 체중감소 및 혈압강하 효과, 항암 효과, 혈청의 콜레스테롤 저하 효과 등 다양한 기능을 한다.

이소플라본
isoflavone

아글리콘
aglycone

4. 간장

우리나라의 재래식 간장을 만드는 메주는 대부분 고초균과 소수의 사상균에 의해 만들어진다. 제조방법에 따라서 양조간장과 산분해 간장으로 구별된다. 양조간장은 '재래식 간장'과 '개량식 간장'으로 나눌 수 있다.

고초균
bacillus subtilis

재래식 간장은 콩과 소금이 주재료이며, 메주를 사용하기 때문에 메주 중의 곰팡이와 바실루스 세균류에 의해 발효한다. 개량식 간장은 콩, 소맥과 소금이 주재료이며 황곡균을 코지에 접종하여 사용하기 때문에 황곡균에 의해 발효된다.

바실루스
bacillus

황곡균
aspergillus oryzae A. sojae

재래식 간장에는 재래식 간장(국간장)과 진간장이 있는데, 재래식 간장(국간장)은 바로 그 해 담근 것으로 처음부터 메주보다 소금물을 많이 넣고 담근 맑은 색의 묽은 간장을 말한다. 이것이 시간이 지나 더 발효가 진행되어 맛과 색이 더 진해진 것을 '진간장'이라 한다.

산분해 간장은 '아미노산간장' 또는 '화학간장'이라고도 하며 발효과정을 거치지 않는다. 간장 원료에 효소를 이용하여 단백질 분해를 하지 않고 염산으로 분해하여 만

아미노산간장
chemically processed soy sauce

클로로하이드린 chlorohydrin

든 간장이다. 그러나 제조과정 중에 화학반응에 의해 인체에 유해한 물질인 클로로하이드린이 생성된다.

1) 간장 담그기

늦가을에 흰콩을 무르게 삶아 네모지게 메주를 빚어 따뜻한 곳에 곰팡이를 충분히 띄워서 말려두었다가, 음력 정월 이후 소금물에 넣어 장을 담근다. 2~3개월 후 장맛이 충분히 우러나면 장을 가르는데, 가운데 용수를 박고 간장을 떠내고, 용수가 없을 때는 불은 메주를 부서지지 않게 건져내고 항아리 바닥에 남은 메주 부스러기는 체로 밭아서 건진다. 건져 낸 메주는 다시 소금을 넣고 버무려 다른 항아리에 꼭꼭 눌러놓아 된장이 되고, 간장은 80℃에서 10~20분 정도 끓여서 식힌 후 항아리에 담는다. 달이지 않은 간장은 맛과 향이 덜하고 각종 효소와 미생물이 그대로 있어 저장성 또한 떨어진다. 가르고 난 간장은 달여서 살균하는데, 이 과정을 통해 간장의 부패를 막고 나쁜 냄새도 없애며, 불필요한 단백질은 응고되어 간장이 맑아지고 농축되므로 진한 간장을 얻을 수 있다.

2) 간장의 기능성

펩티드 peptide

멜라닌 melanin

안지오텐신전환효소저해제 ACE : angiotensin I-converting enzyme

메주 속의 곰팡이, 바실루스 세균, 효모 등에 의해 단백질은 펩티드로 거의 분해되고, 분해된 펩티드는 발효과정 중 아미노산으로 전환되면서 구수한 맛을 낸다. 간장의 발효 및 숙성을 통해 펩티드, 갈변물질, 이소플라본과 같은 폴리페놀 화합물의 기능성이 알려졌다. 간장의 색소인 멜라닌 색소류는 항산화작용이 있으며, 숙성기간이 길어질수록 항산화력은 증가되고 체내에서 생성된 프리라디칼의 소거능, 활성종 제거 기능 등이 있다. 간장에 함유된 향기성분의 항암활성, E. coliO157 : H7에 대한 항균활성, 혈전생성 억제활성, 안지오텐신전환효소저해제(ACE) 억제활성 등이 보고되었다. 최근 들어, 기능성을 강조하여 DHA 함유 간장, 키토산 함유 간장, 고로쇠 및 대나무 수액간장, 감초 등의 한방약재 첨가 간장 등이 제조되고 있다.

표 6.6 간장의 분류

분류기준	종류	특 징	용도
농도	진간장	• 담근 햇수가 5년 이상된 간장으로, 맛이 달고 색이 진하다. • 묵은 햇수에 따라 수분이 증발되고, 소금이 과포화 되어 염의 결정체가 형성된다. • 매해 장독을 갈아주며 간장을 갈무리하는 것도 염의 결정체를 제거하기 위함이다. • 발효가 진행됨에 따라 색이 진해지고, 단맛이 증가한다.	불고기, 조림, 약식, 무침
	중간장	• 담근 햇수가 3~4년 정도이다.	찌개, 나물무침
	묽은간장 (국간장, 청장)	• 담근 햇수가 1~2년 정도가 된 간장으로 색이 연하다. • 담근 지 얼마 되지 않아 염도가 높고 색이 연하며 단맛이 적어, 국의 간을 맞출 때 사용한다. • 충분히 발효되지 않아 메주의 분해에 의한 아미노산의 깊은 맛은 없으나, 발효에 의해 점차 아미노산 함량이 달라지며 짠맛은 감소하고 당과 알코올은 증가한다.	국

5. 고추장

1) 고추장 담그기

우리나라에만 유일하게 발달한 발효식품이 '고추장'이다. 재래식 고추장은 2월 중순~4월 초순경에 담으며 찹쌀, 보리, 밀 등의 전분질 원료에 고춧가루와 메줏가루를 섞어 하루 정도 재운 뒤에, 엿기름 불린 물을 부어 농도를 조절한 후 소금으로 간을 맞추어 담아 발효시킨 것이다.

개량 고추장은 찐쌀이나 찐콩에 황국균을 살포한 다음, 포자가 착색하기 시작하여 황색이 되면 건조시켜 제분하고, 위의 가루에 고춧가루, 엿기름, 온수를 첨가하여 당화시켜 소금을 넣고 잘 교반하여 숙성시킨다.

2) 고추장의 기능성

고추장은 간장과 된장에 비해 탄수화물 함량이 높아 단맛이 있으며, 단백질로부터 생성된 유리아미노산에 의한 구수한 맛, 당을 발효하는 미생물의 대사산물인 유기산에 의한 신맛, 효모와 유산균에 의한 발효가 일어나면서 여러 가지 맛을 낸다.

표 6.7 고추장 제조에 관여하는 미생물의 대표적인 특징

미생물	관련 미생물	특　징
곰팡이	황국균	• 코지 곰팡이로 이용한다. • 아밀라아제, 프로테아제의 생성력이 강한 균주이다.
세균	고초균	• 아밀라아제, 프로테아제를 생산하는 균주이다.

출처 : 윤숙자(2003). 한국의 전통발효음식. 신광출판사.

고초균 bacillus subtilis

캡사이신 capsaicin

매운맛 성분인 캡사이신은 식욕증진 및 소화촉진 작용뿐만 아니라 조직의 글리코겐 저장량을 감소시켜 비만을 억제하는 능력이 뛰어나며, 피로회복 식품으로도 효과가 있다.

감마아미노뷰티르산 GABA : γ-aminobutyric acid

타이로시나제 tyrosinase

최근에는 기능성 소재를 첨가하여 고추장의 풍미와 영양을 개선시키고 항비만효과 및 항암효과 등을 증진시키고 있다. 보리고추장은 감마아미노뷰티르산(GABA) 등의 생리기능성 물질의 함량이 증가되었다. 작두콩으로 제조한 청국장 분말을 이용하여 항산화 및 타이로시나제 저해효과의 생리활성 증진 및 암세포에 대한 증식 억제효과가 보고되었으며, 석류 분말, 산사추출 분말, 은행잎추출 분말, 홍국 분말, 마늘유, 키토산, 송이버섯 및 동아 분말, 누에의 동충하초 등을 첨가하여 생리기능성이 보다 강화된 고추장 제조에 관한 연구가 진행되고 있다.

6. 콩나물

아스파르트산 aspartic acid

'콩나물'은 기르기가 쉽고 비타민 C 함유량이 높다. 특히 유리아미노산인 아스파르트산이 풍부하고 섬유소가 풍부하여, 숙취해소와 변비방지에 도움이 된다. 물이 잘 빠지는 구멍이 있는 통이나 시루 밑에 헝겊을 깔고 불려 발아한 콩을 담은 뒤, 검은 천으로 덮어 햇빛이 들어가지 않도록 어두운 곳에 두고 매일 4회씩 물을 주면 5~6일 정도이면 10cm 정도까지 자란다.

7. 콩고기

'콩고기(meat analog)'는 육류 대체품으로, 삶은 콩에 다른 밀글루텐, 전분, 야채 등을 넣어 반죽하여 만들 수 있다. 육류 대신 고기와 같은 질감을 부여하여 식물성 단백질인 밀글루텐과 탈지대두 등에 전분, 비타민, 무기질과 향미를 넣어 갈아 만든 인조육이다.

8. 유부

'유부'는 단단하게 만든 두부를 얇게 썰어서 기름에 표면이 황갈색이 될 때까지 튀긴 튀김두부이다. 유부초밥, 우동, 국, 볶음에 이용된다.

Exercise

1 고단백, 고지방, 저탄수화물의 두류와 저단백, 고탄수화물 두류의 종류를 쓰시오.

2 팥의 사포닌을 제거하는 방법을 쓰시오.

3 콩에는 사포닌, 이소플라본, 레시틴 등이 들어 있고, 날콩에는 (   )가 존재하므로 콩을 날로 먹으면 소화가 잘되지 않는다.

4 청포묵과 당면을 만드는데 이용하며, 껍질을 제거하여 곱게 갈아 고명과 함께 빈대떡을 지져내는 것은?

5 빈대떡을 부칠 때 녹두를 미리 갈아놓으면 반죽이 묽어지므로, 소를 만든 후 바로 지져내야 하는 이유는 무엇인가?

6 콩의 주된 단백질인 (   )의 응고성을 이용하여 만든 것이 두부이다.

7 콩단백질의 등전점과 두부 응고제의 첨가량을 쓰시오.

8 간장, 두부, 두유, 된장 중 소화율이 가장 높은 것은?

9 재래식 장 담그기와 개량식 장 담그기의 차이를 쓰시오.

10 재래식 고추장의 원료들을 쓰시오.

COOKING 07

PRINCIPLES

CHAPTER 07

Vegetables and Fruits

채소와 과일

제1절 채소

'채소'는 수분 함량이 80~90%이며, 근채류와 경채류는 아스파르트산, 글루탐산, 유리아미노산 등을 가지므로 감칠맛을 내어 국물맛을 구수하게 해준다. 지질 함량은 거의 없으며, 비타민과 무기질이 풍부하다. 독특한 풍미와 다양한 색은 식욕을 증진시켜 줄 뿐만 아니라, 영양소 이외에 건강에 유익한 다양한 생리활성 물질을 함유하고 있어 건강을 유지하고 질병을 예방하는데 도움을 준다. 풍부한 식이섬유는 현대인의 장을 건강하게 하고 배변을 돕는다.

1. 채소류의 분류

채소류는 주로 식용하는 부위에 따라 경엽채류, 근채류, 과채류, 화채류로 분류한다.

- 경엽채류는 줄기 및 잎을 주로 식용하는 것으로 잎채소인 배추, 양배추, 상추, 쑥갓, 시금치 등이 있다.
- 근채류는 땅 밑 뿌리에 양분을 저장하는 채소로 무, 당근 등이 있다.
- 과채류는 초본식물의 열매를 식용으로 하는 채소로 호박, 가지, 오이, 토마토 등이 있다.
- 화채류는 꽃을 식용으로 하는 채소로 브로콜리, 콜리플라워, 아티초크 등이 있다.

2. 채소의 일반성분

- 경엽채류는 수분 함량이 90% 이상이고 섬유질이 풍부하며 카로틴, 비타민 B_2, 비타민 C 등이 경채류에는 다소 낮은 편이지만 잎채소에는 풍부하다. 특히 취나물류는 비타민 A, 비타민 B_2의 함량이 매우 풍부하다.
- 근채류는 전분 함량이 높아서 열량을 제공하며 비타민 B, 비타민 C, 비타민 A가 많으며, 특히 녹색잎에 마그네슘이 풍부하다.
- 과채류는 수분 함량이 90% 이상이고, 색이 가지는 식물 화학물질이 풍부하여 생리적 기능을 한다. 섬유질과 비타민 C가 풍부하고 무기질은 칼슘(Ca), 인(P)이 많다.
- 화채류는 단백질, 비타민 C, 비타민 A, 칼슘, 철의 함량이 풍부하며 엽산의 좋은 급원식품이다.

3. 채소의 구조

식물세포는 핵, 세포벽, 세포질로 되어 있다. 세포질은 콜로이드 상태로 되어 있어, 물질이 자유롭게 이동될 수 있으며 색소체, 액포, 미토콘드리아, 리보솜 등 세포 대사에 필수적인 기관들이 있다.

1) 세포벽

세포벽 cell wall
헤미셀룰로오스 hemicellulose
펙틴 pectin
유색체 chromoplast
엽록체 chloroplast
백색체 leucoplasts
색소체 chromoplast

'세포벽'은 섬유질로 구성되어 있고 물질을 선택적으로 투과시키는데, 주요성분은 셀룰로오스이다. 세포와 세포 사이에는 해미셀룰로오스와 펙틴이 들어 있다. 펙틴은 식물조직의 세포벽이나 세포막 사이에 물질을 결착시켜 주는 물질로 시멘트 같은 역할을 하며, 채소류나 과실류의 가공저장 중의 조직이나 신선도를 유지하는 역할을 한다.

2) 색소체

유색체에 존재하는 색소들과 수용성인 액포에 녹아있는 색소들로 분류한다. '색소체'에는 엽록체, 백색체, 색소체(유색체) 등이 있다. 엽록체는 녹색 채소에 많은 반면,

색소체는 녹황색 채소에 많이 함유되어 있고, 특히 녹황색 채소에는 카로티노이드 색소가 많이 들어 있다.

3) 액포

액포 vacuole

세포질에서 큰 비중(약 90% 정도까지)을 차지하며, 어린식물은 다수의 작은 액포를 가지고 있으나, 성장하면서 합쳐져서 큰 '액포'가 된다. 액포의 내부에는 세포액이 들어 있는데, 세포액은 대부분이 수분이며 염, 수용성 색소, 당 등이 녹아 있다. 수용성 색소로는 안토시아닌계 색소가 있다.

표 7.1 채소류의 영양 및 폐기율(100g)

종류		에너지 (kcal)	수분 (%)	단백질 (g)	지질 (g)	탄수화물 (g)	섬유소 (g)	무기질			비타민					폐기율 (%)
								칼슘 (mg)	칼륨 (mg)	철 (mg)	A (R.E)	B_1 (mg)	B_2 (mg)	나이아신 (mg)	C (mg)	
경엽채류	배추	10	95.6	0.9	0	3.0	0.7	37	239	0.5	0	0.06	0.03	0.5	17	8
	양배추	19	93.5	0.6	0.1	5.4	0.6	29	205	0.5	1	0.04	0.03	0.3	36	14
	적상추	15	93.4	2.1	0.1	3.0	0.6	107	674	2.8	20	0.09	0.27	0.4	16	–
	시금치	30	89.4	3.1	0.5	6.0	0.8	40	502	2.6	607	0.12	0.34	0.5	60	14
	미나리	16	93.0	1.5	0.1	4.3	1.0	24	412	2.0	250	0.06	0.12	1.5	10	18
	부추	21	91.4	2.9	0.5	3.9	1.1	47	446	2.1	516	0.11	0.18	0.8	37	11
과채류	풋고추	20	92.9	1.1	0.1	5.4	0.9	4	199	0.5	24	0.05	0.03	0.7	4.7	–
	오이	11	95.9	1.1	0.3	2.3	0.5	28	312	0.6	10	0.04	0.02	0.3	9	2
	애호박	24	91.9	1.4	0.1	5.9	0.4	13	293	0.4	25	0.11	0.08	0.6	8	0(–)
	가지	19	93.3	0.9	0.1	5.3	0.8	16	210	0.3	5	0.04	0.03	0.4	9	6
	토마토	14	95.2	0.9	0.1	3.3	0.4	9	178	0.3	90	0.04	0.01	0.6	11	1
	피망	17	94.0	0.7	0.2	4.7	1.0	10	210	0.5	64	0.03	0.07	0.7	53	14
근채류	조선무	18	94.3	0.8	0.1	4.4	0.6	26	213	0.7	8	0.03	0.02	0.4	15	5
	당근	34	89.5	1.1	0.1	8.6	0.8	40	395	0.7	1,270	0.06	0.05	0.8	8	(11)
	마늘	126	63.1	5.4	0	30.0	1.0	10	664	1.9	0	0.15	0.32	0.4	28	0
	양파	34	90.1	1.0	0.1	8.0	0.4	16	144	0.4	0	0.04	0.01	0.1	8	8
	생강	53	83.3	1.5	0.2	13.9	1.6	13	344	0.8	0	0.03	0.04	1.0	5	17
	우엉	64	80.3	3.1	0.1	15.5	1.3	56	370	0.9	0	0.04	0.06	0.5	3	(20)
화채류	브로콜리	28	88.6	5.0	0.3	5.0	1.4	64	307	1.5	128	0.12	0.26	1.1	98	39
	컬리플라워	22	92.4	1.9	0.1	4.6	0.1	12	304	0.6	2	0.07	0.09	0.3	99	0
산채류	고사리(생)	19	91.5	2.5	0.1	5.1	1.6	8	442	2.5	41	0.01	0.14	0.6	18	0
	냉이	31	81.8	4.7	0.7	5.4	1.6	145	288	5.2	189	0.18	0.32	1.3	74	17

※ – : 수치가 애매하거나 측정되지 않음.
자료 : 식품성분표 제7개정판, 2006.

팽만상태 turgescence

채소류는 찬물에 담그면 물이 세포벽을 통과하여 액포로 들어간다. 이때 세포벽이 압력을 견딜 만큼 최대로 흡수하여 균형을 이룬 상태를 '팽만상태'라고 하며, 즙이 많고 아삭거리는 질감을 갖게 된다. 그러나 너무 오랜 시간이 경과하면 균형이 깨져서 원형이 유지되지 못한다.

4. 채소의 조리원리

1) 질감의 연화

헤미셀룰로오스 hemicellulose
프로토펙틴 protopectin
연화 softening

감자, 고구마 등에 함유된 전분은 호화되어 연해진다. 채소의 세포벽 성분인 해미셀룰로오스와 프로토펙틴이 분해되어 펙틴으로 되면서 질감이 연화되는 것이다. 이는 세포 사이의 충전물질이며 시멘트 역할을 하는 펙틴이 분해되어 연화되는 것이다.

감자나 고구마가 연화되는 것은 바람직한 변화이지만, 채소는 아삭함이 사라지고 물러질 수 있다. 아스파라거스 같은 채소의 조직을 단단하게 삶으려면 마그네슘이나 칼슘을 함유한 호염을 넣고 조리하면 채소의 단단함을 유지할 수가 있다. 지하수 같은 경수를 사용하는 경우에도 조직이 잘 연해지지 않는다. 이것은 칼슘과 펙틴이 결합하면 불용성 칼슘염을 형성하게 되어 세포벽이 강화되어 조직이 단단해진다. 또한 산의 첨가 시 채소의 질감을 단단하게 하므로 신김치는 오래 끓여도 생배추처럼 쉽게 흐물흐물해지지가 않는다.

2) 아린맛 제거, 불순물 제거

호모겐티스산 homogentisic acid

생죽순, 토란의 경우 쌀뜨물을 부어 오랜 시간 삶으면 호모겐티스산이 상당량 제거되어 질감도 연해지고 떫은맛을 다소 제거할 수 있다. 근대의 풋내와 흙내도 소금물에 데치면 제거할 수가 있으며, 시금치, 쑥갓 등도 데쳐서 헹구어 물에 담가두면 떫은맛 성분인 수산을 제거할 수 있다. 무국을 끓일 때도 무를 볶아주면 황화알릴류가 휘발되어 떫은맛이 없어진다.

티아미나아제 thiaminase

생고사리에는 티아미나아제가 있어서 비타민 B_1을 파괴하므로, 충분히 삶아서 사용하면 효소가 불활성화되어 비타민의 파괴를 막을 수 있다.

3) 향기성분의 변화

채소의 향기성분은 휘발성 에스터류, 휘발성 유황화합물 또는 유황화합물들에 의해 생성물들이 향기를 유발한다. 채소들은 신선한 생야채 상태에서는 신선한 향기를 내지만, 조리과정을 거치면서 불쾌한 냄새를 내기도 하고 강한 향이 약해지기도 한다.

- 양배추류, 배추류를 가열 조리하면 배추 중에 함유되어 있는 유황화합물들이 분해되어 형성된 황화수소(SH)나 기타 휘발성 유황화합물인 이소시아네이트류에 의한 불쾌취를 내게 된다.
- 양파, 마늘의 특이한 휘발성 향기성분은 휘발성 유황화합물들이며, 마늘은 알린이라고 하는 물질이 존재하는데, 조리하기 위해 마늘을 썰거나 다질 때 세포막의 파괴로 인해 이 물질의 분해효소인 알리이나아제가 노출되어 알린을 분해하여 매운 맛인 알리신을 형성한다. 시간이 경과하면 알리신은 불쾌취를 갖게 되므로 조리하기 직전에 다져서 바로 사용하여 먹는 것이 좋다.

이소시아네이트 isocyanate

알린 alline

알리이나아제 allinases

알리신 allicine

양파의 매운맛 성분도 휘발성이므로 조리 시 사용하는 물의 양, 가열시간에 따라 양파의 맛이 달라진다.

표 7.2 양파의 매운맛 성분

조리방법	전구물질	맛, 향의 분류	휘발성 화합물 생성물질
효소 접촉	S–메틸 시스테인 설픽사이드	매운맛	디메틸 티오 설피네이트
			디프로필 티오 설피네이드
	S–프로필 시스테인 설픽사이드		메틸 프로필 티오 설피네이드
썰었을 때	S–프로필 시스테인 설픽사이드	최루향	싸이오프로파날 술폭시드
튀겼을 때	S–프로필 시스테인 설픽사이드	매운향	디메틸티오펜
가열했을 때	S–프로필 시스테인 설픽사이드	단맛	n–프로파네티올

S-메틸 시스테인 설픽사이드 S-methyl cystein sulfoxide

S-프로필 시스테인 설픽사이드 S-propyl cystein sulfoxide

디메틸 티오 설피네이트 dimethyl thiosulfinate

디프로필 티오 설피네이드 dipropyl thio sulfinate

메틸 프로필 티오 설피네이드 methyl propyl thiosulfinate

싸이오프로파날 술폭시드 thiopropanal sulfoxide

디메틸티오펜 dimethyl thiophene

n-프로파네티올 n-propanethiol

4) 영양성분의 변화

- 물을 이용한 조리 시 수용성 성분의 용출이 생긴다. 유리당, 유리아미노산, 무기질, 색소 등이 용출된다. 비타민 C는 다른 비타민보다 손실이 큰데, 산화되기 쉽

고 열에 불안정하며 알칼리에 의한 손실이 크므로 비타민 C의 약 40~50%가 손실된다. 또한 함유량이 많은 무기질은 수용성으로 조리 시 물을 많이 사용하므로 칼륨, 나트륨, 칼슘, 인, 황 등의 용출량이 크다.

- 데칠 때는 단시간에 하며, 불릴 때는 재료의 특성에 따라 불리는 시간을 조절한다. 불리는 시간이 길수록, 온도가 높을수록, 표면적이 작을수록 수용성 영양소가 많이 용출된다. 조리수를 버리지 않고 조리에 이용하는 것도 손실을 줄이는 방법이다.
- 전자레인지 조리 시 물을 사용하지 않으므로 조리시간은 단축되며 영양성분, 색의 손실을 줄일 수 있다.
- 찌는 경우, 수용성 성분의 손실은 적으나 고열로 인한 비타민 B_1의 파괴와 색의 손실이 있다.
- 볶는 경우, 지용성 색소의 흡수를 도와준다. 카로틴은 산소와의 접촉에 의한 손실이 크며 비타민 B_1, B_2 등은 가열에 안정하다.
- 튀기기는 기름에 의해 고온으로 단시간 조리하므로, 수용성 성분의 용출이나 열에 의한 영양성분의 손실이 가장 적다.

5. 조리 시 색의 변화

클로로필 chlorophyll
카로티노이드 carotenoid
플라보노이드 flavonoid
안토시아닌 anthocyanin
안토크산틴 anthoxanthin
피토케미컬 phytochemical

'지용성 색소'는 클로로필류와 카로티노이드들이 있고, '수용성 색소'들로는 플라보노이드계 색소가 있다. 클로로필, 카로티노이드 및 플라보노이드의 안토시아닌과 안토크산틴 등의 색소가 있어, 아름다운 외관으로 식사의 즐거움을 더해 주며 식욕을 돋운다. 또한 색소는 유통, 저장과정 중에 빛, 산소 등에 의해 변화되므로 이러한 색소의 변화는 신선도를 나타내는 척도이기도 하다. 피토케미컬 생리활성 물질은 활성산소를 방지하여 면역기능을 강화시켜 노화 및 질병예방에 효과가 있으며 과일에 다량으로 함유되어 있다.

1) 녹색채소(클로로필계 색소)

엽록소 chlorophylls

'녹색채소'의 잎에는 엽록소가 있으며 광합성을 통해 전분을 저장하며 녹색을 나타낸다. 카로티노이드와 함께 단백질 또는 지단백질과 결합한 상태로 엽록체에 존재하고, 엽록소는 지용성이므로 물에 녹지 않고 기름에 녹는다. 클로로필은 4개의 피롤 핵이 메틸기에 의해 서로 결합한 포르피린 환의 중심에 마그네슘을 가지고 있다.

(1) 산성에서의 변화

조리 시 산성에 의해 변색된다. 피클, 오이소박이, 시금치 등 조리 시 젖산, 유기산과 같은 산의 첨가에 의해 변색이 일어난다. 클로로필은 청록색인 a와 황록색인 b가 보통 3 : 1 정도로 들어 있는데, 산용액에서 가열하면 엽록소 a는 회색을 띤 녹색이 되고, 엽록소 b는 황색을 띤 녹색이 된다. 엽록소에 결합되어 있는 마그네슘(Mg^{2+})이온이 빠져나오고 수소(H^{+})이온이 그 자리에 대치되어 갈색의 페오피틴이 된다. 푸른잎이 시간이 지나면 누렇게 갈변되는 것은 자가소화에 의해 식물의 유기산이 클로로필에 작용하여 페오피틴을 생성하기 때문이다.

페오피틴
pheophytin

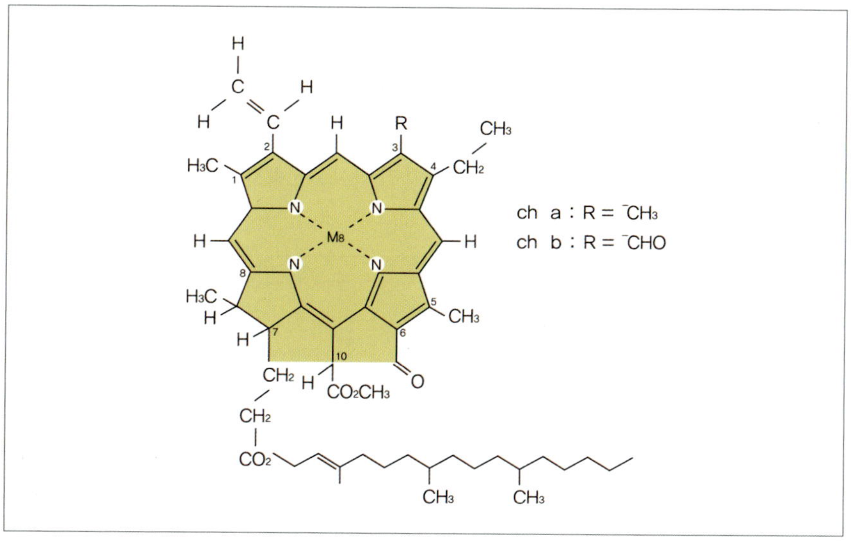

그림 7.1 클로로필 구조

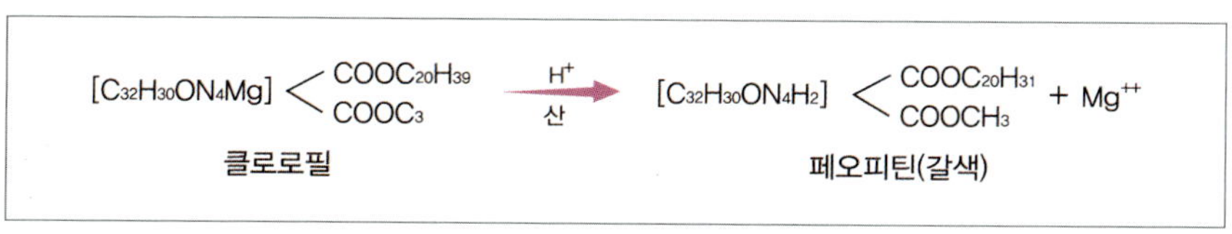

그림 7.2 클로로필과 페오피틴(갈색)

(2) 알칼리성에서의 변화

클로로필린 chlorophylin

중조 $NaHCO_3$, baking soda

엽록소는 알칼리에 안정하므로, 조리수가 약알칼리일 때 녹색채소는 초록색을 최대한으로 보유한다. 이것은 알칼리성 용액에서 가열하면 피톨기가 떨어져 나가 수용성인 녹색의 클로로필라이드가 되고, 다시 메틸에스테르 결합이 가수분해 되어 수용성인 진한 녹색의 클로로필린이 된다. 녹색채소를 가열할 때 중조($NaHCO_3$)를 소량 넣어주면 색이 선명해진다. 중조는 약한 알칼리성이므로 엽록소에 접촉했을 때 엽록소를 클로로필린으로 변하게 하고, 이것은 선명한 녹색물질이므로 채소의 색은 선명해진다. 그러나 알칼리는 섬유소를 연화시켜 채소의 질감을 나쁘게 할뿐만 아니라 비타민 B_1, 비타민 C를 파괴하여 영양소의 손실을 초래하므로 사용 시 주의한다.

(3) 가열에 의한 변화

클로로필라제 chlorophyllase

클로로필라이드 chlorophyllide

녹색채소를 물에 단시간 가열하면 클로로필은 지용성이지만 클로로필라제에 의해 피톨기를 잃으면 수용성으로 된다. 수용성인 클로로필라이드가 조리수로 용출되어 푸르게 된다. 또한 세포 간 공기층이 데치는 과정에서 빠져나가 녹색이 더 진해져 선명한 녹색을 띠게 된다. 그러나 채소를 오랜 시간 가열하면 유기산이 유리되어 조리수가 산성화되어 녹갈색으로 변색된다. 따라서 녹색채소를 데칠 때에는 뚜껑을 열

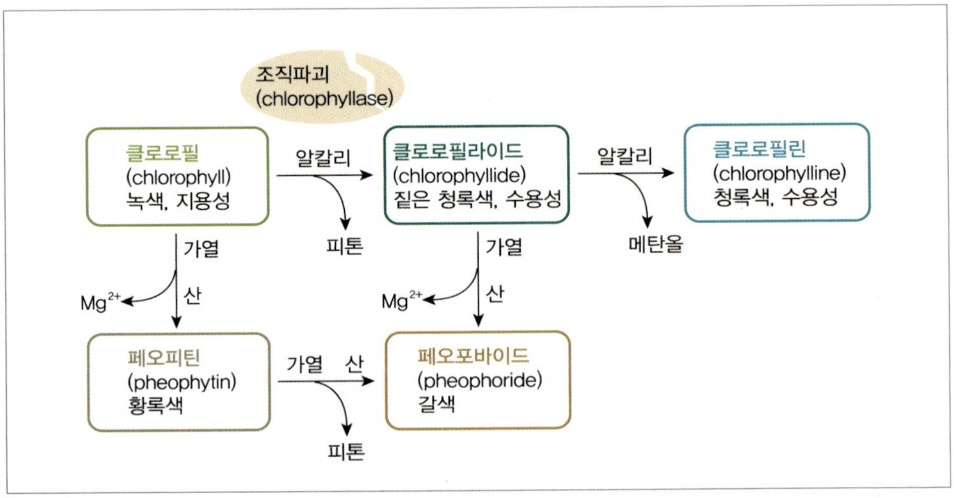

그림 7.3 조리 시 클로로필의 변화

어 유기산이 휘발되도록 해야 하며, 다량의 물을 사용하여 유기산을 희석시키고 고온 단시간에 데쳐 낸다.

2) 등황색 채소(카로티노이드계 색소)

카로티노이드는 오렌지색, 황색 또는 황적색을 띠는 색소인데, 엽록체에 엽록소와 함께 존재하는 경우에 그 녹색에 가려 나타나지 않지만, 녹색잎을 데치지 않은 채로 공기 중에 그대로 두면 누렇게 변하게 된다. 이때 나타나는 황색도 카로티노이드 색에 의한 것이다. 카로티노이드는 물에는 녹지 않으나 기름에는 녹는 지용성으로 체내에서 비타민 A로 전환된다. 카로티노이드 색소는 다시 '카로틴'류와 '잔토필'류로 분류된다.

카로티노이드 carotenoid

카로틴 carotene

잔토필 xanthophyll

(1) 카로틴류

α-카로틴, β-카로틴, γ-카로틴, 리코펜 등이 있다. α, β, γ 카로틴은 당근, 고구마, 살구 등에 많이 들어 있으며 체내에서 비타민 A로 전환된다. 리코펜은 붉은 토마토에 많이 함유되어 있으며 비타민 A 효과는 없다.

리코펜 lycopene

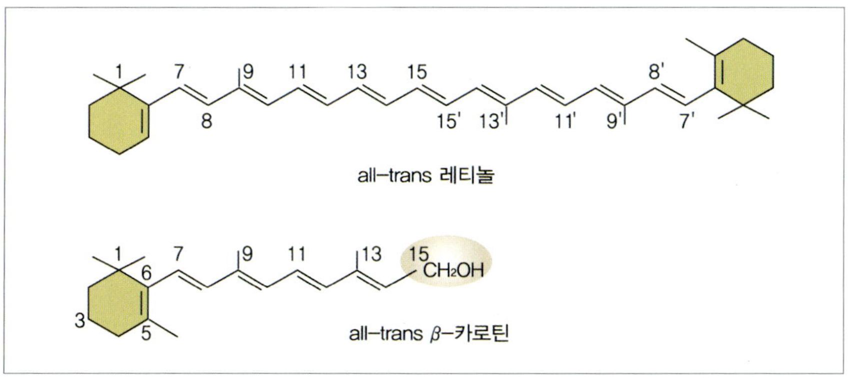

그림 7.4 all-trans 레티놀, all-trans β-카로틴

(2) 잔토필류

카로틴계 색소의 산화유도체로 비타민 A 효력이 없다. 캡산틴, 크립토잔틴, 루테인

캡산틴 capsanthin

크립토잔틴 cryptoxanthin

루테인 lutein

으로 나뉜다. 캡산틴은 고추, 파프리카에, 크립토잔틴은 오렌지, 감, 앵두, 노란옥수수 등에 있으며 비타민 A 효력이 있다. 루테인은 밀, 고추, 일부 해조류의 녹색잎에 함유되어 있다.

(3) 조리 중 변화

카로티노이드계 색은 지용성이므로 기름에 조리하는 것이 효율적이다. 열에 비교적 안정하므로 조리과정 중에 손실은 거의 없으나 산소나 산화효소, 햇빛에 매우 약하므로 공기 중에 쉽게 산화되므로 포장재료, 용기 등에 주의해야 한다. 카로티노이드 함유식품을 가열하면 카로티노이드는 변화하여 프로비타민 A로서의 효력이 없어진다. 카로티노이드계 색을 유지하려면 효소를 불활성화시키거나 산소를 차단해야 한다.

표 7.3 카로티노이드계 색소의 분류

분류	종류	특 징	식 품
카로틴류 (carotene)	α–카로틴	1α–이오논 핵, 1β–이오논 핵 → 1분자의 비타민 A 생성	당근, 차, 밤, 수박, 콩기름
	β–카로틴	2β–이오논 핵 → 2분자의 비타민 A 생성	당근, 고구마, 녹엽, 오렌지, 고추
	γ–카로틴	1β–이오논 핵, 1슈도–이오논 핵 → 1분자의 비타민 A 생성	당근, 살구, 야자유
	리코펜	2슈도–이오논 핵, 비타민 A 효력 없음	수박, 감, 토마토, 살구
잔토필류 (xanthophyll)	캡산틴	적색계 색소 비타민 A 효력 없음	고추, 파프리카
	크립토잔틴	황색 색소 비타민 A 생성	옥수수, 오렌지, 감, 파프리카
	루테인	황색 색소 비타민 A 효력 없음	녹엽, 호박, 밀의 배종유
	지아잔틴	황색 색소 비타민 A 효력 없음	옥수수, 토마토, 복숭아, 호박, 오렌지
	아스타잔틴	단백질과 결합한 형태로 존재(청록색) 비타민 A 효력 없음	새우, 가재, 연어
	비올라잔틴	주황색 색소 비타민 A 효력 없음	감, 파파야

3) 백색, 붉은색 채소(플라보노이드계 색소)

플라보노이드계 색소는 안토잔틴, 안토시아닌 그리고 저분자의 탄닌인 카테킨 및 루코안토시안 등으로 나뉘며, 주로 식물의 황색계통 색소이다. 식물계에 널리 존재하는 수용성 색소로서 액포 중에 존재한다.

(1) 안토잔틴

안토잔틴은 채소, 과일의 무색, 백색, 담황색 내지 황색의 색소이며 밀감류, 감자, 양배추속, 연근, 우엉, 파슬리, 샐러리, 양파, 차, 콩 등이 있다. 안토잔틴은 구조에 따라 플라본, 플라보놀, 플라바논, 이소플라본 등이 존재한다.

- 산 : 안토잔틴은 수용성 색소이므로 물에 잘 녹고, 산에는 안정하여 식초를 넣어도 변색되지 않으므로 손질한 우엉이나 연근을 식초에 넣으면 갈색을 막을 수 있다.
- 알칼리 : 알칼리에는 불안정하여 황색을 띤다. 중국집의 국수나 식소다(중탄산나트륨)를 넣어서 만든 빵의 색이 다소 누렇게 되는 것을 볼 수 있다.
- 금속 : 양배추, 연근, 죽순, 고구마, 콩 등을 지하수나 약숫물 같은 경수로 끓일 때 황색이 짙어진다. 안토잔틴은 주석에는 큰 변화가 없으므로, 주석으로 만든 기기나 증류기 등을 사용해도 색의 변화가 없다. 철과 결합하면 처음에는 녹색으로 착색되나 곧 갈색으로 변한다. 그래서 감자, 도라지, 우엉이나 연근을 철제칼로 손질하고 나면 흑갈색으로 변하게 된다.
- 가열 : 가열하게 되면 당과 결합해서 배당체로 존재하던 안토잔틴이 당과 분리되면서 색이 점점 더 진해진다. 감자, 옥수수, 생강 등은 가열하면 백색이 선명해진다.

(2) 안토시아닌

딸기, 팥, 체리, 복숭아, 적색순무, 체리, 사과 등의 색소로 선명한 적색, 자색 또는 청색을 띤다. 수용성 색소이므로 물에 잘 우러나 색을 낼 수 있는데, 산에는 안정하여 선명한 붉은 색을 띤다. 중성에서는 자색이 되며, 알칼리성에서는 청색이 된다. 산소와 결합하면 산화되어 갈변되므로 붉은 과일주스 등을 공기 중에 방치하면 갈색으로 변한다. 그런데 산에는 안정하므로 여기에 레몬즙이나 식초를 넣어주면 선명한 붉은 색을 유지할 수 있다. 그러나 열에 의해 파괴되므로 센불에서 단시간에 조리해야 한다.

주석, 철, 알루미늄 등의 금속과 반응하여 색이 암청회색이나 적갈색으로 변화되는 성질이 있으므로, 통조림의 경우 부식되어 금속이 유출되지 않도록 잘 코팅해야 하며 사용하고 남은 내용물은 다른 용기에 담아 저장하는 것이 좋다.

(3) 탄닌

탄닌 tannin

탄닌은 폴리페놀을 총칭하는 것으로, 식물성 탄닌은 수용성이고 탄닌은 혀의 점막 단백질을 응고시켜 떫은맛을 느끼게 하며 미숙과일 때에는 탄닌세포에 함유된 수용성 탄닌에 의해 떫은맛을 내지만, 과일이 숙성하면 탄닌 함량은 점차 감소하게 된다. 또한 공기 중에 노출되었을 때 산화, 환원 반응의 기질로 작용하여 적갈색이나 흑색을 나타내어 조리 시 색에 영향을 준다. 따라서 감을 칼로 자르면 갈색으로 변하며, 차를 경수에 끓이면 적갈색의 침전을 일으킨다. 또한 탄닌은 단백질과 결합하면 침전되므로 맥주 제조 시 혼탁을 일으키는 원인이 된다.

표 7.4 플라보노이드계 색소의 분류

플라보노이드 (안토크산틴)	플라본	아피제닌(옥수수, 담황색), 아핀(파슬리, 무색)
	플라보놀	케르세틴(양파껍질 황갈색), 루틴(메밀, 무색)
	플라바논	헤스페리딘(감귤껍질, 무색),나린진(감귤껍질, 무색)
	플라바노놀	디하이드록시 케르세틴(단풍잎, 황색)
	이소플라본	다이드진, 다이드제인 (콩류, 황색)
안토시아닌	페랄고니딘계	칼리스테핀(딸기), 프라가린(야생딸기), 페랄고닌(석류)
	시아니딘계	크리산테민(검정콩), 시아닌(자소), 케라시아닌(버찌)
	델피니딘계	델피닌(포도), 히아신(가지), 나스닌(가지)
	페투니딘계	페투닌(포도)

제2절 과일

1. 과일의 분류와 성분

비타민의 보고인 과일은 세계적으로 2,500여 종이고, 우리나라에서 재배되지 않는 열대과일 등은 주로 수입되고 있는데 점점 증가하고 있다. 그 예로 바나나, 체리, 오렌지 등이 그 대상이다. 과일은 플라보노이드, 탄닌, 카테킨 등의 폴리페놀 성분뿐 아니라 비타민 C, 토코페롤, 카로티노이드 등의 항산화비타민 성분 등이 들어 있다. 여러 식물성 자원 중 가장 항산화 기능이 뛰어난 천연자원으로 특히 유리기를 소거하는 능력이 매우 큰 것으로 보고되었다.

1) 과일의 분류

과일은 꽃의 일부가 성장하여 변화하는데, 종류에 따라 식용부위가 다르다. 일반적으로 꽃자루는 열매자루가 되고, 꽃잎 · 수술 · 암술머리 · 암술대 등은 열매를 맺은 뒤에 떨어져 버린다. 과일은 꽃의 씨방이나 주변 부위가 과육으로 발달된 것으로, 과육의 발달 형태에 따라 인과류 및 준인과류, 핵과류, 장과류, 과채류, 열대과일류, 견과류 등으로 나뉜다.

① 인과류 및 준인과류

꽃받침이 발달하여 과육부가 된 것으로 배꼽이 서로 반대편에 있으며, 헛열매[僞果]라고 하는데 사과, 배, 감, 귤, 오렌지, 자몽 등이 있다.

② 핵과류

씨방이 발달하여 과육이 된 것으로, 내과피가 단단한 핵을 이루고 안에 종자가 보호하게 되며 복숭아, 매실, 대추, 살구, 앵두, 자두 등이 있다.

③ 장과류

중과피와 내과피가 살쪄서 식용이 되고, 즙이 많은 육질로 되어있으며 포도, 무화과, 딸기, 망고, 바나나, 키위, 파인애플 등이 있다.

④ 견과류

외과피가 단단한 껍질에 싸여 있는 과일류로 밤, 호도, 땅콩, 아몬드, 잣, 파스타치오, 헤이즐넛 등이 있다.

과일 중에는 종자가 있는 것과 없는 것이 있다. 없는 것은 밑씨[胚珠]가 발육하지 않고 씨방이 살쪄서 만들어지는 열매에서 볼 수 있는데, 씨 없는 바나나, 씨 없는 감, 씨 없는 포도 등이 이에 속한다.

2) 과일의 성분

① 일반성분

과일은 수분 함량이 70~95%이고 당분이 주요성분이며, 비타민과 무기질이 풍부한 알칼리성 식품이다. 살구와 망고는 비타민 A 함량이 많고, 딸기는 비타민 C 함량이 특히 많다. 단백질, 지방은 거의 없으나 아보카도와 올리브는 지방 함량이 18%, 24%로 많으며, 견과류에서는 호두 66%, 잣 68%로 많다.

② 당분과 유기산

당분 sucre

유기산 organic acid

'당분과 유기산'은 과일의 맛을 좌우하는 매우 중요한 요소이며 과일을 이용한 술 제조 시에도 매우 중요하다. 당은 과당, 포도당, 설탕 등이 주성분이며, 전분은 수확기가 되면서 포도당과 과당으로 분해되어 단맛이 증가한다. 과일의 과당은 주로 β-형태가 단맛을 내는데, β-형태는 10℃에서 주로 활성화되므로 과일은 이 온도에서 저장해야 달게 먹을 수 있고, 과일이 숙성되면서 프로토펙틴은 펙틴으로 분해되어 연화되고 떫은맛이 없어진다.

유기산에는 구연산, 사과산, 주석산, 호박산 등이 있고, 유기산은 과일 종류에 따라 독특한 분포를 보이며 품종이나 재배조건 그리고 성숙도에 따라 차이가 크다. 과일이 익을수록 산의 함량이 감소하고 당 함량이 증가한다. 유기산은 상쾌한 맛과 특유한 감칠맛을 부여해 주고 우리 몸에 쌓인 피로물질을 제거하는 역할을 한다.

③ 향기

'향기'는 다른 성분에 비하여 미량으로 존재하지만, 과실의 특성이나 선도를 알아내는데 매우 중요하다. 과실의 육종 선택에 있어서도 중요한 역할을 한다. 그리고 신선한 향과 과일향을 나타내는 알코올류, 지방산의 에스테르류, 휘발성산류가 많으며 여러 휘발성 향기성분이 혼합되어 있다. 그러나 과일을 오래도록 가열하게 되면 손실이 된다.

④ 색소

과일의 '색소'는 채소의 색소와 유사하므로 그 특성도 유사하다. 그러나 과일은 채소보다 더 다채로운 색소를 가지고 있으므로, 그 다양한 색이 주는 생리적 기능은 좀더 다양하다.

과일의 색소는 클로로필, 카로티노이드, 안토시아닌, 플라보노이드가 있다. 과실의 색깔은 미숙과에는 클로로필이 많으나, 익어가면서 클로로필은 감소하고 다른 색소량이 많아져서 고유의 색을 형성한다. 그리고 카로티노이드 색소가 풍부하여 비타민 A의 좋은 급원이 된다.

카로티노이드 carotenoid

과일은 생으로 먹는 경우가 많으므로, 과일을 껍질 벗기거나 갈아서 조리할 경우 색소의 변화가 생긴다. 과도나 조리도구를 사용함으로써 떫은 감, 바나나 속의 탄닌은 구리나 철에 의해 변색이 된다. 또한 블렌더나 주서를 이용해서 만드는 과즙은 공기와의 접촉이 크므로 갈변하는데, 이는 과일속의 페놀화합물들이 산소와 접촉하여 효소적 갈변을 일으킨 것이다. 그리고 비타민 C의 파괴도 크다. 딸기, 사과껍질, 오렌지 등의 안토시안과 안토크산틴 색소는 철, 주석, 알루미늄 같은 금속에 불안정하므로 과일 통조림 제조 시 주의해야 하며, 또한 고온으로 장시간 가열하게 되면 갈변하게 된다.

갈변된 과일이나 과일주스는 식욕과 향기를 저하시키므로, 산화효소에 의한 갈변을 억제하기 위해서는 설탕물이나 레몬을 한 조각 넣은 물에 담가두거나 과즙에 비타민 C를 첨가하면 방지할 수가 있다.

표 7.5 유기산의 함유식품과 특징

종 류	함유식품	특 징
숙신산, 호박산	청주, 조개류, 사과, 딸기	감칠맛을 주는 산미
사과산, 말산	사과, 배	상쾌한 산미
구연산	살구, 감귤류	상쾌한 산미
주석산	포도	칼륨염으로 존재
아스코르브산	과일, 채소류	비타민 C / 산화방지

숙신산, 호박산 succinic acid

사과산, 말산4 malic acid

구연산 citric acid

주석산 tartaric acid

아스코르브산 ascorbic acid

2. 식품의 갈변작용

갈변작용
browning reaction

식품의 조리나 가공 중에 갈색으로 변하거나 본래 색이 짙어지는 경우가 있는데, 이를 '갈변작용'이라 한다. 갈변작용이 일어나면 비타민 손실과 필수아미노산의 파괴로 영양소의 손실을 초래하며, 성분변화에 의한 외관이나 풍미가 떨어진다. 갈변작용은 크게 두 가지로 나뉘는데, '효소적 갈변'과 '비효소적 갈변'이 있다.

1) 효소적 갈변

효소와 관련하여 일어나는 갈변(enzymatic browning) 현상으로, 상처받은 식물 조직이 공기와 접촉되어 일어나는데, 과실과 채소류 등을 썰거나 껍질을 벗길 때 나타난다.

폴리페놀옥시다아제는 폴리페놀화합물을 산화시켜 갈변을 일으키는 효소이며, 이 효소의 활성화에는 산소가 필요하기 때문에 과일이나 채소의 껍질을 벗기거나 잘라서 공기 중에 방치하면 갈변이 일어난다.

폴리페놀화합물
polyphenol compound

바나나, 복숭아, 사과, 감자, 버섯 등과 같은 과일과 채소의 조직에는 폴리페놀옥시다아제 및 기질인 카테킨, 카테콜, 클로로겐산, 티로신 등과 같은 폴리페놀화합물이 널리 존재한다. 폴리페놀옥시다아제는 폴리페놀화합물이 공기 중의 산소와 반응하여 퀴논으로 산화되는 반응을 촉매하며, 퀴논은 자발적으로 중합반응을 거쳐 갈색 색소인 멜라닌을 형성한다. 폴리페놀옥시다아제에 의한 갈변은 과일과 채소의 품질을 저하시키는 주원인이므로 다양한 방법으로 반응을 억제시키지만, 커피 · 맥주 · 제빵, 우롱차와 홍차를 제조할 때는 일부러 이 갈변을 일으킨다.

티로시나아제는 아미노산인 티로신에만 작용하며 특히 감자에서 볼 수 있는데, 감자에 존재하는 티로신은 이 효소에 의해 산화되어 멜라닌 색소를 형성한다.

(1) 갈변 억제방법

- 열처리하여 효소를 불활성화 시킨다.
- 레몬즙이나 오렌지즙 등의 유기산 용액에 담가놓거나, 과일에 설탕을 뿌리거나, 설탕물에 담그거나, 진공포장 등을 하여 산소와의 접촉을 피한다.
- 소금물은 폴리페놀옥시다아제의 활성을 방해한다.

2) 비효소적 갈변반응

효소가 관여하지 않는 갈변반응(nonenzymatic browning)으로 '마이야 반응', '아스코르브산 산화반응', '캐러멜화 반응' 등이 있다.

(1) 마이얄 반응

아미노기(-NH_2)와 카르보닐기(= CO)가 공존할 때 일어나는 반응으로, 멜라노이드 반응이라고 한다. 이 반응은 거의 자연발생적으로 일어나며, 식품에 당류와 아미노산들이 함께 있으므로 일어나는 반응으로 된장, 간장, 잼 같은 식품가공이나 불고기 양념 등의 조리에서 가장 많이 볼 수 있는 갈색화 반응이다. 이 반응은 식품의 색뿐 아니라 맛, 냄새에도 영향을 주고, 아미노산이 반응에 참여함으로써 필수아미노산의 파괴 등 영양가의 감소를 가져오기도 한다.

멜라노이드 반응
melanoid reaction

(2) 캐러멜화 반응

캐러멜화 반응은 주로 당류의 가수분해 물질들 또는 가열 산화물들에 의한 갈색화 반응이다. 당류를 180~200℃의 고온으로 가열했을 때 일어나며, 각종 분해산물은 식품의 향기나 맛에 기여한다. 제과 · 제빵, 캔디, 약식 등에 색과 풍미를 더하며, 간장과 된장의 색깔은 마이얄 반응에 의한 것으로 믿어지나 캐러멜화에 의한 갈색도 기여한다.

캐러멜화
caramelization

(3) 아스코르브산의 산화반응

아스코르브산(비타민 C)에 의한 갈변작용은 감귤류의 가공품인 오렌지주스와 농축물 등에서 나타나는데, 아스코르브산에는 강한 환원력이 있어 항산화제로 사용하며 과채류의 가공식품에도 이용된다.

아스코르브산
ascorbic acid

3. 과일의 성숙과정 중 변화

1) 색소의 변화

과일이 성숙되면서 클로로필 색소가 분해되어 카로티노이드 색소가 나타난다.

2) 질감의 변화

미숙과에 들어있는 프로토펙틴이 펙틴으로 분해되어 딱딱한 질감이 부드러워진다.

3) 과일의 호흡작용

과일은 저장과정 중에 증산작용, 호흡작용, 후숙이 일어난다. 과일은 수확 후에도 호흡과 대사작용이 일어나 과일에 있는 수분의 일부가 증발하므로 상품가치가 저하된다. 이때 미숙한 과일을 수확하여 일정온도에서 후숙시키면 완숙과일에 가까운 상태로 되는데, 이러한 과일로는 바나나, 토마토, 복숭아 등이 있다.

호흡률 급상승 climacteric rise

비호흡률 급상승 nonclimacteric rise

과실의 호흡작용이 일정시간이 지나면 급격히 증가하는 현상을 '호흡률 급상승'이라고 하며, 호흡기 과일에 속하는 대표적인 과일로는 사과, 배, 아보카도, 살구, 감 등이 있다. 이와 반대로 호흡량에 큰 차이를 보이지 않는 경우를 '비호흡률 급상승'이라고 하며, 이러한 비호흡기 과일은 나무에서 완전히 익도록 한다. 여기에 속하는 과일로는 수박, 딸기, 레몬, 포도, 오렌지 등이 있다.

표 7.6 호흡작용에 따른 과일의 분류

분류	특 징	과일 종류
후숙 과일	미숙한 과일을 수확하여 일정온도에서 후숙	바나나, 토마토, 복숭아
호흡기 과일	수학 후 호흡률 급상승, 미숙과 수확	사과, 배, 아보카도, 살구, 감
비호흡기 과일	비호흡률 급상승, 완숙 후 수확	수박, 딸기, 레몬, 포도, 오렌지

4) 과일의 연육작용

과일에는 많은 비타민과 효소들이 함유되어 있다. 수용성 비타민과 효소들은 생으로 섭취하는 것이 효과적이다. 특히 과일에 함유된 단백질 분해효소는 고기에 넣어 조리했을 때 육질을 부드럽게 해준다.

파인애플의 브로멜린, 무화과의 피신, 파파이아의 파파인, 배즙 등이 있다. 이 과일들은 먹기 한 시간 정도 전에 넣는 것이 적당하며, 너무 미리 재워두지 않도록 한다.

5) 영양소의 변화

과일이 성숙되면서 당도와 향기는 증가하여 단맛이 많아지고, 유기산은 감소하여 신맛은 덜하게 된다. 또한 비타민 C, 카로티노이드의 함량은 증가된다. 탄닌의 감소로 떫은맛은 감소한다.

4. 과일의 저장

1) 냉장

과일의 과당은 주로 β-형태가 단맛을 내는데, β-형태는 -10℃에서 주로 활성화되므로 과일은 이 온도에서 저장해야 달게 먹을 수 있다. 또한 호흡기 과일은 저장 중에도 호흡을 지속적으로 하므로 호흡률을 낮추기 위해 냉장온도에서 저장해야 한다. 비닐이나 용기에 넣어 보관하며 호흡기과일과 함께 보관하지 말아야 한다.

반면, 열대과일은 냉장온도에서 저장하지 않는 것이 좋다. 냉장온도에서 저장하면 냉해를 받아 조직이 연화되고 반점이 나타나며 갈색화된다.

2) CA저장

에틸렌가스는 과일 숙성 중에 생성되는 가스로, 과일의 호흡을 증가시켜 미숙과일을 숙성시키는 식물호르몬 같은 생리작용을 한다. 이로 인해 과일은 저장 중에도 호흡작용이 지속되어 후숙이 계속 진행되므로 질이 떨어진다. 따라서 이런 후숙작용을 억제하기 위하여 CA저장은 산소와 이산화탄소(CO_2) 또는 질소(N_2)가스를 주입시키는 방법으로 호흡률을 낮추어 과일을 장기간 저장할 수 있는 방법이다.

3) 피막제 저장

과일 출하 후 유통기간 동안 신선도를 유지하기 위해 저장물의 표면에 적당히 왁스를 발라 호흡작용을 억제하는 방법으로, 수분의 증산을 억제하고 동시에 과일의 빛깔을 나게 하여 상품으로서의 외관상 가치를 높이는 방법이다. 이외에도 몰호린 지방산염, 초산비닐수지 등이 피막제로 쓰인다.

몰호린 지방산염
morpholin fatty acid salt

초산비닐수지
polyvinyl acetate

4) 과일통조림의 저장

과육의 변질을 막기 위해 세균, 곰팡이, 효모 등의 미생물을 가열에 의하여 사멸시켜 변패를 막고 장기간 저장성을 유지시킨다. 또한 생과일이 갖고 있던 효소를 불활성화 시켜 색을 유지하며, 칼슘염과 산을 첨가하여 단단한 질감을 유지하게 한다. 그러나 가공과정에서 맛, 질감이 변하고 수용성 영양소의 손실이 있다.

5. 과일의 조리

1) 젤리

과일주스에 설탕을 첨가하여 계속 가열하면 용액이 농축되어 젤라틴화가 일어난다. '젤리(jelly)'는 투명하고 원료과일의 향을 갖는 것이 좋으며, 용기에서 젤리를 꺼낼 때는 적당히 부드럽고 자른 부분이 매끄러우며 모서리가 그대로 남는 것이 좋다.

젤리점 jelly point

젤리점의 판정법은 스푼법, 컵법, 온도계법이 있다. 과일 젤리의 설탕농도는 60~65%가 가장 적당하고, 과일의 당도는 10~15% 정도이므로 설탕농도를 65%로 맞추려면 첨가되는 설탕의 양은 과일 양의 반이나 과일과 동량으로 넣는다.

2) 잼

'잼(jam)'은 과육에 설탕을 넣어 적당한 농도로 가열하여 농축한 것으로, 당장법(糖藏法)의 하나이며 저장성이 증가한다. 겔 형성의 최적조건은 펙틴의 양(1~1.5%), 유기산은 pH3.0~3.3이 최적조건이고, 설탕의 농도는 65% 정도이다.

3) 마멀레이드

마멀레이드 marmalade

'마멀레이드'는 젤리 속에 과일의 과육이나 과피의 조각을 섞은 것으로, 젤리와 달리 고형물이 과일주스로 이루어진 부분과 분명히 구별된다.

6. 펙틴질

펙틴질 pectic substances

'펙틴질'은 식물, 과일이나 해조류 등에 함유되어 있으며, 과일 내에서는 과육보다는 껍질에 함량이 더 많다. 식물조직의 세포벽이나 세포막 사이에 물질을 결착시켜 주는 접착제 역할을 한다. 그리고 식품에서 아삭아삭한 성질과 젤리를 만드는 성질을 준다. 펙틴물질은 분자 내 극성기가 많아 친수성이어서 과즙 속의 수분에 의해 분산되어 교질용액을 형성한다.

1) 펙틴질의 구조

펙틴물질의 기본 구조는 α-D-갈락투론산이 α-1,4 결합으로 연결된 직선상 고분자인 갈락투론산의 중합체이다. 펙틴분자 내의 카르복실기들이 부분적으로 메틸에스테르화 되어 메톡실기를 가지고 있다.

(1) 펙틴질의 종류

펙틴과 관련된 물질을 펙틴질이라 하며, 종류에는 프로토펙틴, 펙트산, 펙틴산 등이 있으며, 그 내용은 다음과 같다.

- 프로토펙틴 : 식물의 유연조직에 존재하고 특히 덜 익은 과일에 있으며, 펙틴의 모체로 물에 잘 녹지 않으나 과실류나 채소류에서는 익어감에 따라 프로펙티나아제 효소의 분해에 의해 펙틴, 펙트산 등으로 가수분해 된다.
- 펙트산 : 과숙한 과일에 있으며, α-갈락투론산의 중합체로 찬물에 녹지 않으므로 겔 형성 능력이 저하된다.
- 펙틴산 : 펙틴에 효소 또는 알칼리에 의해 가수분해 되어 형성되며, 물과 교질용액을 형성한다.
- 펙틴 : 수용성 펙틴산으로 과즙 중에서 추출되며, 당과 산의 존재 하에서 겔을 형성한다. 과일의 껍질과 과육을 잘게 자르거나 갈아서 물을 넣고 가열하면 펙틴이 추출된다. 여기에 유기산(pH3.0~3.5)과 당(50% 이상)을 함께 가열하면 겔화 하는 성질이 있으므로, 잼이나 젤리 및 마멀레이드를 만드는 데에 이용한다.

프로토펙틴 protopectin

프로펙티나아제 효소 propectinase

펙트산 pectic acid

펙틴산 pectinic acid

펙틴 pectin

(2) 펙틴 겔의 형성

펙틴은 물에서 친수성 교질용액을 형성하며 점도가 매우 크다. 특히 충분한 유기산과 충분한 양의 당이 존재할 때에는 펙틴의 점성이 있는 졸이 겔로 변하면 탄력 있는 겔이 된다. 또한 Ca^{++}과 같은 다가이온들과 겔을 형성한다. 그러므로 잼, 젤리의 겔화는 펙틴의 농도, pH, 당 함량에 의해 영향을 받는다.

2) 펙틴의 겔 형성에 영향을 주는 요인

(1) 수소이온 농도

겔을 형성하기 위한 적정 수소이온 농도는 pH3.0~3.3이다. 이 수소이온 농도는 메톡실기의 함량, 과즙에 존재하는 염의 함량, 당의 함량에 의해 달라진다. 수소이온 농도가 부족하면 유기산이나 과즙을 첨가한다.

(2) 당

과일의 당 농도만으로는 겔 형성이 어려우므로 당을 첨가시킨다. 일반적으로 설탕을 사용하며 60~65%를 첨가하는데, 설탕을 적게 넣으려면 펙틴의 함량과 산 농도를 높여주어야 한다. 설탕은 단맛 이외에도 삼투압에 의한 당장효과도 가져온다.

(3) 펙틴

겔 형성에 필요한 적정 펙틴 함량은 0.2~1.5% 정도이다. 펙틴의 함량이 많을수록 더 단단한 겔을 형성한다. 또한 분자량이 클수록 겔 형성 속도는 느리지만 단단한 겔을 형성한다. 펙틴 함량이 많은 과일로 만들어야 하며 적당히 숙성된 과일을 선택한다. 너무 과숙한 과일의 펙트산은 응고성이 떨어져 겔 형성 능력이 저하된다.

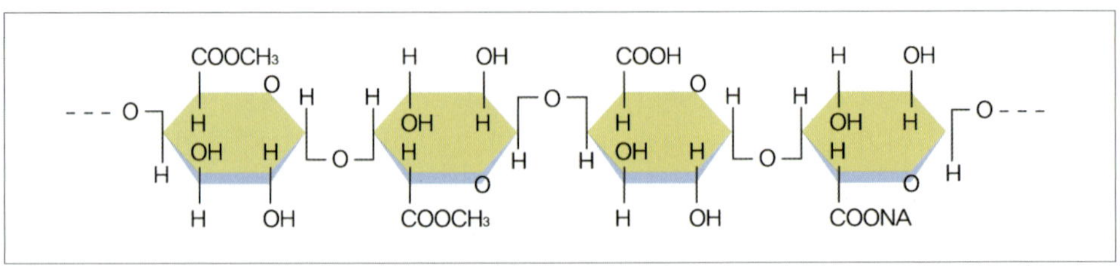

그림 7.5 펙틴의 분자구조

Exercise

1 과채류에 속하는 채소 4가지 이상 쓰시오.

2 (　　　　)은 세포 사이의 충전물질이고 시멘트 역할을 하며 이것이 분해되어 채소가 연화되는 것이다.

3 아스파라거스 같은 채소의 조직을 단단하게 삶으려면, 무엇을 넣고 조리하면 단단함을 유지할 수 있는가?

4 죽순의 손질법을 쓰시오.

5 생고사리에는 이 성분이 있어서 비타민 B_1을 파괴하므로, 충분히 삶아서 사용해야 한다. 무엇인가?

6 색소를 '지용성색소'와 '수용성색소'로 분류하시오.

7 피클, 오이소박이, 시금치 등 조리 시 산의 첨가에 의해 누렇게 변하는 이유를 설명하시오.

8 산에 안정한 색소를 쓰시오.

9 (　　　　)계 색은 열에 비교적 안정하므로, 조리과정 중에 손실은 거의 없으나 산소나 산화효소, 햇빛에 매우 약하고 공기 중에 쉽게 산화되므로 포장재료, 용기 등에 주의해야 한다.

10 양배추, 연근, 죽순, 고구마, 콩 등을 지하수나 약숫물 같은 경수로 끓일 때 색의 변화를 쓰시오.

Exercise

11 과일 중 지방 함량이 높은 것은?

12 (   )은 과일 종류에 따라 독특한 분포를 보이며, 품종이나 재배조건 그리고 성숙도에 따라 차이가 크다. 과일이 익을수록 산의 함량이 감소하고 당 함량이 증가한다.

13 사과의 껍질을 제거하면 과육이 갈변하는 이유는 무엇이고, 갈변을 방지할 수 있는 방법은 무엇인가?

14 과일류 중에서 연육제로 이용할 수 있는 것은 어떤 것이 있고(4가지), 그 이유는 무엇인가?

15 과일이 성숙되면서 클로로필 색소가 분해되어 (   ) 색소가 나타난다.

16 후숙이란 무엇인가 쓰고, 해당하는 과일을 쓰시오.

17 호흡기 과일과 비호흡기 과일의 특징과 분류를 쓰시오.

18 과일을 냉장온도에서 저장할 때 맛있는 이유는 무엇인가?

19 과일은 저장 중에도 호흡작용이 지속되어 후숙이 계속 진행되므로 질이 떨어진다. 이런 후숙작용을 억제하기 위해 과실저장고의 온도, 습도, 이산화탄소(CO_2) 또는 질소(N_2)가스를 주입시키는 방법으로 장기간 동안 과실을 저장하는 방법은?

20 겔 형성의 최적조건은 펙틴의 양(   ), 유기산은 pH(   )이며, 설탕의 농도는 (   )% 정도이다.

COOKING 08

PRINCIPLES

CHAPTER 08

육류 Meats

우리나라에서 식용하는 가축에는 소, 돼지, 닭, 양, 오리, 칠면조, 꿩, 토끼, 노루, 말, 사슴 등이 있으며 주로 애용하는 육류에는 소고기, 돼지고기, 닭고기 등이 있다. 우리나라의 전통적인 식생활은 곡류와 채소 위주였으나, 산업화로 인한 경제발전과 소득증대, 서구화된 식사로 인해 축산물의 소비가 증가되고 있다.

육류의 연간소비를 살펴보면, 돼지고기가 가장 많으며 소고기의 경우는 수입량이 생산량과 비슷하다. 식용으로 이용하는 육류의 대부분은 주로 골격근이고 식육의 60~80%를 수분이 차지하고 있으며, 수분을 제외하면 대부분이 단백질로써 필수아미노산의 주요 공급원이다.

식육은 이외에도 소량의 글리코겐 · 포도당 · 갈락토오스 등의 탄수화물, 지방, 각종 무기질이 함유되어 있으며, 특히 철분은 혈색소나 근육색소의 구성 성분으로의 좋은 급원이 되고 비타민 B 복합체가 많이 들어 있다. 육류의 소화율은 대략 95% 정도이나 조리방법에 따라 조금씩은 다르다. 생육일 경우 소화율은 94%, 불고기 95%, 소금 절임고기 94% 정도이다.

제1절 육류의 구조

육류는 근육조직, 결체조직, 지방조직, 골격, 내장 등으로 구성되어 있다. 육류는 어린동물이 뼈에 비해 살이 많으며 결체조직의 비율이 높고, 지방 함량은 낮다. 성숙한 동물은 지방 함량과 결체조직의 함량은 많으나 그 비율은 적어진다. 그러나 지방 함

근육조직 muscle tissue
결체조직 connective tissue
지방조직 adipose tissue
골격 bone
내장 intestine

량이 많을수록 수분이 적어지고, 고기의 육즙은 더 증가한다. 그리고 동물이 성숙될수록 고기의 색은 짙고 붉어진다.

1. 근육조직

근육조직
muscle tissue

우리가 주로 식용하는 부위로서 근육이나 순살코기 부분에 해당한다. 근육조직은 근원섬유, 근섬유, 근속, 근육으로 구성되어 있다.

표 8.1 육류의 영양성분표(100g)

식품명	분류	열량 (kcal)	수분 (%)	단백질 (g)	지방 (g)	당질 (g)	무기질				비타민		
							칼슘 (mg)	인 (mg)	철 (mg)	칼륨 (mg)	B_1 (mg)	B_2 (mg)	나이아신 (mg)
소고기	갈비(수입)	263	60.8	18.5	19.5	0.3	3	160	1.2	310	0.07	0.15	4.6
	등심	192	67.4	20.1	11.3	0.2	22	172	4.6	415	0.07	0.20	5.4
	목심	83	68.4	15.2	1.9	0.2	10	110	2.3	(304)	0.06	0.18	3.8
	사태	130	74.1	20.2	4.7	0.1	3	156	2.1	344	0.04	0.14	1.4
	설도	186	68.2	19.6	10.8	0.3	18	181	3.7	361	0.05	0.19	5.2
	안심	148	71.6	20.8	6.3	0.2	23	175	4.7	381	0.08	0.25	5.2
	양지	167	69.3	21.3	8.1	0.3	16	158	5.0	372	0.06	0.18	5.2
	우둔	132	73.1	21.2	4.5	0.1	20	180	5.8	386	0.07	0.22	5.3
	채끝	126	76.2	17.1	5.6	0.2	11	111	2.2	(261)	0.07	0.19	4.2
돼지고기	갈비	208	65.8	18.5	13.9	0.8	12	196	0.4	210	0.74	0.16	6.1
	넙적다리	137	73.6	18.9	5.8	0.7	6	145	0.8	273	0.68	0.33	8.1
	등심	262	61.5	17.4	19.9	0.2	6	152	0.8	291	0.61	0.15	7.4
	목살	180	69.2	20.2	9.5	1.3	10	163	6.4	366	0.40	0.10	0.8
	사태	120	74.2	22.0	2.9	–	4	166	1.2	326	0.42	0.20	0.8
	삼겹살	331	53.3	17.2	28.4	0.3	8	132	0.7	202	0.68	0.30	4.4
	안심	223	70.8	14.1	13.2	0.5	2	227	1.6	(117)	0.91	0.18	4.1
	앞다리	181	70.4	16.3	12.3	–	1	239	2.0	118	0.91	0.17	3.4
	어깨등심	264	61.4	17.1	20.1	0.6	2	179	1.8	(259)	(0.75)	(0.33)	(5.6)
닭고기	가슴살	102	75.1	23.3	0.4	0	3	203	1.8	386	0.15	0.08	1.8
	날개	221	66	17.5	15.2	0.2	9	107	1.1	123	0.12	0.33	1.4
	넙적다리	188	69.7	17.0	12.3	0.2	4	160	1.6	316	0.07	0.17	1.3
양고기	날것	318	55.3	16.0	27.6	0.1	15	180	1.7	233	0.21	0.31	3.9
	살코기	144	74.4	16.4	8.0	0	7	210	2.1	–	0.15	0.2	5.0

※ – : 수치가 애매하거나 측정되지 않음.
자료 : 식품성분표 제7개정판. 2006.

근육 미세섬유
myofilament

근원섬유
myofibril

근섬유
muscle fiber

근육조직을 들여다보면, 근육 미세섬유인 미오신과 액틴을 기본으로 한다. 이 미세섬유 단백질분자들이 모여서 '근원섬유'를 만들고, 이 근원섬유가 모여 '근섬유'를 형성하며, 이것이 더 커져서 '근속'이 되고 더욱 커져서 '근육'이 된다.

근육은 횡문근, 평활근, 심근으로 나뉜다. 고기라고 말하는 부위인 근육조직은 주로 횡문근으로 구성되어 있으며 동물체의 30~40%를 차지하고 있다.

횡문근인 근원섬유는 근육의 수축, 이완에 관여하는데, 근육 미세섬유인 미오신과 액틴의 수축이완에 의해 움직인다. 'I'대는 액틴으로 이루어진 가는 필라멘트로 이루어진 영역이고, 'A'대는 미오신으로 이루어진 굵은 필라멘트로 이루어져 있다. 근육이 수축할 때는 양쪽에 있는 'I'대의 가는 필라멘트가 'A'대의 굵은 필라멘트 사이로 미끄러져 들어가면서 근절의 길이가 짧아진다. 짧아진 상태를 액토미오신이라 하며, 근육 이완은 그 반대의 현상이다.

근육조직은 연령이 낮을수록 연하고, 같은 동물이라도 운동이 심한 사태, 목심과 같은 부분보다 운동이 적은 등심, 안심 같은 부분의 고기가 연하다.

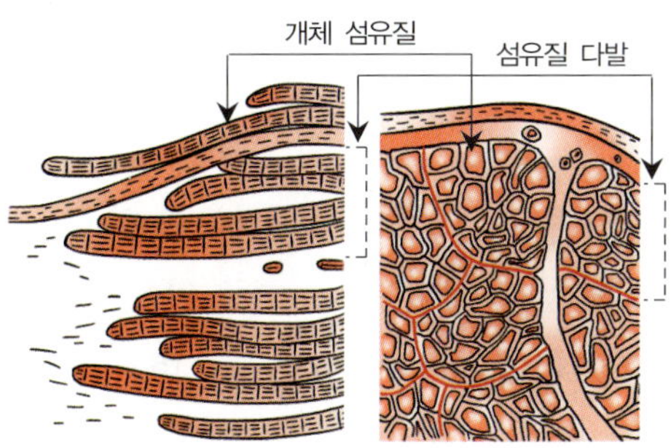

그림 8.1 근육단면의 구조

그림 8.2 트리포콜라겐의 3중 나선구조

2. 결체조직

지방조직
adipose tissue

근내지방
marbling

결체조직(결합조직)은 콜라겐으로 구성되어 있는 '교원섬유'와 운동을 자주하는 부위인 '탄성섬유'로 되어 있다.

1) 교원섬유(콜라겐)

교원섬유
collagen fiber

탄성섬유
elastic fiber

'교원섬유'는 피부의 진피나 근육의 근섬유를 감싸고 있으며 건을 형성하여 뼈에 부착되어 있다. 직선상의 가는 섬유상으로 장시간 물로 가열하면 수용성의 젤라틴으로 변하며, 젤라틴으로 많이 변할수록 고기는 연해진다. 콜라겐은 65~80℃에서 젤라틴으로 변하며, 너무 높은 온도에서 가열하면 많이 수축하여 오히려 질겨지므로 젤라틴화 하는 온도 이상에서 가열하는 것은 바람직하지 않다. 이것을 식혀서 굳히면 겔화되며 이를 이용한 것이 쇠머리 족편이다.

젤라틴
gelatin

나이가 많이 들거나 운동을 많이 하면 결체조직이 발달하게 되며, 암컷보다 수컷, 돼지고기와 닭고기보다 소고기에 많다. 결체조직이 많은 부위는 목심, 양지, 사태, 갈비 등이 있다.

2) 탄성섬유(엘라스틴)

'탄성섬유'는 극히 소량이며 엘라스틴을 주성분으로 하고 고무와 같은 탄력성을 가지며 황색의 결합조직이다. 인대, 껍질, 근육, 힘줄 안에 많이 들어 있고, 질겨서 가열해도 연해지지 않으므로 조리해도 먹을 수가 없으며 대부분 제거된다.

3. 지방조직

지방조직
adipose tissue

근내지방
marbling

'지방조직'은 근육 내, 결합조직 사이에 존재하며, 지방세포가 한 개 또는 여러 개가 한데 뭉쳐서 흩어져 있어 근육 내에 흰색반점이 분포되어 있는 지방조직을 '근내지방(마블링)'이라 한다. 마블링이 분포한 등심, 꽃등심, 목살 등의 고기는 연하여 스테이크, 불고기, 전골, 로스구이 등에 적합하다.

소고기, 돼지고기는 포화지방산이 다량 함유되어 있는 반면, 가금류는 불포화지방

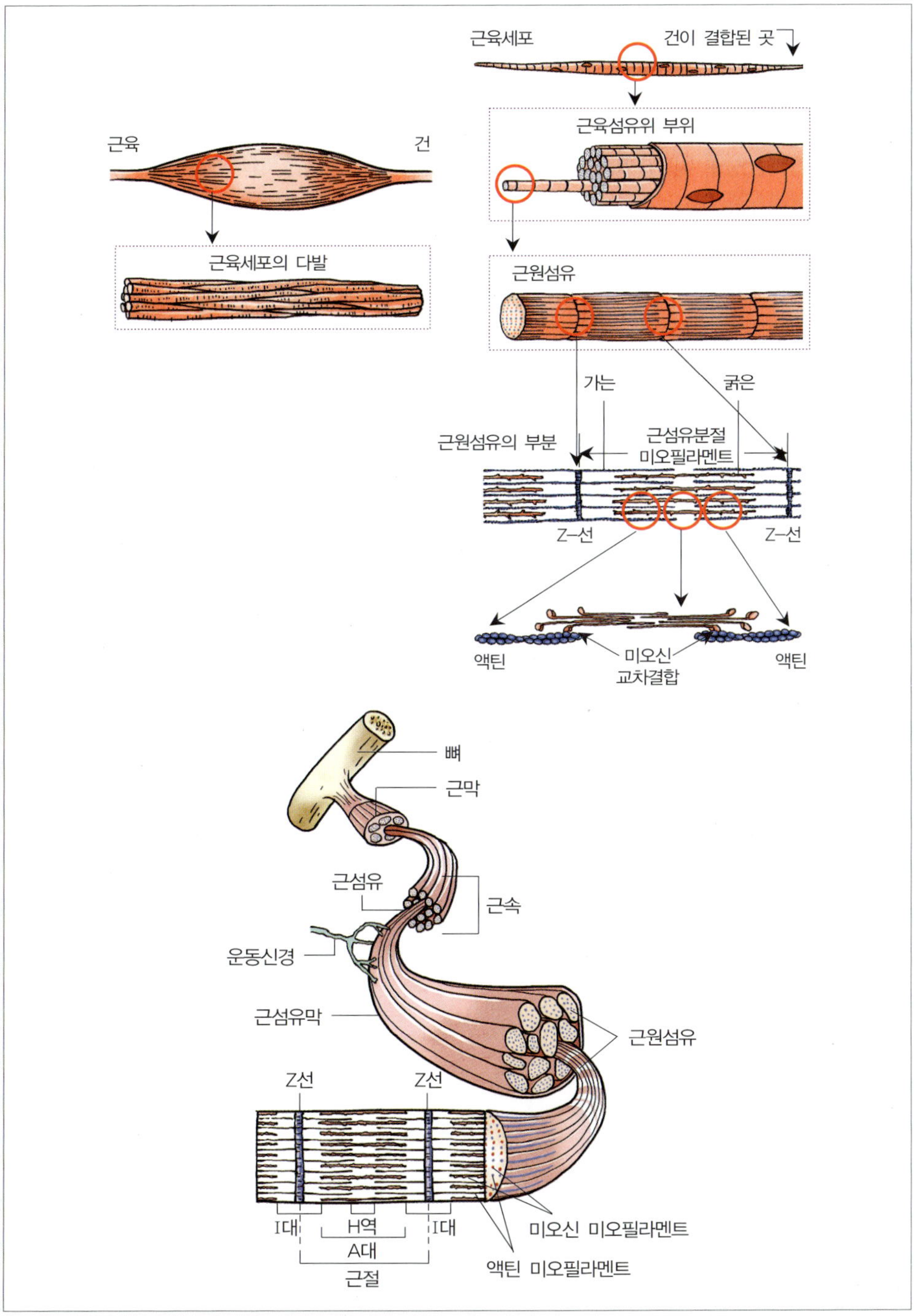

그림 8.3 근육조직의 세부구조

산을 많이 함유하고 있다. 따라서 소고기와 돼지고기는 녹는점이 높아 음식의 온도가 낮아지면 지방이 굳어지므로 뜨겁게 해서 먹어야 부드럽고 맛이 좋다. 그러나 닭고기는 식어도 딱딱해지지가 않는다.

지방의 양은 동물의 성별, 나이, 식이, 운동량 및 부위에 따라 다르다. 지방조직의 색은 연령이 어릴 때는 흰색이지만, 나이가 들수록 카로티노이드 색소가 축적되어 노란색을 띠게 된다.

4. 골격

어린동물의 뼈는 가늘고 연하며 분홍빛을 나타내고, 성숙한 동물의 뼈는 굳고 흰색이다. 골격조직은 칼슘과 인을 공급하고 많은 인지질을 함유하고 있으며, 어린 골격에는 콜라겐이 더 많이 발달되어 있다. 뼈를 끓이기 전에 찬물에 담가서 핏물을 충분히 우려내고, 뜨거운 물에 한 번 데친 후에 다시 찬물을 부어 끓이는 것이 좋다. 국물요리를 만들 때 핏물은 단백질의 변성을 일으켜 거품을 만들어내고 고깃국물을 흐리게 하므로 반드시 제거한 후에 요리를 해야 한다.

5. 부산물

'부산물'로는 소머리, 간, 콩팥, 양(제1위), 천엽(제3위), 막창(제4위), 염통(심장), 허파(부아), 등골, 선지, 꼬리, 족, 사골, 도가니 등이 있다. 이들은 특유의 잡냄새가 많이 나므로, 씻을 때 위는 밀가루로 문질러 주물러서 씻고, 간은 우유 등에 담가 냄새를 제거하여 사용하며 주로 탕이나 전, 구이 등으로 이용된다.

6. 색

글로빈 globin

헴 heme

고기의 색소는 미오글로빈이다. 미오글로빈은 글로빈 한 개와 철을 포함하는 헴 하나로 구성되어 있다. 미오글로빈은 헤모글로빈으로부터 산소를 전달받아 옥시미오글로빈이 되며, 산소를 포도당 연소에 전달해 주는 역할을 한다.

미오글로빈은 적자색이고, 옥시미오글로빈은 선명한 적색이다. 근육에서 미오글로빈의 농도는 동물의 종류, 연령, 그리고 부위에 따라 다르며, 연령이 증가할수록 더 많다. 소고기 〉 송아지고기 〉 돼지고기 순으로 미오글로빈의 농도가 많다.

옥시미오글로빈이 서서히 산화되면 적갈색인 메트미오글로빈을 형성한다. 이때 미오글로빈의 구조 내에 존재하는 제1철(Fe^{2+})이 화학반응에 의해 제2철(Fe^{3+})로 산화된다.

메트미오글로빈 metmyoglobin

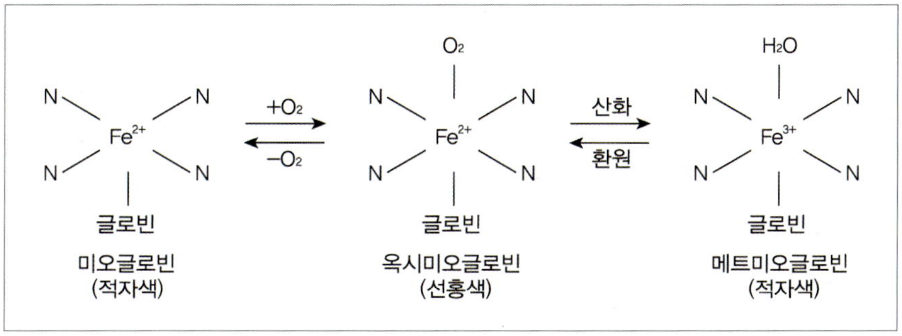

그림 8.4 육류 색소의 구조변화에 따른 색변화

제2절 육류의 사후경직과 숙성

1. 사후경직

'사후경직'은 도살 직후 육류가 일정한 시간이 지나면 근육이 굳어지는 현상이다. 이는 신장력이 떨어져 보수력이 저하되기 때문이다. 도살을 하면 산소의 공급이 제한되므로 글리코겐은 젖산으로 분해되어 근육의 pH가 저하되기 시작하면서 사후경직이 시작된다.

사후경직 rigor mortis

근육의 pH가 6.5로 저하되면 포스파타아제 작용으로 ATP가 분해되고, 근육은 액토미오신 상태로 수축되어 뻣뻣해지며 보수성과 신장성이 감소한다. pH가 5.4로 내려가면, 해당효소의 불활성화로 젖산 생성이 정지되고 더 이상 pH가 내려가지 않는다. 이 시기가 최대 사후경직 시기이다. 이 시기가 지나면 다시 pH가 상승하면서 단백질 분해효소가 활성화되어 근육을 분해하기 시작하며, 이때 맛성분이 생성된다.

포스파타아제 phosphatase

액토미오신 actomyosin

2. 숙성

숙성 aging

동물을 도살하여 방치하면 사후경직이 일어나고, 이 기간이 지나면 단백질 분해효소의 작용으로 자가소화가 되어 부드럽고 근육은 분해되어 크레아틴, IMP, 이노신산 등의 맛성분이 생성되어 맛이 좋아지게 되는데, 이 현상을 '숙성'이라 한다. 이때 숙성된 것은 선명한 붉은 색을 나타내며, 고기는 연화되고 육즙이 풍부하며 보수성이 증가한다.

숙성시간은 동물의 종류와 온도에 따라 다르나, 냉장온도에서는 10~20일이며, 0~4℃에서 소고기는 도살 후 10일, 돼지고기는 3~5일, 가금류는 12~24시간이며 온도가 낮을수록 숙성시간이 오래 필요하다. 숙성온도를 높이면 숙성속도는 빨라지나, 실온에서 숙성시키면 세균에 의해 부패하게 된다.

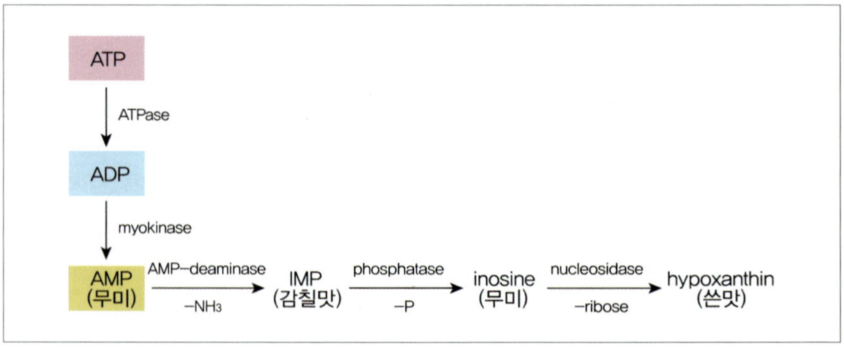

그림 8.5 ATP의 분해경로

제3절 육류의 조리

육회, 생선회를 제외하고는 대부분 가열을 해서 먹는데, 적당히 가열을 하면 위생상 안전하고 풍미도 좋아진다. 이러한 위생상의 내부온도는 65℃ 이상을 권장하고 있다.

1. 육류의 가열 조리원리

1) 건열요리

물을 사용하지 않고 건열 또는 직화로 고기를 조리하는 방법으로, 연한 부위에는 적합하나 장시간 가열해야 연화되는 콜라겐이 많은 결합조직에는 적합하지 않다. 운동량이 적은 연한 부위의 결합조직이 없고 얼룩지방이 적절히 분포된 등심, 안심, 염통, 콩팥, 간 등을 주로 구이로 이용하는데 적, 스테이크, 로스팅 등이 있다.

① 구이

대표적인 직접구이로 바로 굽는 직화구이, 바비큐, 숯불구이 등이 있다. 직화에 의해 고기 표면의 단백질이 응고되어 내부의 육즙 손실이 적고 단백질, 당질, 지방 분해물과의 메일라드 반응과 당류의 캐러멜화 등으로 색과 풍미가 좋아진다.

② 팬 구이

간접구이 방법으로 프라이팬이나 철판, 두꺼운 철냄비 등을 뜨겁게 달궈 굽는 것으로, 연한 부위의 육류조리에 적합하다. 전, 적, 철판구이, 스테이크 등이 있다.

③ 오븐 구이

오븐을 이용하여 고기를 굽는 방법으로 연한 부위의 고기가 적합하다. 익힌 정도에 따라 '레어(덜 익음)', '미디엄(중간 익음)', '웰던(잘 익음)'으로 나뉜다. 고기의 내부 온도가 높을수록 고기가 수축하여 수분과 지방의 손실이 일어나며, 육즙 함량이 감소하므로 적절한 온도로 가열해야 한다.

표 8.2 조리 시 육류의 내부온도와 특징

가열 정도	내부 온도(℃)	특 징
레어	58~60(60)	고기의 표면은 갈색이나, 안쪽은 붉은색으로 부드럽고 육즙이 많다.
미디엄	71~75(71)	고기의 표면은 갈색이나, 안쪽은 붉은색이 약간 남아 있고 육즙이 적다.
웰던	78~82(77)	고기의 표면과 안쪽이 갈색이고, 육즙이 아주 적고 많이 수축되었다.

레어
rare

미디엄
medium

웰던
well-done

2) 습열조리

물같은 액체를 이용하여 고기를 조리하는 방법으로, 장시간 가열이 가능하므로 비교적 질긴 부위의 조리법으로 적당하다. 결체조직 중의 콜라겐이 젤라틴화 되어 고기를 연하게 해주므로 결체조직이 많은 장정육, 양지육, 사태육, 업진육, 꼬리, 도가니 부위를 사용하여 탕, 찜, 장조림, 편육, 전골 등의 조리법으로 사용한다.

① 탕

처음부터 찬물에 고기를 넣고 비교적 저온인 중불에서 3~4시간 정도 끓여야 젖산, 아미노산, 핵산 분해물질 등의 추출물 성분이 국물에 용출되어 맛이 있다. 약간의 소금을 첨가하여 끓이면 염용성 성분들의 용출로 인해 국물맛이 더 구수해진다. 이때 생기는 거품은 맛과 잡냄새를 내므로 걷어내는 것이 좋으며 꼬리탕, 사골국, 백숙 등이 있다.

② 찜

'찜'의 경우, 먼저 고기를 데쳐서 기름기와 잡내를 없애고 물에 충분히 삶아 익힌 후 양념과 여러 고명을 넣고 끓이는 방법이다. 양념을 미리 넣어 조리하면 고기가 질기고 부드러운 맛이 나지 않기 때문이다. 소갈비, 소혀, 소사태, 돼지갈비, 닭고기, 브레이징, 닭찜 등이 쓰인다.

③ 장조림

지방질이 적고 근육섬유의 묶음이 많은 홍두깨살, 대접살, 우둔살, 사태 등을 주로 이용한다. 장조림도 고기를 먼저 충분히 삶은 후 간장을 넣어야 질겨지지 않는다. 처음부터 간장을 넣으면 삼투현상에 의해 고기의 육즙이 빠져나가 맛이 없어지고 질겨진다.

④ 편육

근육 표면의 단백질은 응고시키고, 수용성물질의 용출은 막아야 하므로 끓는 물에 고기를 넣고 끓여야 편육이 맛있다. 잡내를 없애기 위해서는 고기의 단백질이 응고된 후 향신채를 넣어준다. 소고기는 양지육, 사태, 우설, 우랑, 쇠머리, 콩팥, 족 등이 사용되고, 돼지고기는 삼겹살, 돼지머리, 족 등이 사용된다.

2. 가열에 의한 변화

1) 조직의 변화

열에 의한 성분의 변화는 영양가와 기호성 등에 중요한 요인이 된다. 고기의 지방은 융해되어 부드러워지고, 색과 풍미의 변화가 생긴다. 콜라겐은 가열에 의해 60~65℃에서 분해되기 시작하여 80~85℃ 이상에서 수용성인 젤라틴으로 분해되어 고기가 부드러워진다.

근섬유는 응고되면서 수분 및 지방성분의 손실로 인해 수축하게 되어 길이와 부피가 감소한다. 30℃ 이하에서는 액즙의 변화가 거의 없으나 가열온도가 높거나 장시간 지속되면 근육섬유는 수축하고 육즙이 빠져나와 중량과 보수성이 감소되어 질겨진다. 콜라겐이 적은 근육조직은 단시간 조리하고, 콜라겐이 많은 결체조직은 오래 가열해야 부드러워진다. 그러나 엘라스틴은 가열에 의해 연화되지 않는다.

2) 색의 변화

육류의 색소는 대부분 미오글로빈이 많으나 공기 중에 노출되면 산소와 결합해 옥시미오글로빈이 되었다가 숙성과정에서 메트미오글로빈으로 된다. 이때 고기의 색은 갈색으로 변하는데, 포장된 고기에서 찾아볼 수 있다. 이것을 가열하게 되면 단백질 부분인 글로빈이 변성되어 헤미크롬으로 되어 회갈색이 된다. 이는 고기를 불에 구울 때 볼 수 있는 색이다. 그러나 양념한 불고기 색의 변화는 단백질과 당의 갈변반응(메일라드반응)으로 비효소적 갈변작용에 해당된다.

메트미오글로빈 metmyoglobin
글로빈 globin
헤미크롬 hemichrome
메일라드반응 maillard reaction

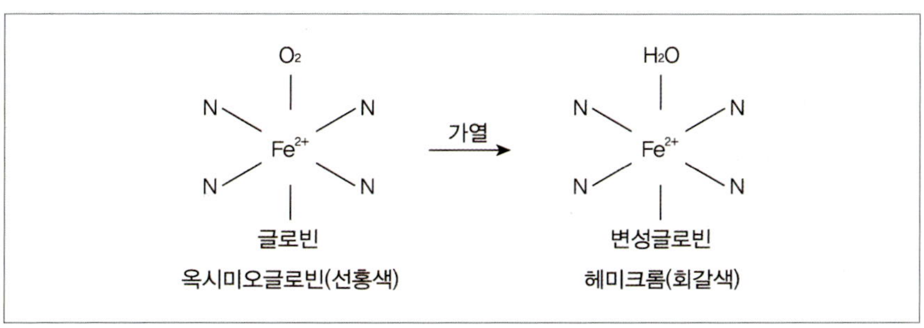

그림 8.6 가열 시 육류의 색소변화

3) 풍미의 변화

육류를 가열 조리할 때의 구수한 향을 내는데, 저분자 수용성물질인 아미노산이나 폴리펩티드, 유리지방산, 저분자 탄수화물 등에 의해서 생성된 것이다.

3. 고기의 연화

육절기 grinder

- 기계적 방법 : 근섬유의 길이와 반대방향으로 자르거나, 칼로 얇게 저미거나, 또는 잔칼집을 넣어준다. 그리고 망치로 두들기거나 육절기 같은 기계로 갈아내는 방법도 있다.
- 냉동법(동결) : 고기를 냉동하면 고기 속의 수분이 단백질보다 먼저 얼어서 용적이 팽창되어 조직이 파괴되어 연화된다.
- 가열법 : 사태육을 오래 끓이면 콜라겐이 젤라틴으로 변하기 때문에 연해진다.

브로멜린 bromelin

피신 ficin

파파인 papain

- 효소 첨가법 : 고기의 단백질을 분해하는 효소를 이용하는 방법으로, 파인애플의 브로멜린, 무화과의 피신, 파파이아의 파파인, 배즙, 무즙 등이 있다.
- 수소이온농도 조절법 : 보통 고기는 pH가 5~6인데, 가장 질긴 범위를 pH를 조절하여 연화시킬 수 있다. 고기에 와인, 토마토 페이스트, 식초, 레몬 등의 산성물질을 적절히 사용하면 고기의 pH가 산성으로 되어 육류 단백질의 수화능력이 커져서 고기가 연해진다.
- 수화에 의한 방법 : 소금을 적당히 사용하면 단백질의 수화력을 증가시켜 연화효과를 얻을 수 있다.(식염농도 : 1.3~1.5%가 가장 좋고, 5% 이상 시 탈수작용에 의해 고기가 오히려 질겨질 수 있다)
- 설탕 첨가법 : 적당한 양의 설탕 첨가는 단백질을 연화시키며, 효소의 활성을 높인다.

냉동화상

냉동화상 freezing burn

드립 drip

고기의 냉동보관 시 표면의 수분이 증발되면서 표면이 경화되고, 지방산화물에 의해 변색되는 현상을 '냉동화상(freezing burn)'이라고 한다. 또한 천천히 동결시킨 경우, 세포벽이 파괴되어 수분이 흘러나오고 해동할 때 육즙성분이 많이 흘러나오게 되는데, 이를 '드립(drip)' 현상이라고 한다.

1) 육량등급 판정기준

도체 후 먹을 수 있는 양이 어느 정도인가 판정한 것이다. 소 도체의 육량등급 판정은 등지방 두께, 배최장근 단면적, 도체의 중량을 측정하여, A, B, C의 3등급으로 구분한다.

표 8.3 육량등급 판정

육량등급	육량지수
A	67.50 이상
B	62.00 이상~67.50 미만
C	62.00 미만

자료 : 축산물 품질평가원 www.ekape.or.kr

육량지수 = 68.184 − [0.625 × 등지방 두께(mm)] + [0.130 × 배최장근단면적(cm^2)] − [0.024×도체중량(kg)]

* 단, 한우도체는 3.23을 가산하여 육량지수로 한다.

2) 육질등급 판정기준

고기의 맛을 좌우하는 요소는 지방 함량, 지방의 분포상태 및 분포위치 등이 있다. 우리나라에서 실시하는 소 도체의 육질등급 판정은 근내 지방도, 육색, 지방색, 조직감, 성숙도에 따라 5등급으로 구분한다.

근내 지방도
marbling

표 8.4 육량등급 판정

구분		육질등급					등외
		1^{++}등급	1^{+}등급	1등급	2등급	3등급	
육량등급	A등급	1^{++}A	1^{+}A	1A	2A	3A	
	B등급	1^{++}B	1^{+}B	1B	2B	3B	
	C등급	1^{++}C	1^{+}C	1C	2C	3C	
		등외		D			

제4절 소고기

1. 소고기의 부위와 조리

'소고기(beef)'는 부위에 따라 맛과 그 특징이 다르다.(표 8.5 참조) 소고기는 보통 2~3년 사육된 암소나 거세한 수소를 이용하는데, 담적색을 띠고 근섬유가 가늘며 지방이 적은 편이다. 수분이 많고 육질이 부드러우며 담백한 맛을 주지만, 엑기스분이 적어 풍미는 떨어진다.

습열조리법 moisture heat method

건열조리법 dry heat method

소고기의 부위별 명칭은 그림 8.7과 같다. 운동량이 많은 목심, 양지, 사태 등의 부위는 결체조직이 많아 질기나, 움직임이 적은 안심, 등심 등의 부위는 결체조직이 적어 연하다. 질긴 부위는 물과 함께 장시간 가열하는 '습열조리법'이 적당하고, 연한 부위는 '건열조리법'이 적당하다.

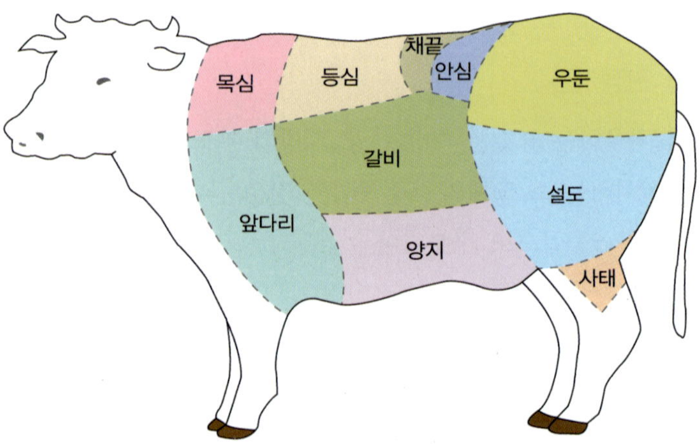

그림 8.7 소고기의 부위별 명칭

표 8.5 소고기의 부위별 특징 및 이용

대분할 부위 명칭	소분할 부위 명칭 및 특징	이 용
안심 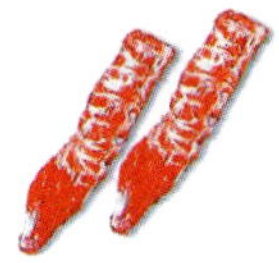	**안심살** • 등심 안쪽에 위치한 부위로서 가장 연하다. • 고깃결이 곱고 지방이 적어 담백하다. • 소고기 중 양이 적은 부위로 귀하다. • 얼룩지방과 근막이 형성되어 있는 최상급 고기이다.	고급스테이크 로스구이 전골
등심 	**윗등심살, 아랫등심살, 꽃등심살, 살치살** • 갈비 위쪽에 붙은 살로 안심, 채끝과 함께 상급 고기이다. • 육질이 곱고 연하며 지방이 적당히 섞여 있어 맛이 좋다. • 결 조직이 그물망 형태로 연하여 풍미가 좋다.	로스구이 샤브샤브용
채끝 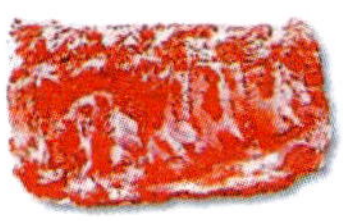	**채끝살** • 등심과 이어진 부위의 안심을 에워싸고 있다. • 육질이 연하고 지방이 적당히 섞여 있다. • 등심보다는 지방이 적고 살코기가 많다.	로스구이 샤브샤브용 불고기 국거리
목심 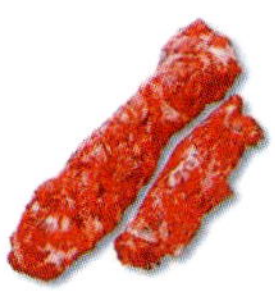	**목심살** • 등심보다 약간 질기다. • 운동량이 많기 때문에 지방이 적고 결합조직이 많아 육질이 질기며 젤라틴이 풍부하다.	스테이크, 구이 불고기 장조림
앞다리 	**꾸리살, 갈비덧살, 부채살, 앞다리살, 부채덮개살** • 설도, 사태와 비슷한 특징이 있다.	육회 스튜 탕 장조림 불고기 카레소스

대분할 부위 명칭	소분할 부위 명칭 및 특징	이 용
우둔 	**우둔살, 홍두깨살** • 지방이 적고 살코기가 많다. • 다리살의 바깥쪽 부위로 살결이 거칠고 약간 질기나 지방 및 근육막이 적은 살코기로 맛이 좋고 젤라틴이 풍부하다.	산적 장조림 육포 불고기 육회
설도 	**보섭살, 설깃살, 도가니살, 설깃머리살, 삼각살** • 앞다리, 사태와 비슷한 특징이 있다.	육회 산적 장조림 육포 편육 불고기, 전골
양지 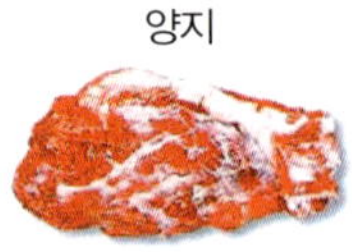	**양지머리, 업진살, 업진안살, 차돌박이, 치마살, 치마양지, 앞치마살** • 어깨 안쪽 살부터 복부 아래까지의 부위로 육질이 질기고 근막이 형성되어 있다. • 오랜 시간에 걸쳐 끓이는 조리를 하면 맛이 매우 좋다. • 업진육은 옆구리 늑골을 감싸고 있는 부위로 근육조직과 지방조직이 교대로 층을 이룬다. 치마살은 섬유질이 길게 발달되어 있어 육개장에 결대로 찢어서 사용한다.	국거리 스튜 분쇄육 장조림 구이
사태 	**앞사태, 뒷사태, 뭉치사태, 아롱사태, 상박살** • 다리오금에 붙은 고기로 결합조직이 많아 질긴 부위이다. 콜라겐이나 엘라스틴 등이 많아 질기지만 가열하면 젤라틴이 되어 부드러워진다. • 장시간 물에 넣어 가열하면 연해진다. • 기름기가 없어 담백하면서도 깊은 맛이 난다. • 사태 부위에서 가장 큰 근육을 아롱사태라고 한다.	육회 탕 스튜 찜 장조림
갈비 	**갈비, 마구리, 토시살, 안창살, 제비추리, 불갈비, 꽃갈비, 참갈비, 갈비살** • 조금 질길 수도 있으나 맛이 좋다. • 갈비 안쪽에 붙은 고기로 육질이 가장 부드럽고 연하다. • 고기의 두께가 조금 얇고 얼룩지방과 근막이 형성되어 있는 최상급 고기이다.	갈비구이 찜 탕 구이

표 8.6 소의 내장물

소머리(head)	뇌(brain)	소혀(tongue)
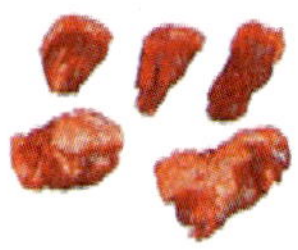	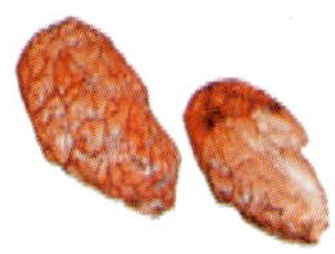	
• 소머리고기는 두개골에 남은 고기로 피부와 털을 제거하고 장시간 끓여 먹는다. • 소머리편육과 탕에 이용한다.	• 골을 둘러싼 얇은 막을 제거한 후 사용한다. • 전이나 찜 등을 하는데 익은 후에는 매우 부드러운 질감을 갖는다.	• 혀뿌리, 혀날이 부착된 상태로 판매되며, 깨끗이 씻은 후 끓는 물에 삶아 혀의 껍질 부분을 제거한 후 사용한다. • 우설편육과 전골에 이용한다.
심장(heart)	신장(kidney)	간(liver)

• 혈관과 혈액을 제거하고 잘 손질하여 조리한다. • 구이로 이용한다.	• 혈관과 지방을 제거하고 끓는 물에 데친 후 조리한다. • 구이로 이용한다.	• 피막을 제거하고 우유에 담가 비린 맛을 없앤다. • 신선한 것은 회로 먹을 수 있으나 대체로 볶거나 전을 해서 먹는다.
소장(small intesting)	대장(large intesting)	떡심(back strap)
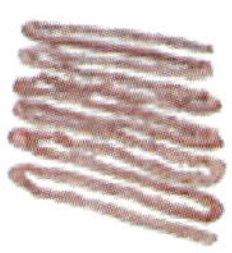	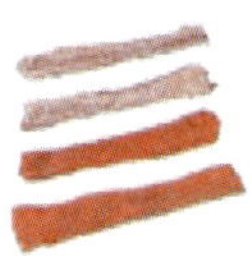	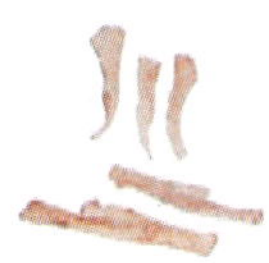
• 지방조직을 자르고 밀가루로 잘 씻어 냄새를 제거한다.	• 지방조직을 자르고 밀가루로 잘 씻어 냄새를 제거한다. • 구이로 이용한다.	• 등심 사이에 들어 있다. • 떡심채 등으로 이용한다.
반추위 제1위(rumen)	벌집양 제2위(honey comb tripe, reticulum)	처녑 제3위(bible tripe, omasum)
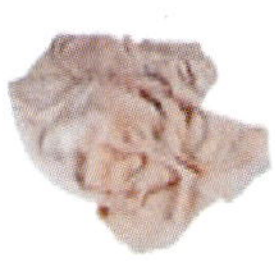		
• 반추동물 위 중에서 가장 크다.	• 소의 제2위이다. • 즙, 탕에 이용한다.	• 소의 제3위이다. • 회, 전에 이용한다.

제5절 돼지고기

돼지는 동물성 단백질을 가장 많이 생산 공급하는 가축으로, 다른 가축에 비해 도축률이 높아 중요한 식육자원이다. '돼지고기(pork)'는 연한 분홍색을 띠며 탄력이 있고 근육 사이사이에 흰색지방이 잘 낀 마블링을 형성한 것이 좋으며, 지방은 흰색을 띤 것이 좋다. 생육 이외에 편육, 보쌈, 김치찌개, 빈대떡에 쓰이며 햄, 소시지, 베이컨 등의 가공육으로도 많이 이용되고 있다.

1. 돼지고기의 부위별 특징 및 이용

표 8.7 돼지고기의 부위별 명칭 및 용도

대분할 부위명 (7개 부위)	소분할 부위명(22개 부위)	용 도
안심	안심살	스테이크, 로스구이, 구이, 탕수육
등심	등심살, 알등심살, 등심덧살	폭찹, 돼지불고기, 돈가스, 스테이크
목심	목심살	돈가스, 잡채
앞다리	앞다리살, 앞사태살, 항정살	구이, 돼지불고기, 편육, 찌개
뒷다리	볼기살, 설깃살, 보섭살, 도가니살, 뒷사태살, 홍두깨살	돼지불고기, 찌개, 편육, 완자, 돈가스, 장조림, 탕수육
삼겹살	삼겹살, 갈매기살, 등갈비, 토시살, 오돌삼겹	로스구이, 베이컨, 편육
갈비	갈비, 갈빗살, 마구리	찜, 구이, 바비큐

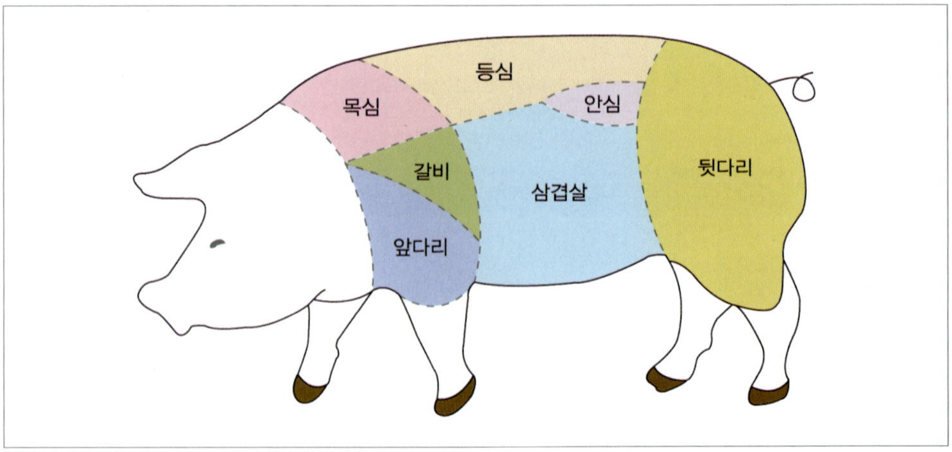

그림 8.8 돼지고기의 부위별 명칭

표 8.8 돼지고기의 부위별 특징 및 이용

부위	특 징	이용
목심 	• 등심에서 목쪽으로 이어지는 부위로서 여러 개의 근육이 모여 있다. • 근육막 사이에 지방이 적당히 박혀 있어 풍미가 좋다.	구이
등심 	• 표피 쪽에 두터운 지방층이 덮인 긴 단일 근육으로서 돼지고기 중 고기의 결이 고운 편이다. • 지방이 거의 없으며 방향이나 진한 맛이 없고 담백하다.	폭찹 돈가스 스테이크
갈비 	• 옆구리 늑골(갈비)의 첫 번째부터 다섯 번째 늑골 부위를 말하며 근육 내 지방이 잘 박혀 있어 풍미가 좋다.	바비큐 불갈비 갈비찜
안심 	• 허리 부분의 안쪽에 위치하며 안심 주변은 약간의 지방과 밑변의 근막이 형성되어 있고 육질은 부드럽고 연하다.	탕수육 로스구이 스테이크
앞다리 	• 어깨 부위의 고기로서 안쪽에 어깨뼈를 떼어 낸 넓은 피막이 나타난다.	불고기 찌개 수육(보쌈)
삼겹살 	• 갈비를 떼어 낸 부분에서 복부까지의 넓고 납작한 모양의 부위이다. • 근육과 지방이 삼겹의 막을 형성하며 풍미가 좋다.	구이 베이컨(가공용)
뒷다리 	• 볼기 부위의 고기로서 살집이 두터우며 지방이 적은 편이다.	튀김 불고기 장조림

제6절 가금류

가금류 또는 조육류로써 닭, 오리, 칠면조, 꿩, 거위, 메추리 등이 식용으로 쓰이고 있다. 우리나라에서는 닭이 주로 사용되는데, 최근 오리의 섭취량이 증가하고 있다.

'가금류'는 경제적인 단백질 급원이며 비타민 B_1, B_2 등 수용성비타민 함량이 풍부하고, 지방의 함량이 적어 칼로리가 낮으며 불포화지방산의 함량이 65%로 높아 융점이 낮으므로, 식은 후에도 섭취할 수 있어 샐러드와 같은 냉채에도 잘 어울린다.

오리의 일반성분 함량은 닭고기와 유사한데, 비타민 B군이 더 많고 닭에 비해 콜레스테롤이 적으며 불포화지방의 함량이 많다. 조류의 사후경직도 육류와 유사하다. 도살 후 가슴살은 30~60분 후, 다릿살은 15~30분 후에 사후경직 현상이 나타나며 4~5시간이 지나면 사후경직이 풀린다. 칠면조는 다소 길어 12시간 정도가 걸린다. 조류도 사후경직이 지난 후에 조리하는 것이 바람직한데, '건열조리'에는 브로일링, 프라잉, 로스팅 등이 있으며, '습열조리'로는 성숙한 조육류가 적합하며 백숙 등이 있다.

표 8.9 닭고기의 부위별 특징 및 이용

부위	특 징	이용
가슴살 	• 지방이 매우 적어 맛이 담백하고 근육섬유로만 되어 있다. • 회복기 환자 및 어린이 영양 간식에 적합하며 특히 칼로리 섭취를 줄이고도 영양 균형을 이룰 수 있다.	튀김 볶음 조림
날갯살 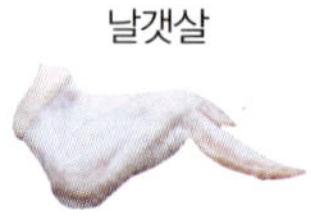	• 살은 적으나 뼈 주위에 펙틴질이 많아 육수를 만들면 감칠맛이 있다. • 피부 노화를 방지하고 피부를 윤택하게 해주는 콜라겐 성분이 다량으로 함유되어 있다. • 맛이 좋아 장조림이나 튀김요리에 많이 활용되고 있다.	튀김 볶음 조림
안심 	• 가슴살 안쪽의 고기로 담백하고 지방이 거의 없다.	육회 육개장
다릿살 	• 운동을 많이 하는 부위로 탄력이 있고 육질이 단단하며 근육의 색이 짙어 맛이 좋다. • 지방과 단백질이 조화를 이루어 쫄깃하다.	튀김 볶음 조림 구이용

Exercise

1 근육 수축 시에는 (　　　　　)이 당겨져 근육의 길이가 짧아지고, 근육 이완 시에는 반대의 작용이 되풀이되어 지속적인 활동이 수행되어진다. 이 과정에서 (　　　　　)이라는 새로운 단백질이 형성된다.

2 (　　　　)은 직선상의 가는 섬유상으로 장시간 물로 가열하면 수용성의 젤라틴으로 변하는데, 젤라틴으로 많이 변할수록 고기는 연해진다.

3 다음 고기의 색의 변화를 쓰시오.
- 신선한 고기
- 공기 중에 방치된 고기
- 오랫동안 방치된 갈색고기
- 조리된 회갈색고기

4 육류를 사후경직이 완전히 끝나기 전에 동결시키면 어떠한 부작용이 생길 수 있는지 설명하시오.

5 단백질 분해효소의 작용으로 자가소화가 되어 부드럽고, 근육은 분해되어 크레아틴, IMP, 이노신산 등이 생성되어 맛이 좋아지게 되는데, 이 현상을 (　　　　　)이라 한다.

6 육류의 드립(drip) 현상을 설명하시오.

7 소고기의 굽는 정도에 따른 텍스처의 변화를 결합조직의 관점에서 설명하시오.

8 조리법에 맞는 부위를 쓰시오.
- 탕, 국
- 편육
- 장조림
- 찜

9 고기 연도와의 관련인자를 4개 이상 쓰시오.

10 가금류는 식은 후에도 섭취할 수 있어 샐러드와 같은 냉채에도 잘 어울리는데, 그 이유를 쓰시오.

Cooking Principles

COOKING 09

PRINCIPLES

CHAPTER 09

어패류 Fishes and Shellfishes

'어패류'는 1990년대부터 꾸준히 공급량이 증가하고 있어 수산물의 소비가 증가하고 있다. 어패류는 동물성 단백질의 급원이면서 불포화지방산을 함유하고 있어 혈관 질환에 유익한 것으로 인식되면서 섭취량이 증가되고 있다. 또한 계절에 따라 다양하게 공급되는 어패류의 구수한 맛과 향은 수조육류와는 또 다른 깊은 풍미를 제공해준다. 그러나 수산물은 계획 생산이 매우 어렵고, 축산물에 비해 수분이 많고 조직이 연하며, 세균에 오염되기가 쉬워 변질과 부패의 위험이 크다. 또한 어류는 대개 내장이 있는 상태로 유통되기 때문에 자기소화에 의한 부패가 빨리 진행되므로, 농산물에 비해 가격 및 공급량의 변동이 매우 큰 편이다.

어패류
fishes and shellfishes

어패류에는 어류, 연체류, 갑각류, 조개류 등이 있다.

제1절 어패류의 분류

어패류는 생물학적으로 어류, 패류, 갑각류, 연체류로 나눈다.

1. 어패류의 종류

1) 서식장소에 따라

어류
fish

해수어
sea fish

담수어
freshwater fish

일반 어류는 서식장소에 따라 '해수어'와 '담수어'로 나뉘며, 해수어는 바다 깊은 곳에 서식하고 운동량이 적으며 지방 함량이 낮고 살코기가 백색인 흰살 생선과, 해저 가까이 서식하고 운동량이 많으며 지방 함량이 높고 살코기가 적색인 붉은살 생선으로 나뉜다. 도미, 민어, 광어, 조기 등은 흰살 생선이고, 꽁치, 고등어, 정어리 등은 붉은살 생선이다. 그리고 담수어에는 잉어, 메기, 붕어, 송어 등이 있다.

2) 지방 함량에 따라

각각의 어류는 지방 함량에 따라 저지방 생선, 중지방 생선, 고지방 생선으로 나누어진다. 지방이 적은 어류는 어선, 어채, 어만두, 생선전 같은 음식에 적합하며, 지방이 많은 어류는 구이에 적합하다. 대구는 저지방 고단백 어류이며, 숭어는 고지방 저단백 어류에 속한다.

표 9.1 담수어와 해수어의 특징

분류	특 징	
해수어	흰살 생선	• 지방을 5% 미만 함유하고 있다. • 깊은 바다 속에 살고 있으며, 운동량이 적고 담백하다. • 도미, 광어, 조기, 민어, 갈치, 준치
	붉은살 생선	• 지방을 5～10% 함유하고 있다. • 바다 표면에 살며, 운동량이 많다. • 고등어, 꽁치, 참치
담수어	메기, 가물치	

표 9.2 어류의 지방량별 분류

구분	종 류
저지방(5% 미만)	명태, 홍어, 대구, 도미, 가오리, 조기, 복어, 광어, 아지, 숭어 등
중지방(5～15%)	갈치, 삼치, 잉어, 병어, 우럭, 민어, 도루묵, 전갱이, 멸치, 붕어, 연어, 메기 등
고지방(15% 이상)	고등어, 붕장어, 꽁치, 전어 등

2. 패류의 종류

'조개류'는 딱딱한 외피에 싸여 있으며, 내부는 절이 없는 연한 조직을 가지고 있는데, 타우린이 다량 함유되어 있다. 대합, 모시조개, 굴, 소라, 가리비, 우렁, 바지락, 전복, 홍합 등이 있다.

타우린 taurine

3. 갑각류의 종류

'갑각류'는 키틴질의 마디가 있는 딱딱한 외피 속에 연한 근육이 들어 있으며, 여러 조각의 마디로 구분되어 있다. 게, 왕게, 새우, 가재 등이 있다.

키틴질
chitinous substance

4. 연체류의 종류

'연체류'는 몸에 뼈가 없고 부드러운 육질로 되어 있으며 마디가 없다. 문어, 오징어, 낙지, 해파리, 해삼, 꼴뚜기 등이 있다.

제2절 어패류의 맛과 성분

1. 어패류의 맛

어류의 맛은 산란 환경, 연령, 성별, 어장, 부위, 선도, 먹이 등에 따라 다르다. 어류는 일반적으로 산란기 전에가 맛이 좋으며, 맛이 계절적으로 좋은 계절도 있다. 그리고 제철생선은 생으로 먹고 또는 굽거나 삶아서 먹는다.

(1) 겨울과 봄에 산란하는 것

빙어, 삼치, 전어, 메기, 병어, 조기, 돔다랑어, 넙치, 가자미, 오징어, 문어, 정어리 등이 있다. 이들은 늦가을 또는 한겨울부터 이른 봄에 걸쳐 기름이 올라 맛이 좋다.

(2) 여름에 산란하는 것

그 해의 봄에 맛이 좋은데, 날치와 성게 등이 여기에 속한다. 다랑어, 방어, 고등어, 복어 등은 산란기 때에 맛이 급속히 떨어진다.

(3) 가을에 산란하는 것

여름에 맛이 좋은데 은어, 농어, 돔, 취노래미, 전복, 미꾸라지, 갯장어, 보리멸치,

아지, 가다랭이 등이 여기에 속한다.

2. 어류의 성분

1) 단백질

라이신 lysine

'단백질'은 15~24% 정도를 함유하며 단백가가 80으로 육류보다 높다. 특히 라이신이 풍부해 곡식을 주식으로 하는 식생활에 필수아미노산을 보완해 줄 수 있다. 어두일미(漁頭一味)라고 머리 부분에 단백질 함량이 높으며, 배 부분에는 지방 함량이 높다. 단백질의 약 70%가 섬유상 단백질이며, 어육 단백질은 소금에 녹는 성질이 있어 생선살에 2~3%의 소금을 넣어 어묵의 형성에 이용된다.

2) 지방

고도불포화지방산 highly unsaturated fatty acid

지방 함량은 생선의 꼬리나 배쪽에 많이 분포되어 있다. 지방 함량은 0.1~22%를 함유하며, 어류의 지질은 불포화지방산이 80%를 차지한다. 특히 정어리, 참치, 고등어 같은 등푸른생선에는 고도불포화지방산 중 EPA와 DHA는 많으며, 이는 ω-3계 지방산으로 섭취하면 체내 생리적 기능이 많아 동맥경화, 심근경색 등 현대인의 생활습관병 예방에 매우 좋다. 그러나 고도의 불포화지방산은 공기 중의 산소와 결합하면 산화 분해되기 쉬우므로 산화 변패를 주의해야 한다. 제철생선과 산란 1~2개월 전의 어류는 지질 함량이 가장 많고, 산란 후에는 지질과 단백질 함량이 줄며 수분 함량이 많아져서 맛이 떨어진다. 이렇게 수분 함량과 지방 함량은 반비례한다.

3) 탄수화물

글리코겐 glycogen

젖산 lactic acid

생선의 근육 중에는 당질 함량은 1% 이하로 극소량의 글리코겐이 있으나, 사후 젖산으로 분해되어 감칠맛을 낸다.

4) 비타민, 무기질

어유 fish oil

간유 liver oil

생선에는 무기질, 비타민 A, 비타민 B_1, 비타민 B_2, 나이아신 등이 있으며, 특히 어유와 간유에는 비타민 A와 D 함량이 풍부하다.

5) 맛 성분

어류의 지미성분 중 대부분은 중요한 핵산성분인 이노신산으로, 어류의 구수한 감칠맛이 가장 중요한 요인이다. 어류의 맛 성분으로는 수용성 성분인 글리신, 알라닌, 프롤린, 글루탐산 등의 유리아미노산이 있으며 ADP, AMP, IMP 등의 뉴클레오티드가 있다. 이들이 함께 존재할 때 가장 맛있으며 호박산, 젖산 등과 같은 유기산도 감칠맛을 낸다. 베테인은 시원한 단맛을 주며 트리메틸아민옥시드(TMAO)는 감미를 낸다. 또한 다랑어같은 붉은살 생선에는 히스티딘과 카노신 등의 이미다졸 화합물이 함유되어 있다. 지방성분이 많은 붉은살 생선은 이노신산과 히스티딘 함량이 많아 흰살 생선보다 농후한 맛을 내며 흰살 생선은 크레아틴 함량이 많아 담백하다. 오징어의 구수한 맛은 트리메틸아민 옥시드, 타우린, 베테인, 프롤린 등에 의한 것이다.

이노신산 inosinic acid
베테인 betaine
트리메틸아민옥시드 TMAO : trimethylamine oxide
히스티딘 histidine
카노신 carnosine
프롤린 proline

표 9.3 맛 성분의 종류와 분포

맛성분	종 류	분 포
유리아미노산	글리신, 알라닌, 프롤린, 글루타산 등	어류
뉴클레오티드	ADP, AMP, IMP 등	어류
저분자 질소화합물	트리메틸아민 옥시드(TMAO), 베테인	어류
이미다졸 화합물	히스티딘, 카노신, 안세린	가다랭이와 다랑어, 고래
유기산	호박산, 젖산	어패류

6) 어취

신선한 바닷물고기 내에 있는 트리메틸아민 옥시드(TMAO)가 세균에 의해 환원되어 트리메틸아민(TMA)을 생성해 불쾌한 냄새가 나게 된다. 민물고기의 비린내는 피페리딘과 아세트알데히드가 축합한 것이다.

생선은 신선도가 떨어지면 트리메틸아민(TMA)의 양이 증가하고, 생선 내에 존재하던 요소가 세균에 의해 분해되어 암모니아가 생성되어 불쾌한 냄새를 내며, 부패하면 황화수소(H_2S), 인돌, 스카톨, 메틸머캅탄, 지방산 등이 생성되어 악취를 낸다. 오징어의 냄새는 황화수소와 암모니아, 피페리딘 등에 의한다.

트리메틸아민 TMA : trimethylamine
암모니아 ammonia
인돌 indole
스카톨 scatole
메틸머캅탄 methylmercaptane
지방산 fatty acid

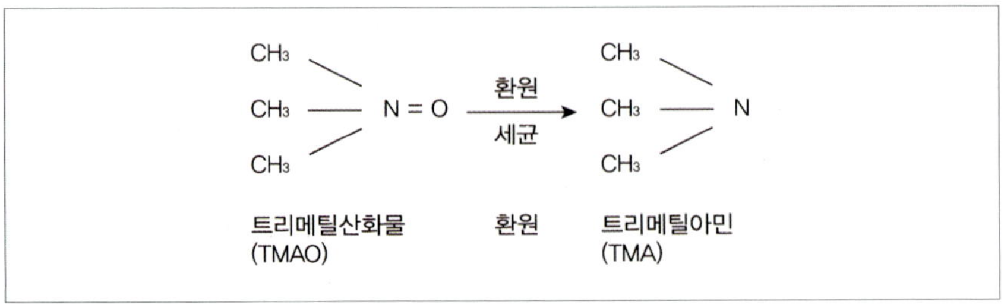

그림 9.1 트리메틸아민(TMA)의 생성과정

7) 색소

헤모글로빈 hemoglobin
미오글로빈 myoglobin
사이토크롬 cytochrome
카로티노이드 carotinoid
메트미오글로빈 metmyoglobin
아스타크산틴 astaxantine
아스타신 astacin
구아닌 guanine
요산 uric acid

어육의 색소는 헤모글로빈, 미오글로빈, 사이토크롬의 수용성 색소단백질과 지용성의 카로티노이드가 있다. 붉은살 생선은 미오글로빈 함량이 많은데, 미오글로빈은 적자색이고, 옥시미오글로빈은 선명한 적색이다.

생선을 공기 중에 방치하면 옥시미오글로빈이 서서히 산화되어 적갈색인 메트미오글로빈을 형성한다. 이때는 선도가 떨어지므로 식용으로는 좋지가 않다. 연어, 송어 등의 어류와 새우, 게, 바닷가재 등의 적색에도 아스타크산틴이라는 카로티노이드계 색소가 포함되어 있는데, 구조적으로 비타민 A가 될 수 없다.

새우, 게를 가열하면 아스타크산틴과 결합해 있던 단백질이 변성하여 아스타크산틴이 유리된다. 이 아스타크산틴은 가열하면 산화되어 선홍색의 아스타신으로 변한다. 어피의 검은색이나 오징어의 먹물은 멜라닌에 의한 색이며, 갈치 같이 어피가 은빛이 도는 것은 구아닌과 요산이 섞인 침전물이 빛을 굴절 반사하기 때문이다.

3. 어육의 사후경직

생선의 근육도 다른 동물의 근육과 같이 근섬유가 치밀하게 모여 있으며, 사후경직을 일으키고 사후경직 후 시간이 경과하면 자기소화와 부패가 일어난다. 그래서 단단한 근육이 물러지게 된다.

자가소화 autolysis

어류의 사후경직은 사후 1~7시간에 시작되어 5~22시간 동안 지속된다. 사후경직 이후 어육이 물러지기 시작하고 어육의 단백질 분해효소의 작용으로 어육 단백질이 분해되기 시작하는데, 이것을 '자가소화'라고 한다.

사후경직 후 자가소화의 시기는 적색어류의 경우는 백색어류보다 빨리 오고, 담수어가 해수어보다 더 빨리 부패한다. 어육은 수육보다 그 조직이 연해서 자가소화가 일어나면 맛이 저하되고 세균의 침투가 쉬워 악취를 내면서 부패된다. 어육은 아가미와 내장에 많은 세균이 존재하므로 죽자마자 바로 내장을 제거해야 한다. 오징어의 경우, 부패하면 색소가 살로 번져 갈색이 되고, 내장은 세균에 의하여 부패되어 터져서 살의 내부가 황갈색이 된다.

또한 사후경직 이후 숙성과정 중에 생기는 글리신, 알라닌, 글루탐산과 IMP는 진미를 주어 맛은 향상되나 근육은 물러지므로 자기소화 이전에 조리하는 것이 바람직하다.

글리신 glycine

알라닌 alanine

글루탐산 glutamic acid

4. 어류의 신선도 판정과 선택

어류는 사후경직 후 자기소화가 일어나며 동시에 부패가 진행되기 시작하면서 선도가 떨어진다. 선도는 식품가치를 결정하는 가장 중요한 요인이며, 관능적인 방법과 과학적인 방법에 의하여 어류의 선도를 판정한다. 어류의 선별방법은 '관능검사법', '세균학적 판정법', '화학적 판정법'이 있다.

1) 관능검사법

- 색이 선명하고 광택이 있는 것이 좋다.
- 비늘이 고르게 밀착되어 있는 것이 좋다.
- 고기가 연하고, 근육과 복부는 탄력성이 있어야 하며 살이 뼈에서 쉽게 떨어지지 않는다.
- 신선한 것은 물에 가라앉고, 오래된 것은 물에 뜬다.
- 눈이 투명하며 외부로 돌출하고, 아가미가 선홍색인 것이 좋다.

2) 이화학적 선도판정법

어육의 부패 시 생성되는 물질을 정량하여 부패 정도를 판단하는 것이다. 암모니아, 트리메틸아민, 휘발성 염기질소의 양 측정법, ATP 분해생성물 측정법, 인돌, 휘발성 유기산, 히스타민 정량을 분석하는 방법 등이 있다.

3) 세균학적 선도판정법

어체의 세균수를 측정하고 그 번식 정도에 따라 진행상황을 판정하는 방법으로, 어패류의 오염지표로써 활용한다.

5. 생선의 조리 시 변화

1) 젤리틴화, 열응착성, 탈수

(1) 젤라틴화

젤라틴화
gelatinization

생선의 근원섬유를 둘러싸고 있는 단백질은 콜라겐인데, 40~50℃에서 수축되기 시작하고 '젤라틴화' 된다. 생선 근절은 얇은 격막에 의하여 연결되어 있는데, 근절과 격막을 구성하고 있는 단백질은 가열에 의하여 젤라틴화 하여 용해되므로 근절이 떨어지기 쉽기 때문에 생선살이 하나씩 떨어져 나가 부서지기가 쉽다. 또한 생선껍질에는 콜라겐이 풍부하므로 가열로 인해 젤라틴화 되고 껍질은 수축하게 된다. 따라서 수축이 덜 일어나도록 칼집을 넣어주는 것이 좋다.

생선을 통째로 구울 때 모양을 반듯하게 하려면 껍질에 칼집을 넣어주고, 살쪽 면부터 굽는 것이 좋다. 콜라겐이 용해될 때 지방도 함께 용해되어 나오며, 구이를 할 때에는 지방이 독특한 풍미를 제공한다.

(2) 열 응착성

석쇠나 프라이팬을 이용하여 구이를 할 때, 생선은 '열 응착성'이 있어서 가열에 의해 생선이 도구에 달라붙어 생선살이 부서지거나 껍질이 벗겨진다. 따라서 도구를 먼저 달군 후 기름을 칠해서 기름막을 형성한 후 생선을 올려놓아야 살이 도구에 달라붙어 응고하는 것을 막을 수 있다.

(3) 탈수

탈수
dehydration

근육단백질은 50℃에서부터 근육이 응고하고 수축하여 '탈수'되기 시작하며, 살은 더 단단해지고 중량이 감소한다. 센불에서 오래 가열하면 탈수되어 중량이 많이 감소되어 질겨지고 풍미도 함께 떨어진다. 저온에서부터 탈수하기 시작하므로 조리 시

센불에서 먼저 표면을 응고시킨 후 약한 불에서 속까지 익혀야 단백질용출을 줄일 수 있다. 오징어는 탈수가 많이 일어나므로 오래 가열하면 살이 단단하고 질겨지므로 끓는 물에 살짝 데치는 것이 바람직하다. 또한 오징어의 단백질은 물에 잘 녹는 성질이므로 데치는 시간이 길면 단백질이 물에 많이 용해된다.

생선의 선도가 떨어질수록 무게 감소가 많다. 붉은살 생선은 가열에 의해 생선무게의 20~25%, 오징어나 문어는 30~40% 정도로 탈수하여 중량 감소가 일어난다.

미오신
myosin

액틴
actin

액토미오신
actomyosin

2) 소금에 의한 변화

생선에 '소금'을 첨가하는 목적은 간을 맞추기 위함과 소금에 절여 자반, 젓갈 등으로 이용하려는 것이다. 생선의 근원섬유 단백질은 염용성이므로 소금을 첨가했을 때 용해되어 수분이 빠져나가고 생선살이 단단해지며 투명해진다. 국을 끓일 때에 소금으로 간을 하고 생선을 넣게 되면 생선의 맛 성분들이 용출되어 구수하고 시원한 맛을 낼 수 있다. 또한 구이를 하기 전에 2~3%의 소금을 뿌려두었다가 구우면 단백질 변성으로 응고되어 모양이 잘 유지된다. 비린 냄새 또한 소금의 성분과 결합 용출되어 냄새를 줄일 수 있다.

소금의 농도가 2% 이상에서는 미오신과 액틴이 용출되고 서로 결합하여 큰 분자인 액토미오신을 형성한다. 액토미오신은 복잡한 구조를 가진 실 모양의 분자로서 그들이 서로 엉김으로써 점도가 높은 졸이 된다. 이 액토미오신 분자가 서로 엉겨 입체적 망상구조를 형성하면 겔이 되어 굳는다.

소금의 양은 생선무게의 3% 정도가 적당하며 설탕, 녹말, 맛술 등을 넣어 반죽해주면 점성상태가 되고, 이것을 가열하면 탄력성 있는 겔을 형성하여 어묵이 된다.

젓갈은 14~20% 정도의 소금을 넣는데, 고농도의 소금을 넣으면 액틴과 미오신이 액토미오신을 결합할 수 없을 정도로 많기 때문에 용출량이 감소하여 점도가 크게 저하된다. 어육의 수분은 소금으로 대치되고, 단백질은 응고되어 부패되지 않고 오래도록 저장할 수 있다. 숙성되는 동안 구성단백질이 가수분해 되어 유리아미노산과 핵산 관련 물질이 생성되어 구수한 맛과 독특한 향미를 가진다.

3) 생선의 조리

생선은 조리하기 전에 비늘을 긁어내어 제거하고 머리, 지느러미와 껍질도 제거한다. 전어, 동태, 대구 등은 머리째 사용하기도 하나 대부분 제거하고, 비늘이 없는 등 푸른생선들은 그대로 씻어서 사용하며, 도미나 민어처럼 비늘이 매우 단단한 생선들은 전용도구를 사용하기도 한다.

알과 곤이를 제외하고 내장은 모두 제거하고 먹지 않는다. 특히 복어의 경우에는 알은 독성이 있으므로 먹지 않는데, 오징어는 껍질이 4개의 층으로 되어 있는데, 1층과 2층은 색소포가 있으며 안쪽부터 진피, 다핵층, 색소층, 표피로 되어있고, 진피만 섬유가 세로 방향이다. 4층은 콜라겐 섬유로 매우 질기고, 근육섬유와 직각으로 교차하여 근육을 고정시켜 준다. 따라서 오징어를 가열하면 근육섬유와 콜라겐이 수축하여 둥글게 오그라들게 되는데, 오징어는 근섬유가 가로방향으로 되어 있어 옆으로 잘 찢어진다. 그러므로 가로 및 세로를 모두 자를 수 있도록 손질 후 칼집을 넣을 때는 안쪽에 넣는 것이 좋다.

(1) 조림

생선을 조릴 때에는 처음 몇 분간은 냄비의 뚜껑을 열어 비린 휘발성물질을 휘발시키는 것이 좋으며, 약 15분 정도 조리는 것이 좋다. 가열시간이 너무 길어지면 양념간장의 염분에 의한 삼투압으로, 어육에서 탈수작용이 일어나 굳어지며 맛이 없어진다. 흰살 생선은 지방 함량이 적고 살이 연하며 맛이 담백하기 때문에 최소한도로 가열을 한다. 오히려 오래 끓이면 단단해지고 비린내가 난다. 그러나 지방 함량이 많고 신선도가 낮은 생선은 다소 양념을 진하게 하고, 다소 오래도록 가열하는 것이 좋다. 아울러 마늘, 생강, 술 등을 넣어 비린내를 제거한다.

삼투압
osmotic pressure

가열에 의해 껍질 밑에 있는 콜라겐은 젤라틴으로 용해되었다가 식으면 졸 상태의 젤라틴으로 겔화되어 굳는다.

(2) 구이

구이는 '소금구이'와 '양념구이'로 나눌 수 있다. 양념구이에 적합한 생선은 지방 함량이 높거나 비린내가 많이 나는 것이 적합하다. 붉은살 생선은 살이 단단하고 비린내가 많은 생선이므로 양념구이가 좋다. 생선을 양념에 재웠다가 초벌구이를 한 후 구우면, 단백질은 응고하고 수분은 증발하며 지방은 용해된다. 그리고 지방은 양념과 만나 독특한 풍미를 제공하여 준다.

소금구이의 경우, 아가미와 내장을 제거하여 세척한 후 물기를 없애고 생선에 소금을 뿌리면 생선단백질이 응고되어 조직이 단단하게 되고 부서지지 않으며 맛 성분의 용출을 억제할 수 있다. 신선한 생선을 사용하는 것이 생선 자체의 맛을 즐길 수 있는데, 신선한 생선은 소금의 양이 생선 무게의 2%가 적당하고, 신선도가 떨어지는 생선의 경우에는 생선 무게의 3~4% 정도의 소금을 넣는다. 이는 탈수 시 비린내 성분인 TMA가 용출되므로 비린내를 감소시킬 수 있다.

(3) 튀김

생선을 튀기는 경우는 광어, 대구 같은 지방 함량이 적은 흰살 생선이 적합하다. 튀김반죽에 사용하는 밀가루는 글루텐 함량이 적은 박력분을 사용해야 하는데, 소량의 글루텐이 탄력성을 나타내기 전에 박력분에다 물과 달걀을 갠 즉시 생선에 씌워 튀겨야 한다. 글루텐의 생성을 방해하기 위해 얼음물을 사용하는 것이 좋으며, 오래 저으면 글루텐이 형성되어 튀김옷이 질겨지므로 오랫동안 젓지 않는다.

튀김온도는 170~180℃가 적당하다. 많은 생선을 튀길 때에는 밀가루반죽을 한꺼번에 하지 않도록 하며, 낮은 온도에서 튀기게 되면 튀김옷이 벗겨져 바삭거림이 줄어들고 기름이 재료로 많이 스며들어 기름지게 되어 풍미가 떨어진다. 따라서 여러 번에 나눠서 튀기는 것이 기름의 온도가 급격히 내려가는 것을 막을 수 있다. 지방 함량이 많은 생선을 튀길 때는 생선을 자른 뒤 마른 밀가루를 묻혀서 튀기면 생선의 수분을 밀가루가 흡수하여 기름이 튀지 않고 비린내도 덜 난다. 튀김기름은 라드나 쇼트닝 같은 고체지방보다는 식물성기름을 사용하는 것이 아삭하고 가벼워 바람직하다.

(4) 전

생선전에는 민어, 광어, 대구, 동태 등 지방 함량이 적은 흰살 생선을 사용하는 것이 적합하다. 생선 속의 물은 증발하고 데워진 기름이 스며들어 생선을 익히게 되는데, 지방 함량이 많은 생선은 기름지게 느껴진다. 생선살에 소금을 뿌리면 단백질을 응고시켜 살이 단단해지므로 부서지지가 않는다. 수분을 제거하고 밀가루를 입힌 후, 달걀물에 담갔다가 달군 팬에 기름을 두르고 지진다.

6. 어취 해소법

트리메틸아민옥시드 trimethylamine oxide

생선의 조리에서 가장 중요한 요건은 '어취를 해소'하는 것이다. 생선 비린내의 주성분은 트리메틸아민옥시드로, 근육 중 수분과 혈액 중에 함유되어 있다가 세균에 의해 트리메틸아민으로 된다. 생선의 신선도가 떨어질수록 TMA 함량이 증가하고 불쾌한 어취가 심해지는데, 어취의 해소는 물로 씻기, 식초·과즙 또는 산 첨가, 간장·된장 또는 고추장의 첨가, 파·무·생강·고추·고추냉이 또는 겨자의 첨가 등에 의한다.

- 물로 씻기 : 트리메틸아민은 수용성으로서 근육 및 표피의 점액에 용해되어 있으므로 씻을 때 많이 제거된다.
- 산의 첨가 : 산은 트리메틸아민과 결합하여 냄새가 없는 물질을 생성한다. 레몬즙, 식초 등을 이용한다.

진저론 zingerone

쇼가올 shogaol

- 생강의 첨가 : 매운맛 성분인 '진저론'과 '쇼가올'에 의해 미각의 감각을 마비시켜 맛을 느끼지 못하게 된다. 또한 비린내 성분과 결합하여 다른 물질로 변화시켜 비린내를 제거한다. 그러나 생선단백질 중에는 생강의 탈취작용을 방해하는 물질이 있으므로, 반드시 생선단백질이 응고했을 때, 즉 생선이 익은 후 생강을 넣는 것이 효과적이다.
- 마늘, 파, 양파의 첨가 : 맵고 냄새가 강하여 비린내를 감지하는 능력을 약화시킨다.
- 간장과 된장의 첨가 : 간장은 생선에 비린내를 제거할 뿐만 아니라 단백질 응고를 촉진하고 풍미를 준다. 된장은 콜로이드상이기 때문에 흡착성이 강해 비린맛을 흡착시킨다.
- 고추, 후추의 첨가 : 매운맛이 미뢰를 마비시켜 비린맛을 감지하지 못하게 한다.

숙신산 succinic acid

- 알코올 첨가 : 숙신산이 있어 어취 제거와 맛의 향상에 도움을 주고 생선단백질 응고를 촉진한다. 정종이나 알코올에는 호박산과 지미성분이 함유되어 있어 어취 제거와 풍미 향상에 도움을 준다. 포도주는 어취 제거와 음식의 맛을 살려주

고, 알코올과 효소의 작용으로 고기가 부드러워진다. 미림은 점도가 높고 가열에 의해 윤기를 내며 갈변을 일으켜 먹음직스러운 색을 낸다.

- 우유의 첨가 : 생선을 조리하기 전에 우유에 담가두면 어취가 약화된다. 우유단백질인 카제인이 여러 가지 물질, 즉 트리메틸아민을 흡착시킨다.
- 무 첨가 : 무에는 메틸메르캅탄과 머스터드 오일이 있어 어취 억제효과를 나타낸다.

메틸메르캅탄 methyl mercaptan

머스터드 오일 mustard oil

7. 어류의 가공

(1) 어묵

생선의 근육단백질인 미오겐은 소금물에 의해 용해되는 성질이 있다. 소금의 농도가 2% 이상이 되면 미오신과 미오겐이 용출되어 서로 결합하여 수분 분자인 액토미오신을 형성한다. 또한 점도가 높아져 수분을 흡착하여 엉기게 되므로 생선묵과 같이 망상조직으로 단단하게 된다. 어묵은 망상조직이 겔화가 잘되도록 전분, 조미료, 중량제 등을 넣어 잘 으깨서 일정한 형으로 성형해서 찌거나 굽거나 튀긴 것이다.

미오겐 myogen

(2) 젓갈

소금 20~30% 정도를 사용하게 되면, 단백질용출이 감소하고 응고되어 점도도 크게 저하된다. 수분이 소금으로 대치되면서 부패를 방지하고 원료 자체 내의 효소작용으로 인해 발효숙성하게 된다. 발효과정 중에 단백질은 펩톤, 펩타이드, 유기염기, 젖산, 아미노산 등으로 분해되어 감칠맛이 증가한다. 명란젓, 어리굴젓, 조기젓, 갈치젓, 새우젓, 멸치젓, 조개젓 등이 있다.

펩톤 peptone

펩타이드 peptide

유기염기 organic bases

젖산 lactic acid

아미노산 amino acid

Exercise

1 어류의 종류에 따라 지방 함량이 다르다. 지방의 함량을 쓰고 어류의 종류를 쓰시오.
- 저지방(　　　%)
- 중지방(　　　%)
- 고지방(　　　%)

2 바닷물고기의 비린내 성분은 (　　　　　　)이고, 민물고기의 비린내 성분은 (　　　　　　　　　　)이다.

3 어류의 맛 성분의 분류를 쓰시오.

4 연어, 송어 등의 어류와 새우, 게, 바닷가재 등에도 (　　　　)이라는 카로티노이드계 색소가 포함되어 있는데, 가열하면 산화되어 선홍색의 (　　　　)으로 변한다.

5 사후경직 이후 어육이 물러지기 시작하며 어육의 단백질 분해효소의 작용으로 어육의 단백질이 분해되기 시작하는데, 이것을 (　　　　)라고 한다.

6 어패류의 비린내 제거법을 설명하시오.(5개 이상)

7 생선을 가열하면 껍질이 수축하는 이유를 쓰시오.

8 생선조리 중 소금을 넣었을 때 어육의 변화를 쓰시오.

9 오징어는 손질 후 칼집을 넣을 때는 안쪽에 넣는 것이 좋은데, 이유를 쓰시오.

10 구이와 전에 적합한 생선을 각각 쓰시오.

COOKING 10

PRINCIPLES

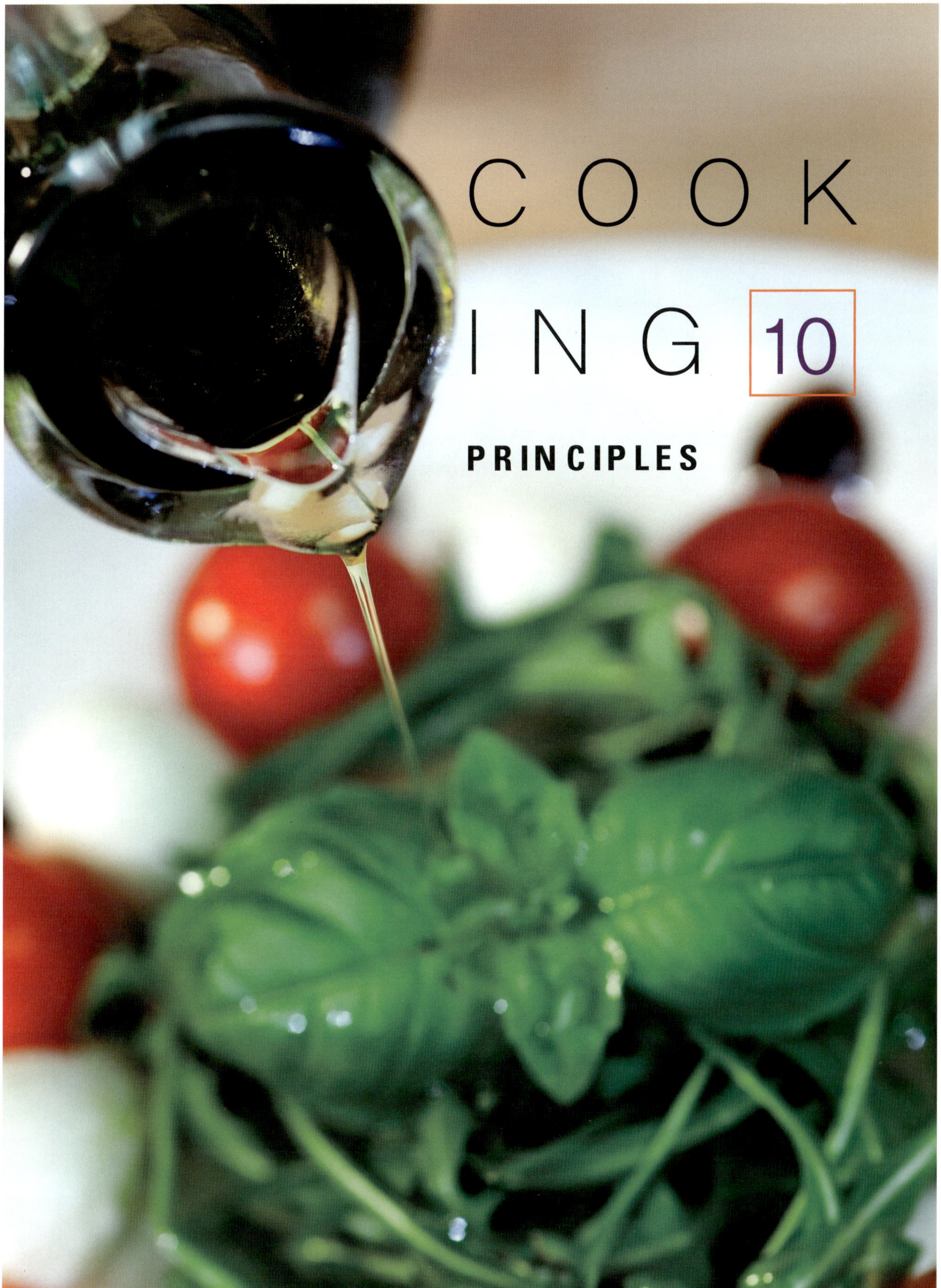

CHAPTER 10

지질 Lipid

'지질'은 동물성 식품의 소고기, 돼지고기, 버터 등에 특히 많이 분포되어 있으며, 식물성 식품의 콩기름, 참기름, 들기름, 올리브기름, 옥수수기름, 땅콩기름 등에도 들어 있다. 동물성 식품에 함유된 지질은 상온에서 고체로 존재하며 이것을 '지방'이라 부르고, 식물성 식품에 함유된 지질은 주로 상온에서 액체로 존재하며 '유지'라 한다.

지질 lipid

지질은 물에 녹지 않으며 클로로포름이나 에테르 같은 용기용매에 녹는 물질인데, 지질은 9kcal/g의 체내 에너지원이며 필수지방산의 공급원이다. 지용성 비타민의 용매이며, 지용성 비타민의 흡수를 돕기도 한다.

클로로포름 chloroform

에테르 ether

제1절 지질의 분류

보통은 '단순지질', '복합지질', '유도지질'로 분류된다.

1. 단순지질

유지는 다가알코올인 글리세롤 1분자에 지방산 3분자가 모두 에스테르 결합을 이루고 있는 것을 '중성지질'이라고 한다. 대부분의 식품과 소고기, 돼지고기, 버터, 들기름, 콩기름, 올리브유 등의 지질이 여기에 속한다. 지방산 3분자의 종류에 따라서 실온에서 고체 형태일 수도 있고, 액체 형태일 수도 있다. 이 지방산의 성질이 지질의 성질을 결정하는 것이다.

중성지질 neutral lipid

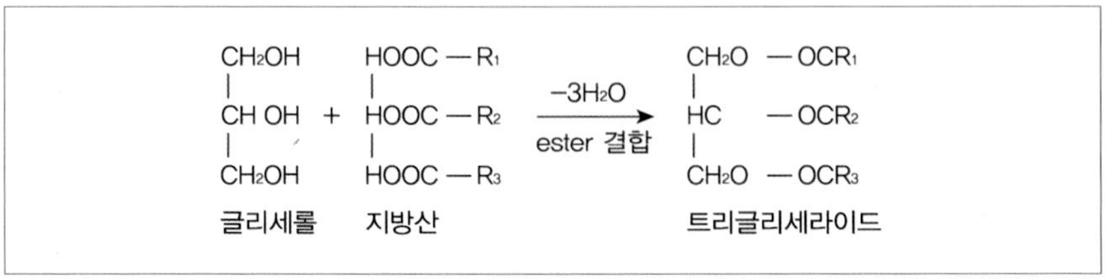

1) 지방산

지방산 fatty acid
저급지방산 short chain fatty acid
고급지방산 higher fatty acid
중급지방산 medium chain fatty acids
포화지방산 saturated fatty acid
불포화지방산 unsaturated fatty acid

천연에 존재하는 지방산은 대부분이 탄소원자가 4~30개 정도로, 짝수 개수로 직쇄상으로 결합되어 있다. 자연계에 가장 많이 존재하는 지방산은 탄소 16개를 가진 지방산이다. 지방산은 일반적으로 탄소 개수가 C_{10} 이하의 것을 '저급지방산', C_{14} 이상의 것을 '고급지방산'이라 하며, 중간을 '중급지방산'이라고 한다. 이 지방산은 '포화지방산'과 '불포화지방산'으로 분류할 수 있다.

(1) 포화지방산

동물성 지방에 주로 함유된 지방산이며 지방산의 분자 중에 이중결합을 갖지 않는다. 성질은 탄소수가 증가함에 따라 물에 녹기가 어렵고 융점이 상승한다. 식품에 가장 많이 함유된 포화지방산은 C_{16}인 팔미트산, C_{18}인 스테아르산 등이 있다. 이들은 융점이 높기 때문에 실온인 25℃에서는 고체이며 융점 이상 가열해야 액체의 유지상태가 된다.

삼겹살은 실온에서는 고체 상태이나, 가열시 융점의 온도가 되면 지질이 녹아 액체유지로 되는 것이다. 대부분의 동물성 식품인 육류 유지와 버터에는 '포화지방산'이 다량으로 존재한다. 반면, 어류는 포화지방산을 함유하지 않고 팜유, 코코넛유, 마가린 등은 식물성 유지이지만 포화지방산을 다량으로 함유하므로 다른 식물성 유지보다 융점이 높다.

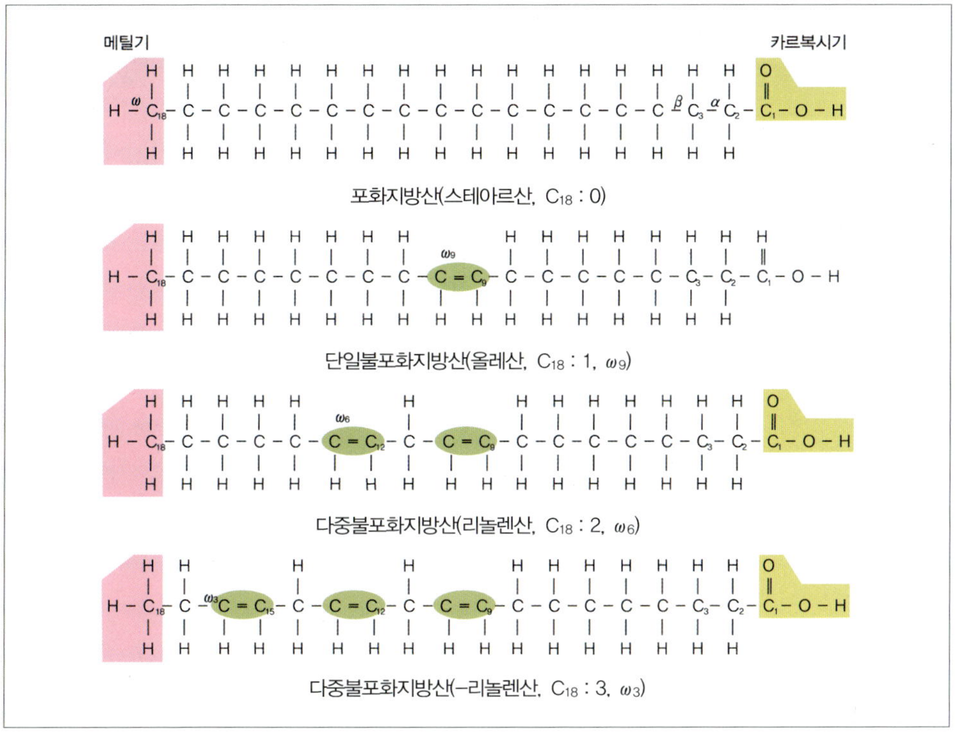

그림 10.1 지방산의 구조

(2) 불포화지방산

불포화지방산은 분자 내에 이중결합을 갖고 있다. 불포화지방산은 녹는점이 낮아 실온에서는 액체 상태이다. 이중결합을 많이 포함할수록 반응성이 크고 산화되기가 쉽다. 이중결합이 세 개 있는 들기름은 이중결합이 두 개 있는 참기름보다 산패되기가 쉬워 더 빠른 기간 내에 섭취해야 하는 이유이다.

천연의 불포화지방산에서는 이중결합이 한 개이면 '올레산 계열(ω_9)', 두 개이면 '리놀레산 계열(ω_6)', 세 개이면 '리놀렌산 계열(ω_3)', 그 이상이면 '고도불포화지방산 계열'이라고 한다. 이 중 결합이 4개 이상 포함된 고도불포화지방산 계열은 어류에 존재한다. 천연에는 올레산과 리놀레산이 널리 동·식물성 유지의 성분으로 존재한다.

표 10.1 불포화지방산

계열	탄소수	명칭	이중결합의 위치	함유식품	융점(℃)
oleic acid 계열 $(C_nH_{2n-2}O_2)$	14	myristoleic acid	Δ^{9}	버터	0.5
	16	palmitoleic acid	Δ^{9}	버터, 어유, 고래유	0.5
	18	oleic acid	$\Delta^{9}(\omega_9)$	동식물유(올리브유)	13.4
	18	vaccenic acid	$\Delta^{11}(\omega_7)$	어유	15
	18	ricinoleic acid	Δ^{9}	피마자유	4.0
	20	gadoleic acid	Δ^{9}	어유, 고래유	20
	22	erucic acid	Δ^{13}	평지씨유, 겨자유	34.7
	24	nervonic acid	Δ^{15}	상어간유, 어유	42.5
linoleic acid 계열 $(C_nH_{2n-2}O_2)$	18	linoleic acid	$\Delta^{9,\ 12}(\omega_6)$	일반 식물유지	−5
linolenic acid 계열 $(C_nH_{2n-2}O_2)$	18	linolenic acid	$\Delta^{9,\ 12,\ 15}(\omega_3)$	아마인유, 대두유	−11
polyethenoid 계열	20	arachidonic acid	$\Delta^{5,\ 8,\ 11,\ 14}(\omega_6)$	간유, 난황의 레시틴	−49.5
	20	eicosapentaenoic acid	$\Delta^{5,\ 8,\ 11,\ 14,\ 19}(\omega_3)$	어유	−54.1
	22	docosahexaenoic acid	$\Delta^{4,\ 7,\ 10,\ 13,\ 16,\ 19}(\omega_3)$	어유, 어간유	−44.3

2) 필수지방산

'필수지방산'이란, 신체의 정상적인 성장발달을 위해 동물의 체내에서 소량 합성되고 있으나 필요량에 미치지 못하므로 반드시 외부로부터 공급되어야 하는 지방산이다. 필수지방산에는 '리놀레산', '리놀렌산', '아라키돈산'이 있다.

리놀레산 linoleic acid

리놀렌산 linolenic acid

아라키돈산 arachidonic acid

오메가지방산과 종류

- 오메가지방산의 명명법은, 메틸기 탄소원자로부터 시작하여 번호를 붙이는 방법의 명명법이며, 지방산의 메틸기부터 시작하여 탄소원자 번호를 부여하였을 때 처음 이중결합이 있는 위치를 나타낸다.
- 오메가3 계열의 지방산은, 3번째 탄소 위치에 최초의 이중결합을 가지며, 리놀렌산과 EPA, DHA 등이다. 들기름, 아마인유, 채종유, 어유에 많이 함유되어 있다.
- 오메가6 계열의 지방산은, 6번째 탄소 위치에 최초 이중결합을 갖는 것으로써 리놀레산, 감마-리놀렌산, 아라키돈산 등이 있고 참기름, 옥수수기름 등에 많이 함유되어 있으며, 오메가9 계열은, 9번째 탄소 위에 이중결합을 처음 가지는데 올리브유가 여기에 속한다.

3) 트랜스지방산

대부분의 천연기름은 시스형인데, 여기에 수소를 첨가하여 일부 불포화지방산을 포화지방산으로 만드는데, 이렇게 수소를 첨가하여 경화시키는 과정에서 일부가 트랜스형으로 바뀌므로 이를 트랜스지방산이라 하며 마가린과 쇼트닝이 대표적이다. 이들은 포화지방산 함량이 늘어나면서 융점이 낮아지게 되므로 실온에서 고체상태가 된다.

그 예로써, 식물성 유지인 옥수수기름에 수소를 첨가하여 포화지방산으로 만들어 실온에서 고체 상태인 마가린이 된다. 이때 마가린이 되는 과정에서 불포화지방산의 구조 약 30%가 천연의 시스형에서 트랜스형으로 변한다.

트랜스지방산은 몸속에서 동맥경화를 유발하는 나쁜 콜레스테롤인 LDL-콜레스테롤의 수치를 높이고, 혈관을 깨끗하게 씻어주는 좋은 콜레스테롤인 HDL-콜레스테롤의 수치는 떨어뜨린다. 특히 성장기 어린이가 트랜스지방산을 많이 먹으면 심장, 뇌혈관이 좁아져 고지혈증을 많이 일으킨다. 그 외에도 당뇨의 유발 가능성이 크다.

감자튀김이나 닭튀김 등의 패스트푸드, 팝콘, 케이크, 쿠키, 도넛, 라면 및 스낵류, 과자 등도 트랜스지방산이 많아 섭취를 제한할 필요성이 있다.

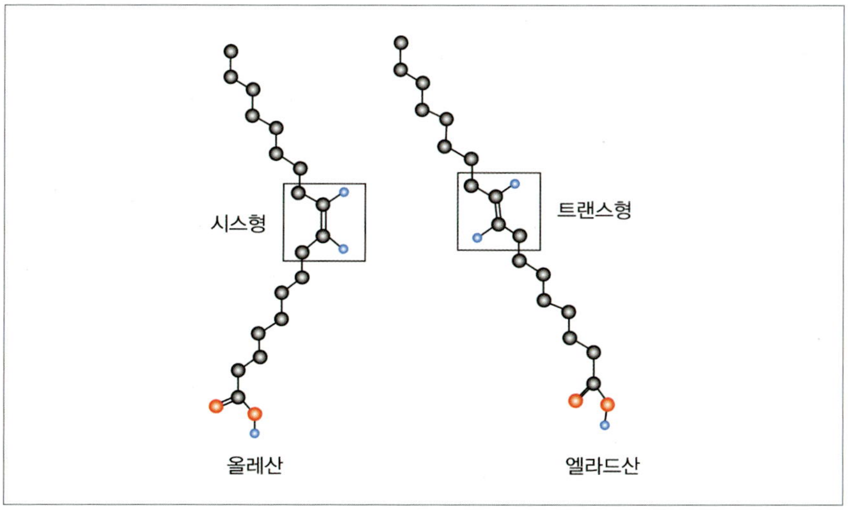

그림 10.2 시스(cis)와 트랜드(trans)형 지방산

2. 복합지질

'복합지질'은 단순지질에 다른 성분이 결합된 것으로, 단순지질에 필요한 원소인

탄소, 수소, 산소 외에 질소, 인, 황 등을 함유한 지질을 말하며, 인지질, 당지질, 지단백질, 황지질, 색소지질 등이 있다.

3. 유도지질

'유도지질'은 단순지질과 복합지질의 가수분해로 얻어지는 것으로, 유리지방산, 고급 알코올, 탄산수소, 스테로이드 및 카로티노이드 등이다.

제2절 유지의 이화학적 성질

1. 물리적 성질

1) 비중

식용유지의 비중은 대개 15℃에서 0.91~0.99 정도이다. 일반적으로 유지의 비중은 불포화지방산의 함량이 많을수록 증가하고, 지방산의 분자량이 클수록 감소한다. 물질 1g을 1℃ 상승시키는데 필요한 열량인 비열은 0.44~0.5cal 정도이다.

2) 녹는점(융점)

녹는점(융점)
melting point

유지는 한 가지의 지방산으로만 이루어진 것이 아니므로 녹는점이 일정하지 않다. 유지의 구성지방산의 탄소수가 많을수록 불포화도가 커지고 녹는점이 낮아진다. 즉 저급지방산일수록 이중결합이 많으며 '녹는점(융점)'은 낮아진다. 따라서 식물성 유지처럼 불포화지방산을 많이 함유한 것은 녹는점이 낮아 실온에서 액체이고, 동물성 유지처럼 고급 포화지방산을 많이 함유한 것은 녹는점이 높으며 실온에서 고체이다. 포화지방산은 많지만 저급지방산이 많은 버터는 다른 동물성유지에 비해 녹는점이 낮아 녹기가 쉽다.

3) 발연점

유지를 가열하여 표면에 푸른 연기가 발생할 때의 온도를 '발연점'이라 한다. 유지를 가열시킬 때 푸른 연기가 생기는 것은, 열로 인해 트리글리세리드가 분해·산화되어 아크롤레인이 생성되기 때문이다. 가열한 지방은 산화의 가수분해로 인해 튀김식품의 맛과 향이 신선한 기름에 비해 나빠진다. 발연점이 낮은 기름은 분해온도가 낮고 빨리 분해하여 색깔이 검게 되고 맛이 나빠지기 때문에, 튀김용 기름은 발연점이 높은 것을 골라야 한다. 발연점은 기름의 종류에 따라 다르며, 같은 종류라도 압축한 것보다 정제한 기름이 발연점이 높다.

아크롤레인 acrolein

발연점은 유지를 오랜 시간 가열하면 유리지방산 함량이 높아지게 되고, 따라서 발연점은 낮아지게 된다. 또한 기름의 사용횟수가 많아질수록 불순물이 많이 생겨 발연점이 낮아진다. 튀김그릇이 넓으면 표면적이 넓어져 자동 산화가 빨라지고 발연점이 낮아지므로, 튀김그릇은 입구가 좁은 것을 사용한다.

발연점 smoke point

표 10.2 유지의 종류와 발연점

기름의 종류	발연점(온도)
면실유	233
버터	208
라드	194
사용한 라드	190
올리브유	175
낙화생유 1	162
낙화생유 2	149
코코넛유	138

4) 점도

유지를 고온에서 지속적으로 가열하면 거품이 일고 기름이 열에 의해 분해되며 중합이 생겨 '점도'가 증가한다. 점도가 증가된 기름은 산화되어 몸에 좋지가 않다. 유지의 점도는 가열시간이 길수록, 가열온도가 높을수록 증가되며, 유지의 점도는 유지를 구성하는 지방산의 종류에 따라 차이가 있다.

점도 viscosity

5) 굴절률

굴절률
refractive index

유지의 '굴절률'은 탄소수 및 불포화지방산이 증가할수록 증가하며, 유지의 가열산화에 의해 굴절률은 커지므로 식용유지의 품질평가에 이용된다.

6) 가소성

가소성
plasticity

'가소성'이란, 고체에 가해지는 힘이 어느 한도를 넘었을 때 변형이 일어나고, 힘이 제거된 후에도 본래의 형태로 돌아가지 않는 성질을 말한다. 실온에서 고체인 버터, 마가린, 쇼트닝, 라드 등은 가소성이 매우 높다. 이들은 밀가루와 혼합했을 때 밀가루에 잘 퍼지며, 부스러지지 않고 다양한 모양으로 유지할 수 있다. 페이스트리, 크루아상 제조에 중요한 특성이다.

2. 화학적 성질

1) 검화가

검화
saponification value

유지를 알칼리용액으로 가수분해하면 글리세롤과 지방산염이 형성되는 것을 '검화' 또는 '비누화'라 한다. 검화가란, 유지 1g을 검화하는데 소요되는 KOH의 mg수를 의미한다. 보통 유지의 검화가는 180~200 정도이며, 저급지방산의 함량이 높을수록 검화가는 커지고, 고급지방산이 많이 함유된 유지일수록 검화가는 작아진다.

2) 산가

산가
acid value

유지를 가열 또는 저장하면 가수분해하여 유리지방산을 형성하게 되는데, 이러한 유리지방산을 중화하는데 소요되는 KOH의 mg수를 '산가'라 한다. 신선한 유지는 유리지방산의 함량이 매우 낮으므로 산값이 낮고, 변질되고 오래 사용한 유지일수록 유리지방산 함량이 많아 유지의 산값이 높다. 가열시간이 길고 가열온도가 높을수록 산가가 증가한다는 것은, 유리지방산의 함량이 증가한다는 것이다. 따라서 유리지방산값은 유지의 품질이나 사용 정도를 나타내는 척도이다. 보통 식용유지는 산값이 1.0 이하이다.

3) 요오드가

유지 100g에 첨가되는 요오드의 g수를 '요오드가'라 한다. 불포화도를 측정하는데 사용되며 불포화도가 높을수록 요오드가가 높아진다. 그러나 불포화지방산의 함량 변화는 산소와 결합하여 산패되면 요오드가는 감소하게 되는데, 상당량의 감소가 일어나 시간이 지나면 50% 이상이 손실된다. 요오드값은 유지의 성질을 파악하는 척도로 요오드값이 130 이상인 것을 '건성유', 100~130 사이인 것을 '반건성유', 100 이하인 것을 '불건성유'로 분류한다.

요오드가 iodine value

건성유 drying oil

반건성유 semidrying oil

불건성유 non-drying oil

표 10.3 요오드가에 따른 식물성유의 분류

건성유	아마인유, 들기름, 호두기름(요오드가 130 이상)
반건성유	콩기름, 옥수수기름, 면실유, 참기름(요오드가 100~130)
불건성유	올리브유, 피마자유, 낙화생유(요오드가 100 이하)

4) 과산화물가

지방의 산패를 결정하는 척도이다. 유지가 자동산화나 가열산화에 의해 산패되면, 이중결합에 산소가 결합된 과산화물이 형성된다. '과산화물가'는 유지 1kg에 생성된 과산화물의 mg 당량으로 표시되며, 과산화물가 10 이하이면 신선한 기름이라고 본다.

과산화물가 POV : peroxide value

제3절 조리 중 유지의 성질

1. 크리밍성

고형지방은 교반에 의해 내부에 공기를 품는 성질이 있는데, 이를 '크리밍'이라 한다. 아이스크림, 생크림, 버터 등을 교반하면 공기를 함유하여 부피가 증가되고 부드럽게 되므로 버터크림이나 파운드케이크를 만들 때 이용한다. 크리밍성은 온도에 영향을 받는데 버터는 20℃, 쇼트닝은 25℃에서 크리밍가가 가장 높다.

크리밍 creaming

2. 연화작용

연화
softening

밀가루 제품에 지방을 첨가하여 반죽하면 지방이 얇은 층으로 퍼져 글루텐 표면을 둘러싸서 글루텐 형성을 막고, 반죽할 때 마찰을 감소시켜 글루텐이 서로 결합하지 못하게 하기 때문에 음식이 부드럽고 연해지는데, 이것을 '연화'라고 한다. 지방을 많이 넣고 반죽한 크래커, 페이스트리, 비스킷 등이 바삭바삭한 것과 케이크 등이다. '연화작용'은 유지의 양이 많고 온도가 높으며 불포화도가 높을수록 증가한다.

3. 유화작용

1) 유화액이란?

유화액
emulsified liquid

프로틴
protein

리포프로틴
lipoprotein

레시틴
lecithin

서로 섞이지 않는 두 가지 액체, 즉 기름과 물이 유화제에 의해 섞여있는 상태이다. 한쪽의 액체가 다른 액체 속에 분산되어 있는 것을 '유화액'이라 한다. 에멀션 되는 상태를 유화라 부르고, 이때 유화를 유지시키는 물질을 유화제라고 한다. 우유도 유화액의 일종이고, 우유의 프로틴은 유화제로서 작용한다. 또한 난황의 리포프로틴과 레시틴도 유화제에 중요한 역할을 한다.

2) 유화제의 특징

지방질의 분자 중 친수성기와 소수성기를 동시에 가지는 것으로, 친수성기는 물과 결합하고 소수성기는 기름과 결합한다.

3) 유화액의 분류

수중유적형
O/W형 :
oil in water emulsion

유중수적형
W/O형 :
water in oil emulsion

유화액은 물속에 기름입자가 분산된 '수중유적형(O/W형)'과 기름 속에 물이 분산된 '유중수적형(W/O형)'으로 나뉜다. 수중유적형의 식품에는 우유와 마요네즈가 있고, 유중수적형에는 마가린과 버터 등이 있다. 마요네즈는 난황이 유화제가 되어 잘 유화된 대표적인 식품이다.

4) 유화제 종류

천연유화제로는 레시틴, 모노글리세리드, 프로필렌글리콜지방산에스테르 등 다수가 있다. 인공유화제는 글리세롤 모노스테아레이트, 모노글리세라이드, SPAN, TWEEN 등이 있다. 케이크 같은 제과제조 시 첨가하면 부피, 기공의 수와 기공의 크기 등을 증가시키며 질감을 촉촉하게 한다.

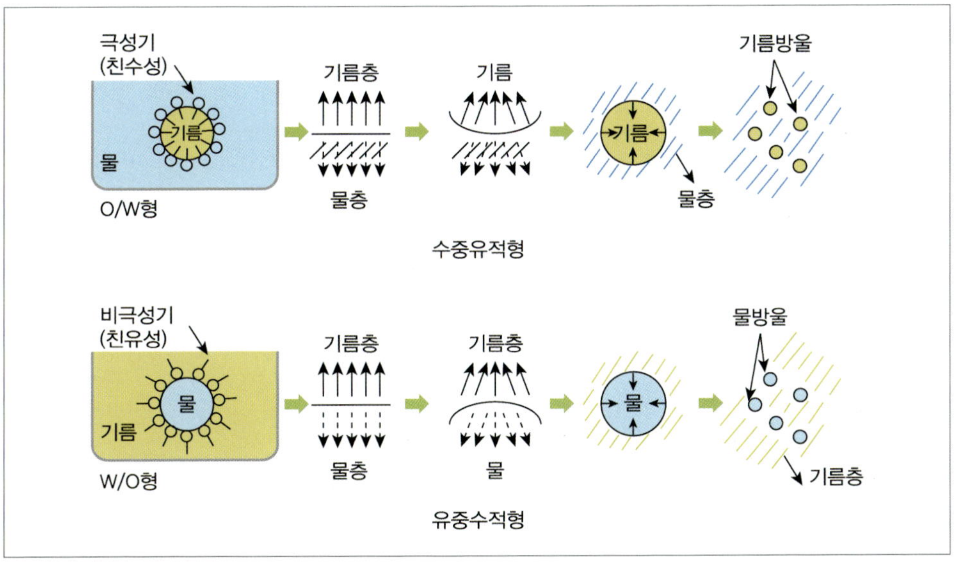

그림 10.3 유화액의 분류

4. 유지의 종류 및 가공식품

1) 식물성기름

(1) 대두유

지방산의 조성은 리놀레산과 올레산이 약 80%이고, 인지방인 레시틴이 1.5% 정도로 들어 있다. '대두유'는 다량의 토코페롤이 들어 있어 천연 항산화제의 효과가 있으며, 인체에서는 노화방지 효과도 있다.

대두유
soybean oil

대두유는 발연점이 높아 튀김용으로 많이 사용하며, 쇼트닝과 마가린 원료유로 쓰이고, 페인트 · 인쇄잉크 등의 공업용으로 이용되고 있다.

(2) 유채유

유채유
rapeseed oil
에루스산
erucic acid
카놀라유
canola oil

유채의 종자에서 착유하여 식용에 맞도록 정제한 유지이다. 일반 유채유에는 독성 물질인 에루스산이 들어 있어 인체에 유해할 수도 있다. 최근에는 에루스산이 적게 들어 있는 품종을 개발하여 채유한 것을 '카놀라유'라 한다. 지방산의 구성은 에루스산이 45% 정도이며, 올레산이 17%, 리놀레산 16% 정도이다.

'유채유'의 장점은 발연점이 높고 포화지방산의 함량이 다른 식물성유지보다 적으며, 튀김유 · 드레싱 · 마가린 · 쇼트닝 · 마요네즈 등에 적합하다.

(3) 면실유

면실유
cotton seed oil
고시폴
gossypol

'면실유'는 목화씨의 기름을 압착 등으로 채유한다. 고시폴이라는 독성 성분이 있어 정제가 필요하며, 지방산은 리놀레산 50%, 팔미트산 25%, 올레산 18% 정도로 구성되어 있다. 면실유는 볶음요리, 특히 중화요리에 적합하며, 쇼트닝, 마가린 등의 원료로 이용한다.

(4) 옥배유

옥배유
corn oil

옥수수 배아에 들어있는 유지로서 산화안정성, 가열안정성이 뛰어날 뿐만 아니라 튀김을 할 때 거품성이 좋고 발연점 저하가 낮아 오랜시간 사용할 수 있다. '옥배유'는 리놀레산이 55~60% 함유되어 있고, 올레산 20%, 팔미트산 10% 정도이다. 옥배유는 튀김유 · 부침용 · 볶음용뿐만 아니라 스낵제품 등 가장 널리 이용되며, 다량으로 생산되는 식용유 중의 하나이다.

(5) 들깨기름

들깨기름
perilla oil

들깨 씨앗의 유지를 압착한 것으로, 특이한 냄새가 난다. '들깨기름'의 지방산 조성은 리놀레산 20%, 올레산 50%, 팔미트산 10%로 구성되어 있다.

(6) 참깨기름

참깨를 압착법으로 채유하며, '참깨기름'의 지방산은 올레산 45%, 리놀레산 40%, 팔미트산 10% 정도로 구성되었으며, 천연 항산화제인 비타민 E와 세사미놀 등이 있다.

(7) 올리브유

올리브유
olive oil

잘 익은 과육을 압착법으로 채유하면 녹황색의 독특한 향과 맛을 가지며, 정제과정을 거치지 않고 직접 이용한다. 특히 처음 추출되는 최상품의 기름을 엑스트라버진이라 한다. 이 '올리브유'는 올레산이 65~85%, 팔미트산이 많이 들어 있으며, 리놀레산이 적어 산화안정성이 있다. 튀김용·샐러드용·고급마요네즈 제조 등에 사용된다.

(8) 땅콩기름

땅콩기름
peanut oil

땅콩의 지방질을 압착이나 추출법으로 채유하고, 지방산은 올레산 60%, 리놀레산 20%로 구성되어 있다. '땅콩기름'은 독특한 맛과 향기가 있어 샐러드유·튀김유·마가린 등의 원료로 쓰이며, 공업용으로 고급비누·윤활유 등의 제조에도 이용된다.

(9) 야자유

야자유
coconut oil

건조한 야자를 압착하여 얻은 식물성유지로 '야자유'라 하며 '코프라'라고도 한다. 지방산의 조성은 라우르산과 미리스트산 등의 저급지방산이 60~70%, 팔미트산, 스테아르산 등의 포화지방산이 15% 정도 들어 있으며, 불포화지방산은 올레산 등이 8~10% 정도가 들어 있다. 이처럼 다른 지방질에 비교하여 저급지방산과 포화지방산이 많이 들어 있어 안정성이 좋아 제과·제빵·튀김용 등에 적합하다.

또한 야자유는 수소첨가 등에 의해서도 융점의 변화가 거의 없고, 가소성의 범위가 좋은 것이 특징이며, 제과용으로 사용할 때 입 안에서 잘 녹는 특징이 있다. 야자유는 쇼트닝, 마가린, 튀김용 등에 사용된다.

(10) 팜유

팜유
palm oil

과육을 주로 압착법으로 채유, 정제하여 사용한다. 상온에서는 반고형체이고, 산화안정성이 낮으며, 정제된 팜유는 담백한 특유의 향과 맛을 가지고, 가소성은 동물성지방과 비슷하다. 지방산의 조성은 포화지방산인 팔미트산 45~50%, 올레산 40%, 리놀레산 10% 정도이다. 일반적으로 '팜유'는 라면, 튀김유, 제빵용으로 많이 사용되며, 마가린과 육제품 등에 가공유로 사용한다.

2) 동물성기름

어유 fish oil

간유 liver oil

(1) 어유

어류의 내장에서 채유한 기름을 '간유'라 하며, 특히 비타민 A가 풍부하여 간유구를 만드는 원료로 쓰인다.

(2) 고래기름

고래기름 whale oil

'고래기름'은 수소를 첨가하여 경화유를 만들어 마가린 · 쇼트닝 등의 원료로 쓰인다.

(3) 우지

우지 beef tallow

소의 지방조직으로부터 얻은 지방을 '우지'라고 한다. 우지는 정제하여 마가린 · 쇼트닝 등의 원료로 쓰인다.

(4) 버터

카로틴 carotene

'버터'는 우유를 원심 분리하여 얻은 크림을 살균 · 혼합하여 세균배양으로 발효 숙성시킨 다음, 교반해 뭉쳐 집합시킨 것으로써 소화율도 높고 향도 좋다. 여러 가지 요리에 많이 이용되고 있는 버터는 비타민 A의 급원으로 유지 중에서 소화가 가장 빠르다. 버터의 노란색은 우유지방의 카로틴 때문이며, 소가 먹은 사료의 성분들에 의해 버터의 색이 달라진다. 교반에 의해 '수중유적형 유화액'이 파괴되어, '유중수적형 유화액'으로 지방 80%, 수분 16%, 그 외 밀크 고형물질 4%로 구성된다.

(5) 라드

라드 lard

'라드'는 돼지의 복부와 기타 다른 지방조직으로부터 얻어지는 백색의 고체지방을 말하며, 쇼트닝성은 라드가 가장 높아 제과 · 제빵에서 중요한 성질이기는 하지만 크리밍성이 낮기 때문에 제과 등에 이용하고 있다. 발연점이 높지 않아 튀김용으로는 적합하지 않지만, 라드는 독특한 맛과 향이 있어서 중국요리에서도 많이 사용된다.

3) 경화유

불포화지방산의 이중결합부에 수소가 첨가되어 포화지방산을 형성하게 되고 녹는점이 높은 고체상태의 지방이 얻어진다. 이것을 '경화유'라 한다. 수소 첨가의 과정에서 천연에 존재하는 시스형의 불포화지방산이 트랜스형으로 변환해서 천연에 존재하지 않는 지방산이 일부 생성된다. 최근에는 트랜스지방산이 문제가 되고 있다.

경화유
hardened oil

(1) 마가린

'마가린'은 식물성기름을 경화시켜 여기에 식염, 물, 색소, 비타민 A와 D, 레시틴, 모노 및 디글리세리드, 발효유 등을 첨가하여 유화시켜 버터 모양의 성질과 풍미를 준 유화지방식품이다. 마가린은 주로 버터 대용으로 제과와 제빵 등에 이용된다.

(2) 쇼트닝

'쇼트닝'은 돼지기름의 대용품으로, 면실유와 우지를 이용해서 만들어진 경화유지로 좋은 쇼트닝성을 얻을 수 있어 빵 · 과자류 · 케이크를 만들 때 이용된다.

밀가루에 쇼트닝을 넣으면 지방은 물에 용해되지 않으므로 글루텐 표면에 막을 형성하여 글루텐의 형성을 방해하게 되어 질겨지지 않는다. 유지가 글루텐을 짧게 한다고 하여 '쇼트'라고 하였으며, 이러한 특성을 쇼트닝성이라고 한다. 라드로 만든 경화유인 쇼트닝은 70~85%가 액체이고, 15~30%가 고체이므로 액체나 단단한 고체보다는 연고체 형태가 반죽 내에서 글루텐 표면에 더 쉽게 퍼지는 성질을 가지고 있으므로 쇼트닝성이 매우 크다.

5. 유지의 저장 시 변화

1) 유지의 산패

식용 유지나 지방질 식품은 조리과정 중이나 저장 중에 열 · 산소 · 물 · 빛 · 효소 등의 여러 원인으로 인해 색, 맛, 냄새의 변화가 일어나고 점도가 증가하기도 하며, 독성물질이 생성되는 것을 '산패'라고 한다. 이 산패는 '산화적인 산패'와 '비산화적인 산패'로 나눌 수 있다.

산패
rancidity

(1) 산패의 종류

유지의 산패를 일으키는 원인은 다음과 같다.

① 가수분해에 의한 산패

유지는 물 · 산 · 알칼리 · 지방분해효소 등에 의해 트리글리세리드가 글리세롤과 유리지방산으로 가수분해 된다. 이때 불쾌한 냄새나 맛을 형성한다.

② 자동산화에 의한 산패

유지나 유지식품은 상온에서 공기 중의 산소에 의해 서서히 산화가 진행되는데, 이러한 산화를 자동산화라고 하며, 이 자동산화에 의한 산화를 산화적 산패라고도 한다.

③ 가열산화에 의한 산패

공기존재 하에서 유지를 고온에서 가열할 때 일어나는 산화과정을 말하며, 고온에서 일어나므로 자동산화보다 산화속도가 매우 빠르다. 가열온도가 유지의 발연점 이상이 되면 유지의 열분해가 일어난다. 가열을 계속하면 점차 끈적끈적해진다. 이것은 공기의 존재 하에서 중합반응이 일어나 중합체가 생성되기 때문이다. 또한 자동산화 이외에 여러 반응들이 함께 일어나 가열중합반응도 촉진된다.

실제 튀김유와 같은 가열산화 과정을 거치는 유지류에 있어서는 이상의 결과 형성되는 유리지방산의 증가, 중합체 형성에 의한 점성의 증가, 휘발성 카아보닐 화합물의 형성 등이 나타난다. 이와 같은 가열중합반응은 대두유와 같은 불포화도가 큰 유지에 있어서 특히 잘 일어난다. 이 가열에 의한 중합반응은 유리 라디칼들의 재결합에 의해서 일어날 수도 있다.

④ 산화효소에 의한 산패

지방산을 산화시키는 효소에는 리폭시다아제와 리포히드로페르옥시다아제가 있다.

⑤ 변향

변향 flavor reversion

불포화도가 높은 기름은 정제과정에서 비린내를 제거하였음에도, 저장하는 동안 냄새가 새로 생기거나 정제하기 전의 유지가 가졌던 냄새로 복귀하는 현상을 '변향'이라 부른다.

(2) 산패에 영향을 미치는 인자

- 이중결합을 가지는 불포화지방산은 이중결합이 없는 포화지방산보다 훨씬 산화되기가 쉽다.
- 지질 가수분해효소인 리파아제, 에스테라아제, 포스포리파아제 등의 작용에 의해 유리지방산을 형성하여 유지의 자동산화를 촉진한다.
- 광선의 조사는 프리레디컬의 생성을 촉진하여 유도기를 단축하고 히드로퍼옥시드의 분해를 촉진함으로써 유지의 산화를 촉진한다. 유지의 산화속도는 화학반응과 같이 온도가 상승함에 따라 증가하는 경향이다.
- 코발트, 구리, 철, 망간, 니켈 같은 중금속은 자동산화 중 생성된 과산화물의 분해를 촉진시키고 유리라디칼을 발생하여 산화의 연쇄반응을 촉진한다.
- 수분은 지방산의 자동산화에 여러 가지 영향을 미친다.
- 금속 또는 금속이온은 미량으로써 유지 및 지방산의 자동산화를 현저하게 촉진시킨다.

프리레디컬 freeradical

히드로퍼옥시드 hydroperoxide

2) 항산화제

'항산화제'는 유지의 산화속도를 억제하는 물질로서 유리라디칼의 생성을 저해하거나 자동산화를 중지 또는 지연시키는 산화방지제이다. 이 항산화제는 천연 항산화제와 합성 항산화제로 나뉘는데, 천연 항산화제는 동물성 유지보다 식물성 유지에 주로 존재하므로, 식물성 유지는 동물성 유지에 비해 불포화지방산의 함량이 높음에도 불구하고 산화속도가 늦다.

천연 항산화제로 토코페롤(비타민 E)류, 비타민 C, 세사몰, 폴리페놀류, 일부 플라보노이드류 등이 있으며, '인공 항산화제'로는 BHA, BHT, PG 등이 있다.

항산화제 antioxidant

천연 항산화제 natural antioxidants

인공 항산화제 synthetic antioxidants

표 10.4 항산화제의 분류

분 류	종 류
천연 항산화제	토코페롤(각종 식물성 종자유), 세사몰(참깨), 고시폴(면실유), 케르세틴(양파), 캡사이신 (고추), 유제놀(정향), 진저론(생강), 쿠쿠민(강황) 등
합성 항산화제	BHA(butylated hydroxyanisole), BHT(butylated hydroxytoluene), PG(propyl gallate), EP(ethyl protocachuate)

Exercise

1 동물성 식품에 함유된 지질은 상온에서 ( )로 존재하며 이것을 '지방(fat)'이라 부르고, 식물성 식품에 함유된 지질은 주로 상온에서 ( )로 존재하며 '유지(oil)'라 한다.

2 어류는 포화지방산을 함유하지 않으며 팜유, 코코넛유, 마가린 등은 식물성 유지이지만, 포화지방산을 다량 함유하므로 다른 식물성 유지보다 ( )이 높다. 그 이유를 설명하시오.

3 버터의 경우, 포화지방산은 많지만 다른 동물성 유지에 비해 녹는점이 낮고 녹기가 쉽다. 이유를 설명하시오.

4 천연기름에 수소를 첨가시켜 포화지방산으로 만들어 경화시킨 지방산을 무엇이라고 하는가? 대표적인 유지를 쓰시오.

5 튀김용으로 적합한 기름의 발연점은 어떤 것을 선택해야 하는가?

6 페이스트리, 크루아상 제조에 중요한 특성으로, 힘이 제거된 후에도 본래의 형태로 돌아가지 않는 성질을 무엇이라고 하는가?

7 고형지방은 교반에 의해 내부에 공기를 품는 성질이 있는데, 이를 ( )성이라 하며 버터크림이나 파운드케이크를 만들 때 이용한다.

8 기름과 물이 유화제에 의해 섞여있는 상태로서 한쪽의 액체가 다른 액체 속에 분산되어 있는 것을 ( )이라 한다. 우유도 이것의 일종이다.

9 수중유적형과 유중수적형의 예를 쓰시오.

10 대두유는 다량의 ( )이 들어 있어 천연 항산화제의 효과가 있으며, 인체에서는 노화방지 효과도 있다.

11 ( )는 상온에서 반고형체이고 산화안정성이 낮으며, 가소성은 동물성 지방과 비슷하며 라면, 튀김유, 제방용으로 많이 사용된다.

12 어류의 내장에서 채유한 기름을 ( )라 하며, 비타민 A가 풍부하다.

COOKING 11

PRINCIPLES

CHAPTER 11

난류Eggs

난류에는 달걀, 메추리알, 오리알, 칠면조알 등이 있고, 그 중에서 식용으로 가장 많이 이용하는 것은 달걀이다. 달걀의 단백질은 완전단백질로 가장 경제적인 필수아미노산의 급원식품이다. 또한 달걀을 조리하는 방법은 매우 다양하다.

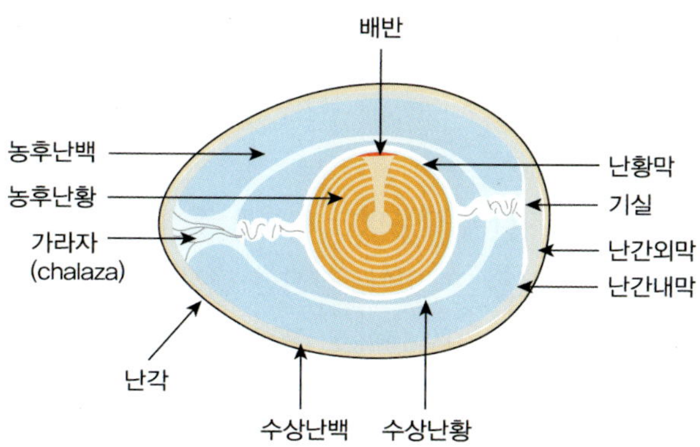

그림 11.1 달걀의 구조

제1절 달걀의 구조 및 성분

1. 달걀의 구조

달걀의 구조는 난각, 난각막, 난백(달걀흰자), 알끈, 난황(달걀노른자)으로 구성되며, 단단한 난각 속에 두 개의 막이 있으며, 그 안에 난백이 있고 중심에 난황이 자리

잡고 있으며 알끈에 의해 연결되어 고정된다. 달걀의 평균 50g 정도이며, 난각 10~12%, 난백 55~63%, 난황 26~33%를 차지한다.

1) 난각

난각
shell

큐티클
cuticle

겉껍질인 '난각'은 큐티클층으로 되어 있는데, 생산될 때 난관에서 분비된 점액이 건조되어 까슬까슬하게 된 것이다. 표면에는 수많은 작은 기공이 있어서 이곳을 통해 수분과 탄산가스가 배출될 수 있으며, 큐티클은 박리되기 쉽고 외부의 세균도 기공을 통해서 알 내부에 침입할 수가 있다. 난각에는 케라틴질의 얇은 난각막이 있는데, 내부를 보호하고 미생물의 침입을 막아준다. 그리고 케라틴과 뮤신으로 되어 있어 소화가 어렵다. 껍질의 색은 영양가와는 상관이 없으며 닭의 색에 기인한다. 또한 수분과 탄산가스가 증발하면 내용물이 수축하므로 두 개의 막은 분리되고 달걀의 공기집이 생긴다.

케라틴
keratin

뮤신
mucin

2) 난백

난백
egg white

'난백'은 달걀의 60%를 차지하며 불투명한 액체로 점도가 낮고 묽은 수양난백과 점도가 높은 농후난백으로 구분할 수 있다. 신선한 달걀의 난백은 농후난백이 57.3%, 외수양난백이 23.2%, 내수양난백이 16.8%로 구성되어 있다. 수양난백은 외부로부터 달걀의 배아를 보호하며 시일이 지남에 따라 농후난백이 수양난백으로 수양화 된다. 주성분은 단백질이고, 그 외 알끈인 칼라자층이 있다.

3) 난황

난황
egg yolk

'난황'은 달걀의 약 30%를 차지하고 있고 난황막에 의해 보호되며, 알끈인 칼라자에 의해 알 중앙에 고정되어 있다.

2. 달걀의 구성성분

탄수화물은 약 1%, 단백질은 13%를 함유하고 있다. 달걀의 단백질은 단백가가 100인 완전단백질로, 필수아미노산의 우수한 공급원이다. 난백은 11%가 단백질이고 나머지는 주로 수분이며 지질은 거의 없다. 난백의 단백질은 오브알부민이 주이며, 오보글로블린은 소량 함유하고 있으나 저었을 때 거품을 형성해 주며, 오브뮤신은 거품을 안정시켜 준다. 오브뮤코이드는 트립신이 작용을 억제하며 lysozyme는 세균을 용해시켜 살균하는 작용을 한다. 백색의 덩어리인 알끈(칼리자)은 단백질 성분으로 되어 있어 조리 시 제거하지 않아도 된다. 난황은 수분이 49%이고, 약 50%가 고형분이다. 난황은 단백질 외에 다량의 지방과 인, 철을 함유하고 있다. 단백질은 대부분 리포프로테인의 형태이다. 주로 인단백은 리포비테린과 리포비테리닌이다. 난황의 지질은 인지질을 다량으로 함유하고 있으며 주로 레시틴과 세팔린으로 구성되어 있다. 그 외 난황에는 중성지질과 콜레스테롤이 함유되어 있다.

달걀에는 인과 황, 철 같은 무기질이 풍부하며, 철분은 특히 생체 내에서 이용가치가 높다. 난백 중에 비타민 C를 제외하고 비타민 B군이 많고, 난황은 비타민 A의 좋은 급원이다. 신선한 난백은 유백색으로 리보플라빈에 의한 것이고, 난황의 색은 카로티노이드계인 크산토필이 있어 노란색을 띠며, 닭의 품종, 영양, 사료에 따라 달라진다.

달걀에는 단백 분해효소, 지방 분해효소, 전분 분해효소 등이 저장과정 중에 점차 증가하는데, 이들 효소는 자가소화에 관여하여 달걀을 변질시키기도 한다.

리포프로테인 lipoprotein
레시틴 lecithin
세팔린 cephalin
콜레스테롤 cholesterol

표 11.1 달걀의 조성

구성	비율	pH	조 성	응고온도
껍질(난각)	10%		큐티클층, 케라틴과 뮤신	
난백	60%	7.6	단백질 11%, 오브알부민, 콘알부민, 오보글로불린, 오보뮤신, 아비딘, 오브뮤코이드, lysozyme	60℃에서 부터 응고시작 65℃에서 완전히 응고
난황	30%	6.3	단백질 50%(리포비텔린, 리포비텔레니온, 포스비틴, 리베틴), 지방과 인, 철, 캐라티노이드계	65℃에서부터 응고시작 70℃에서 완전히 응고

표 11.2 달걀의 영양성분(가식부 100g당)

성분	수분 (%)	열량 (kcal)	단백질 (g)	지질 (g)	당질 (g)	회분 (g)	무기질			비타민			콜레스테롤 (mg)
							칼슘 (mg)	인 (mg)	철 (mg)	A (RE)	B_1 (mg)	B_2 (mg)	
전란	76.2	138	11.8	8.2	1.0	0.9	43	162	1.4	159	0.05	0.28	470
난백	87.7	49	9.8	0.0	0.7	0.7	3	13	0.3	0	0.02	0.44	1
난황	51.4	353	15.3	29.8	1.7	1.6	139	530	5.4	463	0.22	0.44	1,300

출처 : 농촌진흥청 농업과학기술원 농촌자원개발연구소(2006). 식품성분표(7차개정)

오브알부민 ovalbumin
콘알부민 conalbumin
오보뮤코이드 ovomucoid
오보글로불린 ovoglobulin
오보뮤신 ovomucin
아비딘 avidine
리포비텔린 lipovitellin
리포비텔레닌 lipovitellenin
포스비틴 phosvitin
리베틴 livetin

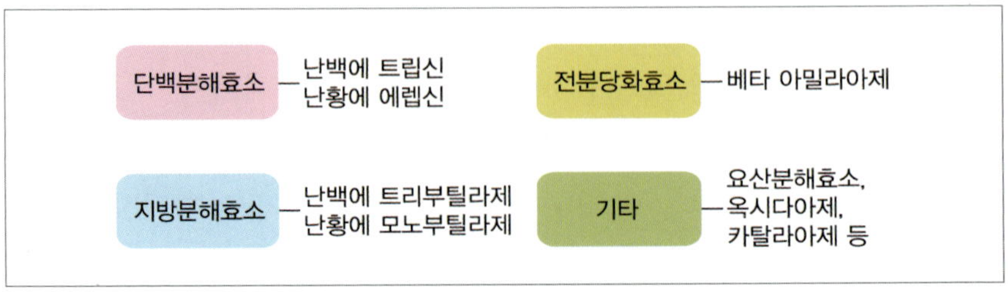

그림 11.2 달걀 중에 함유된 분해효소의 종류

3. 달걀의 신선도검사

달걀의 신선도는 크게 '투시검사법', '할란검사법', '간이선도검사법' 등을 통해 기실의 크기, 난백의 유동상태, 난황의 위치 등으로 신선한 정도를 판정한다.

1) 투시법

달걀을 광선에 비추면 난각은 광선을 투과하므로 기실의 크기, 난황의 색, 난황의 크기, 혈란, 이물질 혼입 등을 검사한다. 신선한 달걀은 표면이 까칠까칠하고 광택이 없다. 이는 닭이 알을 낳을 때 알은 점액에 싸여서 나오는데, 이 점액이 달걀 표면에 말라서 굳은 것이다. 이것은 세균 침입을 막아주는데, 시간이 경과하면서 까칠까칠하던 표면은 매끈해지고 광택이 난다. 또한 달걀 표면에 있는 기공을 통해서 탄산가스와 수분이 증발되면서 기실이 커지고 공기로 채워진다. 또한 난백의 양이 감소하여 묽어지고 풀어진다. 난황은 난백에서 수분을 흡수하여 난황막이 팽창하므로 달걀을 깨뜨렸을 때 난황이 터지기 쉽다.

2) 비중법

신선한 달걀의 비중은 1.08~1.09이며, 시간이 지남에 따라 기공을 통해 수분의 증발로 기실이 커지고 비중이 감소해 가벼워진다. 따라서 3~4%의 소금물에 담가서 위로 뜨는 것은 오래된 달걀이고 부패된 달걀이며, 가라앉는 것은 신선한 것으로 구분한다.

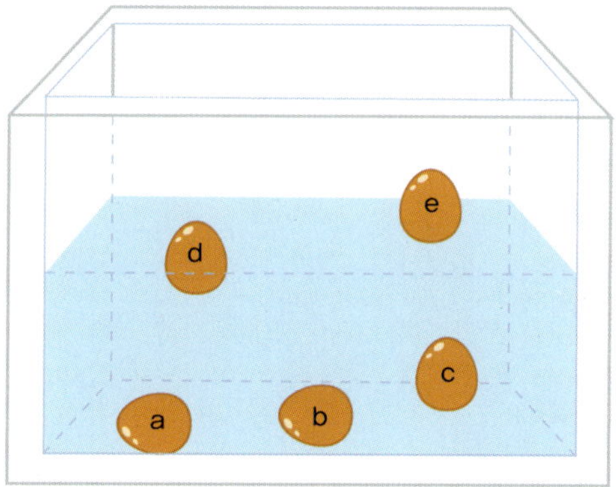

그림 11.3 비중에 의한 달걀의 신선도 평가

3) 할란검사법

(1) 난백계수

'난백계수'는 달걀을 평판 위에 깨뜨린 후, 난백의 가장 높은 부분의 높이를 평균 직경으로 나눈 것으로, 신선한 달걀의 경우 0.14~0.17이다.

난백계수
albumin index

(2) 난황계수

'난황계수'는 난황의 퍼진 정도로 신선도를 판정한 것으로, 난황의 높이를 난황의 지름으로 나눈 값이다. 신선한 달걀의 난황계수는 0.36~0.44이다. 달걀이 오래될수록 난황계수가 작아진다.

난황계수
yolk index

$$\text{난황계수} = \frac{\text{난황의 높이}}{\text{난황의 직경}}$$

$$\text{난백계수} = \frac{\text{농후난백의 높이}}{\text{농후난백의 직경}}$$

(3) 호우단위

'호우단위'는 달걀의 무게와 농후난백의 높이를 측정하여 다음 계산식에 의하여 산

호우단위
haugh units

출한 값을 말한다. 신선한 달걀의 호우단위는 86~90이다.

$$호우단위(H.U) = 100\log(H - 1.7W^{0.37} + 7.57)$$

H = 난백높이(mm)

W = 계란중량(g)

4. 조리 시 달걀의 특성

1) 열 응고성

알부민 albumin

달걀의 단백질인 알부민은 열을 가하면 응고하는 성질이 있다. 열 응고온도는 난백은 55~57℃에서 응고하기 시작하여 60℃에서는 젤리와 같이 되고, 65℃에서는 완전히 응고된다. 난황은 좀더 높은 온도가 필요한데, 65℃에서 응고하기 시작하여 70℃가 되면 완전히 응고된다. 응고속도는 가열온도가 높을수록 증가하며 단단하게 응고된다. 알찜, 소스, 커스터드, 푸딩 등을 만들 때 달걀은 응고되어 농후제 역할을 하며, 전이나 튀김요리에서는 결합제로 사용된다. 이때 설탕의 첨가는 단백질을 연화하는 작용으로 응고성을 감소시키므로 보다 높은 온도가 필요하게 되며, 반면 우유를 넣게 되면 우유 내의 칼슘이 달걀의 응고작용을 촉진하게 된다.

2) 흡착제

난백은 저어주면 변성이 일어나 응고하는 성질이 있다. 콩소메 조리 시 난백거품을 넣어 끓이면 국물 내의 이물질을 응고, 흡착, 침전시켜 국물을 맑게 한다.

3) 소화율

100℃에서 5분 정도 끓이면 반숙이 되고, 또한 70℃에서 15분 정도 가열하면 반숙이 되며 소화율이 매우 높다. 100℃에서 10~12분 정도 삶으면 완숙란이 되는데, 달걀프라이는 소화율이 떨어진다.

4) 유화제

난황에 있는 지단백인 레시틴은 마요네즈, 케이크류 제조 시 유화제로서 기름과 수분의 혼합이 잘되도록 한다.

지단백
lipoprotein

레시틴
lecithin

5) 팽창제(기포성)

난백의 단백질인 오보글로불린은 표면활성이 강하여 저어주면 기포가 생기는데, 이것은 음식을 팽창시켜 부풀게 한다. 케이크, 카스텔라 등의 제조 시 팽창제 역할을 하며, 기포형성을 위해 교반할 때 들어간 공기가 액체 속으로 들어가 기포를 형성한다. 따라서 제품에 사용하면 가볍고 부드러운 질감을 준다.

오보글로불린
ovoglobulin

기포성은 30℃에서 가장 잘 팽창하므로 냉장고에 넣어두었던 달걀은 실온에서 두었다가 사용하는 것이 기포가 더 잘 생긴다. 그러나 온도가 너무 높으면 점도가 낮아져 안정성이 낮다. 오히려 온도가 낮으면 거품이 생기기는 어려우나 한 번 형성된 거품은 점도도 높고 안정하여 오래 간다.

신선한 달걀보다는 난백이 수양화 된 것이 잘 형성되므로, 다소 오래된 달걀이 안정성은 적으나 기포가 잘 형성되는 것이다. 반면, 농후난백 함량이 많은 신선란은 기포발생이 어려우나 한 번 형성한 후는 안정성이 높다.

난백의 기포성에 영향을 미치는 인자는 계절, 교반기의 종류, 용기, 첨가물 등이 있다. 봄과 가을에 산란된 달걀이 여름에 산란된 달걀보다 기포성이 좋으며 빨리 저을수록 기포는 커지고, 밑이 평평한 그릇보다는 밑이 좁고 둥근바닥을 가진 것이 거품을 더 많이 낼 수 있다. 주석산 같은 산성은 기포력을 높여줄 수 있으며, 설탕은 거품의 안정성을 높여주는데, 한 번에 넣는 것보다 여러 번에 나누어서 넣는 것이 좋다.

6) 녹변현상

달걀을 15분 이상 가열시 노른자 주위에 암녹색의 색소침착이 생성된다. 달걀을 껍질째 가열하게 되면 외부의 압력이 커지면서 난백의 단백질에 함유되어 있던 황화수소가 유리되어, 상대적으로 압력이 낮은 난황 쪽으로 이동하게 된다. 이때 난황 속의 철분과 결합해서 황화 제1철(FeS)을 생성하는 현상이다.

가열시간이 길거나 가열온도가 높을수록 더 잘 일어난다. 황화수소가 난황 표면에 이동하기 전에 난백 중에 생성된 황화수소의 온도가 낮아지면 난각 쪽으로 이동하여, 난각의 구멍을 통해 외부로 발산되기 때문에 변색을 방지할 수 있으므로, 삶은 후에는 즉시 냉수에 담가두도록 한다.

'녹변현상'은 알칼리성에서 황이 더 쉽게 분리되어 잘 일어난다. 신선한 달걀의 pH는 7.6인데, 시간이 지남에 따라 기공을 통해 탄산가스가 증발하므로 pH9가 되어 알칼리성으로 된다. 따라서 오래된 달걀일수록 녹변이 잘 일어나는 것이다.

5. 달걀의 저장 중 변화

1) 수분감소, 알칼리화

큐티클 cuticle

달걀은 산란 후 시일이 경과하면 달걀 겉껍질의 까끌까끌한 큐티클층이 매끄러워지며 달걀 난각의 기공을 통해서 내부의 수분이나 탄산가스가 증발하게 된다. 따라서 달걀의 수분은 점차 감소되며 감소된 만큼 기실의 크기는 커진다. 기실이 공기로 채워진 만큼 가벼워져 비중이 작아진다. 신선한 달걀의 난백은 pH7.6 정도이지만, 탄산가스의 증발로 2~3일 내에 pH가 알칼리화 되기 시작한다.

2) 수양화

수분이 난황막을 통해 난백에서 난황으로 이동하여 난황계수는 감소되고 난황막은 약해진다. 농후난백은 점차 수양화 하는데, 농후난백의 점도가 저하되면서 묽어져 깨뜨렸을 때 터지기가 쉽다.

6. 달걀의 저장 및 가공

1) 냉장

달걀을 5~6℃에서 1개월 정도 냉장보관 한다.

2) 냉동

달걀을 살균처리 한 후 -25~-30℃에서 냉동시킨다. 전란을 냉동시키거나 분리해서 냉동하기도 한다. 난백은 냉동 후 해동시켰을 때 질적 변화가 없으나, 난황은 해동시키면 질어지므로, 냉동시키기 전에 소금, 설탕, 글리세린 등을 첨가하면 해동 시 사용하기가 적당하다. 이 냉동란은 대개 제과점에서 사용한다.

3) 분말란

액체란을 저장성 높게 한 것으로, 분말달걀은 전란 또는 난백과 난황을 분리한 후 저온 살균하여 분무 건조시킨다. 이것은 달걀의 기능성과 맛, 향미가 손상될 수 있고, 제과원료, 케이크믹스, 제면 원료로 이용된다.

4) 훈제란

삶은 달걀의 난각을 제거하고 조미액에 담갔다가 훈연시킨다. 특유의 향을 내며 저장성이 좋다.

5) 피단

중국요리로, 알칼리에 침지하여 내용물을 응고하여 숙성시킨 것이다. 오리알을 껍질째로 찰흙, 소금, 왕겨, 석회를 혼합한 강한 알칼리반죽 속에 파묻어 두고 두세 달 삭혀서 만드는 중국전통의 가공법이다.

7. 달걀의 조리

1) 삶기

완숙은 달걀이 잠길 정도로 찬물을 넣고 15분 정도 가열하거나 물이 끓기 시작하면서 12분 정도를 가열하면 된다. 그 이상 가열하면 녹변현상이 나타난다. 그러나 삶은 후 즉시 냉수에 담그면 녹변현상을 감소시킬 수 있으며, 난백과 난황의 부피가 수축하여 속껍질과의 사이에 작은 공간이 생겨 껍질도 잘 벗겨진다.

녹변현상
greening

2) 알찜, 커스터드

달걀의 열 응고성을 이용한 대표적인 음식이다. 알찜과 커스터드의 조직감은 첨가하는 첨가물의 온도와 양에 따라 달라지며 응고시간, 응고온도에 따라서도 달라진다. 가열온도가 높고 가열시간이 길수록 겔은 단단하고 액체와 분리가 잘 일어난다. 달걀의 농도를 20%로 희석하고 90℃에서 가열할 때 질감이 가장 부드러우며, 달걀의 농도가 높으면 가열온도를 낮추는 것이 부드러운 질감을 갖게 된다. 달걀 농도가 30~40%일 때 76℃, 50%일 때 74℃가 적당하다. 보통 알찜을 할 때 계란과 물을 동량으로 해서 중탕을 한다.

3) 달걀 프라이

프라이팬에 기름을 넣고 팬이 뜨거워지면 달걀을 깨어서 익힌다.

4) 스크램블드에그

스크램블드에그 scrambled eggs

'스크램블드에그'는 전란에 우유나 크림과 같은 액체를 잘 혼합하여 프라이팬에 부어 저어주면서 익힌다. 스크램블드에그는 부드럽고 가벼운 질감과 향미를 가지며 뜨거울 때 먹도록 한다.

5) 오믈렛

오믈렛 omelet

'오믈렛'은 난황과 난백을 잘 섞고 기름을 넣어 뜨거워진 오믈렛 팬에 달걀을 붓고 저어주면서 타원형으로 만든 것이다. 오믈렛은 표면은 익고, 속은 부드럽게 굽는다.

6) 수플레

수플레 soufflé

'수플레'는 난백거품 낸 것에 화이트소스, 치즈, 육류, 채소, 향신료 등의 재료를 넣어 오븐에 굽는 요리이다.

7) 머랭

머랭 meringue

'머랭'에는 "부드러운 것"과 "단단한 것"의 두 종류가 있다. 난백을 부드러운 거품이 생기도록 저은 후에 설탕을 조금씩 넣으면서 계속 저어서 굳은 거품을 만든다. 이것을 파이몰드(pie mold)에 넣고 오븐에서 구운 것이다.

표 11.3 달걀의 조리성을 이용한 음식

조리성	음식의 종류
농후성	알찜, 커스터드, 소스
결착성	전, 커틀릿, 햄버거, 고기완자
청정성	육수
희석성	밀크셰이크, 에그노그
응고성	삶은 달걀, 지진 달걀, 수란, 지단, 오믈렛, 스크램블드에그
기포성	엔젤케이크, 스펀지케이크, 메렝게, 매시
유화성	파운드케이크, 치즈케이크, 마요네즈, 아이스크림
간섭성	셔벗, 캔디

Exercise

1 난각의 역할을 쓰시오.

2 달걀의 성분 중 (　　　　　　　)은 소량 함유하고 있으나 저었을 때 거품을 형성해 주며, (　　　　　　　)은 거품을 안정시켜 준다.

3 난백의 기포성에 영향을 주는 요인을 쓰시오.

4 오래된 달걀은 3~4%의 소금물에 담갔을 때 위로 뜨는데, 그 이유를 설명하시오.

5 신선한 달걀의 난백은 pH7.6 정도이지만, 2~3일 경과 후 pH는 어떻게 변하는가? 이유는 무엇인가?

6 달걀의 저장 중의 변화를 쓰시오.

7 알찜, 커스터드는 달걀의 성질 중 (　　　　　)을 이용한 대표적인 음식이다.

8 알찜을 할 때 부드러운 질감을 갖기 위한 방법을 쓰시오.

9 난황에 있는 지단백(lipoprotein)인 (　　　　　)은 마요네즈, 케이크류 제조 시 유화제로서 기름과 수분의 혼합이 잘되도록 한다.

10 녹변현상을 막기 위한 방법은?

COOKING 12 PRINCIPLES

CHAPTER 12

우유 Milk

인류는 오랫동안 가축의 유즙을 이용하여 왔으며 소, 말, 양, 물소, 낙타 등의 젖이 있으나 이 중에서 가장 보편적으로 사용하는 것이 우유(牛乳)이다. 우리나라에서는 삼국시대 우유에 대한 기록이 있으며, 단일식품 중 가장 완전에 가까운 식품이다.

'우유'는 영양소의 균형이 우수하고 특히 양질의 단백질과 지질, 칼슘의 공급원이다. 소비량도 매년 증가하고 있으며 대부분 음용(飮用)으로 이용되고, 최근에는 유제품의 종류도 한층 더 다양화되고 있다.

제1절 우유

1. 우유의 구성성분

우유의 일반성분은 소의 품종, 사료, 비유기 연령 등에 의해 차이가 있다.

1) 유당

일반적으로 우유는 85~89%의 수분과 4.1~5.0%의 당질이 있는데, 그 중 99.8%는 유당이고 그 외에는 글루코오스와 갈락토오스 등이 있다.

'유당'은 장내에서 유산균 증식에 좋은 환경을 제공하고 유해균의 번식을 억제한다. 그러나 유당의 분해효소인 락타아제가 체내에서 생성되지 않는 유당 불내증이 있으면, 유당을 분해할 수가 없어 우유를 소화시키지 못하거나 설사를 하게 된다.

글루코오스 glucose
갈락토오스 galactose
유당 lactose

2) 단백질

카제인 casein

유청 단백질 whey protein

우유의 단백질은 필수아미노산을 고르게 함유하고 있다. 단백질 중 75~80%가 카제인이고, 20~25%가 유청 단백질이다.

카제인은 우유의 주요 단백질로, 칼슘과 결합된 상태로 존재하며 인단백질에 속한다. 열에는 응고되지 않으나 레닌이라는 응유효소를 넣으면 불용성 커드를 형성하여 침전되는데, 이를 이용하여 치즈를 만든다. 또한 카제인 단백질의 등전점인 pH4.5에서도 불용성 커드를 형성하고 과일, 채소, 커피, 차의 페놀성분에 의해서도 응고한다.

락트알부민 lactalbumin

락토글로불린 lactoglobulin

면역글로불린 immunoglobulin

유청단백질에는 락트알부민과 락토글로불린, 면역글로불린 등이 있다. 락트알부민은 물에 녹으며, 카제인과는 달리 산에 응고되지 않으며 모두 60℃ 이상의 온도에서 응고되는 성질이 있어 가열하게 되면 응고물이 생긴다. 계란에는 락트알부민 함량이 높아 계란을 가열하면 응고되는 것이다. 우유 가열시 엷은 막이 생기는데, 이것이 락트알부민이다. 이것은 응고된 후 냄비의 바닥에 침전하기 때문에 우유가 가열에 의해 잘 눌어붙는 것이다.

3) 지방

우유의 지방은 대부분 중성지방으로 구성지방산은 탄소수가 4~10개인 저급 지방산이 많으며, 이들은 소화 흡수가 잘 된다. 콜레스테롤과 인지질인 레시틴이 들어 있으며 불포화지방산인 리놀레산과 아라키돈산도 함유되어 있다. 우유의 지방은 함량이 5% 이상인 우유가 질이 좋다. 저지방우유는 지방 함량이 1.7%이고, 무지방(탈지유) 우유는 0.1%의 지방이다.

4) 비타민 및 무기질

무기질은 0.5~1.1% 정도를 함유하고 있으며, 그 중 주요 종류는 칼슘, 인, 마그네슘, 칼륨, 나트륨, 염소, 황 등이 있다. 우유에는 각종 비타민인 A, B_1, B_2, B_6, C, D, 니아신 등이 함유되어 있으나 비타민 C는 소량 함유되어 있다. 전유에는 비타민 D가 에르고스테롤 및 7-데히드로콜레스테롤의 형태로 함유되어 있으나 소량이므로, 칼슘의 체내 흡수를 돕기 위해 비타민 C, D를 강화하기도 한다.

에르고스테롤 ergosterol

7-데히드로콜레스테롤 7-dehydrocholesterol

신선한 우유의 pH는 대략 6.6이며, 시간이 경과하면 젖산균이 젖산을 형성해 우유 내의 산도가 높아지므로 pH는 낮아진다.

5) 색

우유는 콜로이드 상태의 액체인데, 이는 우유의 지방 중 인지질이 있어서 유지방구가 서로 뭉치는 것을 방해하여 유화상태를 유지하게 된다. 우유의 지방구에는 카로티노이드가 있어서 황색을 띠며, 유청에는 비타민 B_2(리보플라빈)가 있어서 황색 및 형광색을 띠게 된다. 그래서 전체적으로 콜로이드 상태의 불투명한 흰색으로 보이는 것이다.

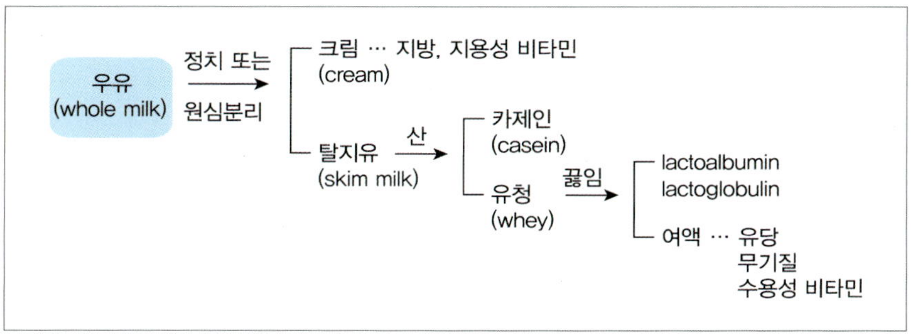

그림 12.1 우유의 분리

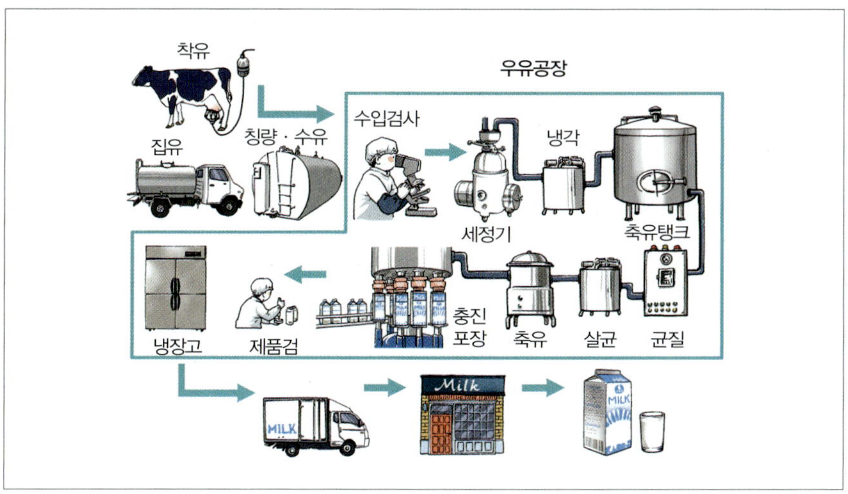

그림 12.2 우유의 가공

2. 우유의 가공

시판되는 우유는 생유를 살균 또는 멸균처리 하여 상품화한 것이다. 착유된 원유를 균질화 및 살균과정을 거쳐서 시판을 하게 된다. 이는 우유를 원료로 하여 전지분유, 탈지분유, 연유, 발효유, 전유 등 각종 유제품이 가공되어 이용되고 있다. 살균법으로 저온 살균, 고온 단시간 살균, 초고온 살균, 적외선 살균, 초음파 살균법을 쓴다.

1) 살균처리

시판우유의 성분 규격은 지방 3.0% 이상, 세균수 1㎖ 당 5만 이하, 대장균 1㎖ 당 10 이하, 산도 젖산으로 0.18 이하, 비중 1.028~1.034 등으로 규정하고 있다.

저온살균법 pasteurization

고온단시간살균법 high temperature short time pasteurization

초고온살균법 ultrahigh temperature process

- 저온 살균법 : 62~63℃에서 30분간 가열 처리
- 고온단시간 살균법 : 72~75℃에서 15~30초간 처리
- 초고온 살균법 : 120~140℃로 1~2초간 처리

2) 균질처리

우유를 방치할 경우 우유의 위쪽에 크림층이 형성되므로, 이를 막기 위해 균질화 하는 과정이다. 우유를 40~65℃에서 140~175kg/cm^{2}의 압력으로 세공파이프를 통과시켜 우유 중의 지방구를 원래 지방구 직경의 약 1/6이 되도록 기계적으로 세분한다. 균질화 하는 이유는 지방의 큰 덩어리를 작은 덩어리로 만들어 지방층 분리가 일어나지 않는데, 점성이 높아지고 풍미도 증진되며 소화 흡수율도 증진된다. 반면, 지방구가 세분화되면서 표면적이 커져 산패되기가 쉽다.

3. 우유의 조리

1) 우유의 가열에 의한 변화

(1) 가열취 생성

가열취 cooked flavor

우유를 74℃ 이상으로 끓이면 가열취가 나는데, 이것은 락토글로불린과 지방구의

막을 형성하고 있는 단백질의 열변성에 의해서 생기는 것이다. 그 이상의 높은 온도로 가열하면 캐러멜 냄새가 난다. 냄비에 단백질과 유당이 엉겨 눌어붙는데, 이것을 방지하기 위하여 이중냄비를 사용하고 가끔씩 고루 저어가며 끓인다.

열변성
heat denaturation

(2) 피막 형성

뚜껑을 덮지 않고 가열을 하면 표면에 피막이 생긴다. 피막은 우유 중에 분산되어 있는 지방구가 가열에 의하여 응고한 단백질과 무기질 등이 엉겨 표면에 뜬 것으로, 이것을 제거하면 영양소의 손실을 가져온다. 이 현상은 60~65℃ 이상이 되면 일어나므로 우유를 끓일 경우에는 온도에 신중하게 조심해야 한다.

(3) 색의 변화

우유를 가열하면 엷은 누런색을 띠게 된다. 우유속의 아미노기와 락토오스와의 메일라드 반응과 가열에 의해 수분은 증발되고, 농축된 락토오스가 캐러멜화가 일어난 것이다.

2) 산에 의한 변화

단백질의 주성분이 카제인인데, 산이나 레닌에 의해 응고되고, 이러한 성질을 이용하여 치즈를 만든다. 카제인은 우유의 정상 pH6.6에서 카제인의 등전점인 pH4.6 이하로 내려가면 침전하여 응고된다.

카제인
casein

카제인은 우유 속에서 칼슘 포스포카세네이트 형태로 존재하는데, 칼슘은 양전하를 띠고 포스포 카제인은 음전하를 띤다. 산의 첨가로 수소이온이 많이 존재하게 되면 양전하인 칼슘은 떨어져 나가고, 수소이온인 카제인과 결합하여 중화되어 침전하게 된다. 따라서 산에 의한 카제인의 응고는 칼슘의 함량이 적다.

포스포카세네이트
phosphocaseinate

우유 조리 시 토마토, 레몬과 라임주스, 유산균 등을 첨가할 때 산을 휘발시킨 후 넣어야 우유가 응고하여 혼탁해지는 것을 막을 수 있다.

3) 레닌에 의한 변화

레닌
renin

렌네트
rennet

레닌, 렌네트는 우유를 응고시키는 효소이다. 레닌은 포유동물의 위 점막에 존재하는 응유효소로서 우유를 응고시켜 소화효소의 작용을 받기 쉽도록 도와주는 효소이다.

카파-카제인
K-Casein

카파-카제인은 레닌에 의해 펩티드 결합이 깨지며 산성부분을 잃어버리게 되고, 소수성 결합에 의해 유장 속에서 망상구조를 이루며 응고된다. 레닌에 의해 응고된 것은 칼슘이 유청에서 분리되지 않아 산으로 침전하여 만든 치즈보다 칼슘의 함량이 높다. 레닌은 15℃ 이하에서는 응고되지 않으며 60℃ 이상에서는 불활성화 되므로 40℃ 전·후가 적합하다.

4) 폴리페놀 물질에 의한 변화

폴리페놀
polyphenol

탄닌성분
tannin component

응고
solidification

폴리페놀 물질은 과일과 채소, 차와 커피에 함유된 탄닌성분이다. 페놀화합물이 우유와 혼합되면 우유단백질이 탈수되어 응고가 일어난다.

5) 염에 의한 변화

우유는 소금과 같은 염에 의해 응고된다. 햄을 우유와 같이 가열하면 응고가 되는데, 햄에 소금이 들어있기 때문이다.

4. 조리 시 우유의 역할

캐러멜화 반응
caramelization

메일라드 반응
maillard reaction

콜로이드입자
colloidal particle

- 과자류에 우유를 사용하여 구워내면 바람직한 갈색이 된다. 이와 같은 빛깔은 설탕의 캐러멜 형성반응과 우유 중의 아미노산과 당(還元糖)의 메일라드 반응에 의한 것이다.
- 우유는 화이트소스, 크림소스와 같이 요리를 하얗게 한다.
- 콜로이드용액이기 때문에 수프, 스튜, 크림을 끓이는 데는 우유 특유의 부드러운 풍미를 준다.
- 우유 중의 칼슘은 단백질의 겔화를 용이하게 하며, 겔 강도도 강하게 하여 단단한 커스터드푸딩, 스크램블드에그를 만든다.
- 우유는 콜로이드입자로 되어 있어 여러 가지의 것을 흡착하는 성질이 있으므로, 생선을 익히기 전에 우유에 담가놓으면 생선의 비린내를 제거할 수 있다.

제2절 유제품

우유나 유제품은 유산균, 효모로 접종시켜 버터밀크, 요구르트, 사워크림(sour cream) 등의 여러 발효유 제품과 치즈 등의 제조에 이용된다.

1. 발효유

포유동물의 젖산균이나 효모를 배양·발효시켜 제조한 젖산음료이다. 크게 젖산만을 발효시킨 '젖산 발효유'와, 젖산 발효는 물론 알코올까지 발효시킨 '알코올 발효유'로 나뉜다. 발효유의 대표적 제품은 요구르트이다. 발효 버터유, 에시도필러스 밀크 등이 여기에 속한다.

젖산 발효유
lactic acid fermented milk

알코올 발효유
alcoholic fermented milk

2. 크림

우유를 오래도록 방치하거나 원심분리 시 생기는 지방이 많은 부분으로, 유지방이 18% 이상인 것을 의미한다. 지방 함량이 20~25%인 커피크림과 40~45%인 휘핑크림, 30~36%인 포말크림으로 나눈다. 휘핑크림은 주로 과자의 제조 조리용으로 사용되고, 생크림은 우유에서 분리한 지방분을 살균·냉각 처리한 것이며, 발효크림은 젖산균으로 발효시킨 것으로 사워크림이 여기에 속한다.

커피크림
coffee cream

휘핑크림
whipping cream

포말크림
whipped cream

3. 버터

우유에서 분리된 크림을 천천히 교반시켜 유지방구의 막을 파괴하여 유지방을 분리시키는데, 이 유지방만 모아 압착시킨 후 남아있는 수분을 분산시켜 유화상태로 만든 것이 '버터'이다. 크림의 발효 여부에 따라 발효 버터와 비발효 버터, 즉 생 버터로 나눠지는데, 발효 버터는 젖산균을 이용하여 크림을 발효시켜 만든 것으로 풍미가 좋고, 생 버터는 향기가 적은 대신 담백하여 보존하기에 좋다. 버터의 색은 카로틴에 의한 것이며, 그 함량은 소의 품종이나 사료의 종류에 따라 많은 차이가 있다.

발효 버터
fermented butter

비발효 버터
unfermented butter

젖산균
streptococcus lactis

유지방이 80% 이상, 수분 16% 내 · 외, 무지고형분 1%, 무기질 2%, 소금 1.5% 정도를 함유하며, 특히 비타민 A가 많다. 무염 버터는 제과용으로, 가염 버터는 식탁용으로 많이 사용된다. 휩 버터는 발효 버터를 만든 후 다시 공기를 불어 넣어 만든 것으로 주로 제과용으로 많이 쓴다.

버터의 제조공정

크림중화 → 살균발효 → 교동 → 세척 → 가염연압

4. 치즈

'치즈'는 우유의 단백질과 지방, 무기질, 비타민 등을 포함하고 있는 영양가 높은 식품이며, 쉽게 부패되지 않게 만든 저장식품이다. 치즈는 우유에 유산균을 첨가하여 발효시킨 후 레닛이나 응유효소를 작용시켜 파라카제인을 칼슘이온과 결합시킨 응고물인 커드(curd) 응고한 것과, 카제인의 등전점을 이용하여 산을 첨가하여 카제인을 응고한 것이 있다.

레닛 rennet

파라카제인 para-casein

치즈는 소, 염소, 양 등 원료유의 종류, 수분 함량, 숙성에 이용되는 미생물의 종류에 따라 매우 다양하다. 따라서 치즈는 수분 함량에 의해 연질과 경질로 나뉘며, 숙성하는 것과 숙성하지 않는 것으로 분류한다. 숙성하는 것은 숙성에 이용되는 세균, 곰팡이에 의해 구분된다. 숙성 여부에 의해 자연 치즈와 가공 치즈로 나뉘는데, 가공 치즈는 두 가지 이상의 자연 치즈를 분쇄, 가열, 용해, 유화한 것으로 영양가와 저장성을 높인 것이다.

자연 치즈 natural cheese

가공 치즈 process cheese

5. 가당연유

탈지우유 또는 보통우유를 진공농축기에서 농축시켜 고농도의 설탕을 첨가하여 만들어진 제품이다. 무당연유는 설탕을 첨가하지 않고 멸균한 제품이며 제과, 아이스크림의 원료로 사용하며, 무당연유는 커피크림, 유아용, 제과용으로 사용한다.

무당연유 unsweetened condensed milk

6. 분유

우유, 탈지유를 농축·건조시켜 분말로 만들어 저장과 수송이 편리하게 한 것이다. 탈지분유, 전지분유, 조제분유, 분말유청 등이 있다.

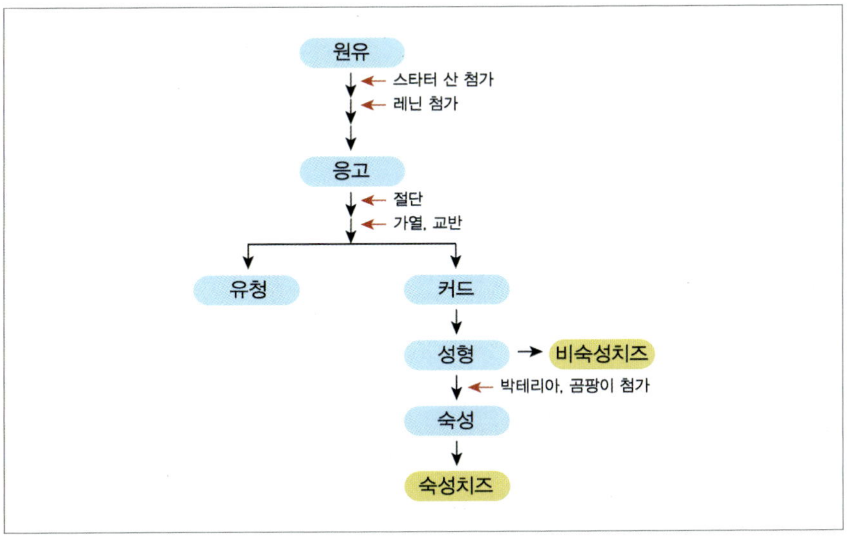

그림 12.3 치즈의 제조과정

표 12.1 치즈의 분류

분류	수분 함량	숙성 방법과 숙성 관여 미생물		치즈의 종류
연질치즈	40~75%	곰팡이		카망베르(프랑스), 브리(프랑스)
		숙성시키지 않은 것		코티지(미국, 유럽), 리코타, 크림(미국, 유럽), 모짜렐라(이탈리아), 페타
반경질치즈	38~45%	세균		브릭(미국), 뮌스터(독일), 고다(네덜란드), 림버거(벨기에), 하바티(덴마크)
		푸른곰팡이		로크포르(프랑스), 고르곤졸라(이탈리아), 블루(각국 푸른곰팡이), 스틸톤(영국)
경질치즈	30~40%	세균	기공이 큰 것	에멘탈(스위스), 그루이에르(프랑스)
			기공이 작은 것	에담(네덜란드)
			기공이 없는 것	체다(영국), 골비(미국)
초경질치즈	25~30%	세균		파마산(이탈리아), 로마노(이탈리아)
기타 가공치즈				훈제치즈, 분말치즈, 퐁듀치즈, 과일치즈, 슬라이스 가공치즈

7. 아이스크림

크림을 주원료로 하여 유제품(탈지유, 버터밀크, 탈지분유, 연유), 감미료, 달걀제품, 안정제, 유화제 등이 첨가된다. 안정제는 겔 형성 및 균질성을 주며 조직을 부드럽게 해준다. 좋은 질의 아이스크림은 약 10%의 우유지방이 함유되어 있으며 무지유고형분을 15% 이상 함유하고 있는 것이다.

8. 요구르트

젖산 박테리아
lactobacillus bulgaricus

유고형분이 15% 정도가 되도록 1/2로 농축시킨 탈지유를 8%의 설탕을 넣고 살균한 후, 2%의 젖산 박테리아를 넣어 33~37°C로 4~5시간 발효시킨 것이다.

표 12.2 우유의 가공방법과 종류

구 분	종 류	비 고
액상유제품 (액상유)	생유 보통유 탈지유 유음료	유아용 조제유, 비타민 D 강화우유, 저지방우유, 과실(딸기, 바나나, 커피, 초코)
지방성 유제품 (크림유)	크림 지방치환크림 버터	고지방, 보통지방 고지방, 보통지방 가염버터, 무염버터, 사워크림
발효유제품 (발효유)	젖산균 발효유 젖산균 음료	칼피스, 요구르트, 요플레
냉동유제품	아이스크림 아이스밀크	고지방, 보통지방
건조유제품 (분유)	전지분유 탈지분유 특수 조제분유	락토조제분유
농축유제품 (연유)	무당연유 가당연유	전지연유, 탈지연유
유단백가공품 (치즈)	자연치즈 가공치즈	코티지치즈, 체다치즈, 고다치즈

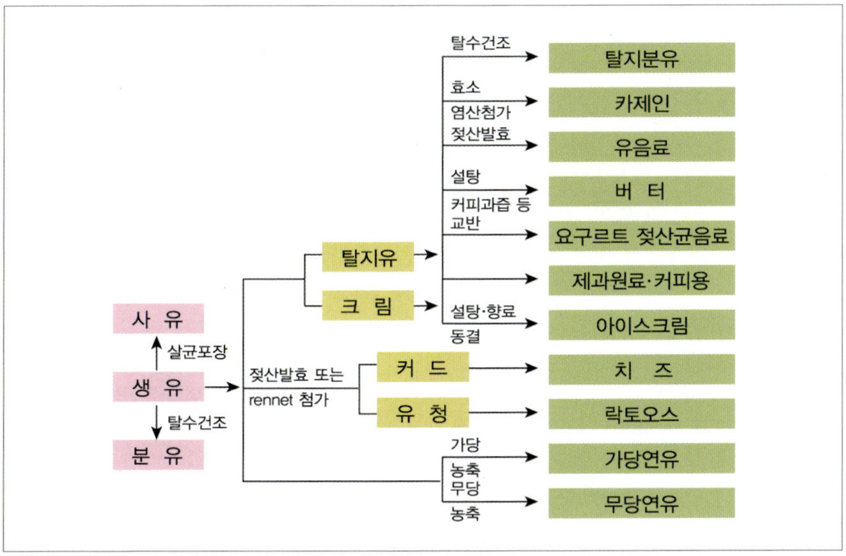

그림 12.4 우유의 가공제품

Exercise

1 (   )은 우유의 주요 단백질로 칼슘과 결합된 상태로 존재하며, 인단백질에 속한다.

2 카제인은 열에는 응고되지 않으나 (   )이라는 응유효소를 넣으면 불용성 커드를 형성하여 침전되는데, 이를 이용하여 치즈를 만든다.

3 우유 가열시 냄비바닥에 잘 눌러 붙는데, 원인물질은 무엇인가?

4 균질처리의 목적을 쓰시오.

5 우유단백질의 주성분인 (   )인데, 산이나 레닌에 의해 응고되며, 이러한 성질을 이용하여 (   )를 만든다.

6 우유 조리 시 토마토, 레몬과 라임주스 등을 첨가하면 우유가 응고하여 혼탁해지는데, 이것을 막기 위해 어떻게 해야 하는가?

7 과일과 채소, 차와 커피 등에 우유를 혼합하면 어떤 변화가 일어나는가?

8 우유 중의 (   )은 단백질의 겔화를 용이하게 하며, 겔 강도도 강하게 하여 단단한 커스터드푸딩, 스크램블드에그를 만든다.

9 카제인을 응고시키는 방법은 발효방법과 등전점을 이용한 방법이 있다. 각각의 치즈 만드는 방법을 쓰시오.

10 (   )은 우유를 오래 방치하거나 원심분리 시 생기는 지방이 많은 부분으로, 유지방이 18% 이상인 것을 의미한다.

COOKING 13 PRINCIPLES

CHAPTER 13

Sea Algae and Fungi

해조류 및 버섯류

제1절 해조류

해조류
sea algae

'해조류'는 포자로 번식하는 하등동물이며 엽록소로 동화작용을 한다. 물속에서 생육하고 엽록소를 통해 영양을 합성하는 식물이며 뿌리, 줄기, 잎의 구분이 없다. 우리나라는 삼면이 바다로 둘러싸여 있어 좋은 어장을 가지고 있으며, 해안에 서식하는 500여종의 해조류 중 50여종이 식용으로 이용되고 있다. 우리나라 사람이 즐겨먹는 해조류는 김, 미역, 다시마, 파래, 톳, 마자반, 청각 등이다.

해조류는 주성분이 점성 다당류로 소화율이 낮으며 칼로리가 거의 없다. 최근에는 이들 해조류들로부터 추출한 물질인 카라기난, 알긴산, 한천 등을 식품의 물성 계량제, 유해물질 제거 기능으로 널리 사용하고 있고, 이외에도 사료용, 의약용, 화장품 첨가제, 비료용으로도 널리 사용하고 있다.

1. 해조류의 일반성분

1) 당질

녹조류
green algae

'당질'은 40~50%이고, 대부분 비소화성 복합다당류로 소화율이 낮아서 저열량 식품에 이용된다. 녹조류에는 셀룰로오스, 헤미셀룰로오스가 있고, 갈조류에는 알긴산, 셀룰로오스, 푸코이딘, 홍조류에는 한천, 만난 등이 있다.

2) 단백질, 지질

'단백질'은 5~40%이며 말린 것은 단백질이 10% 정도 포함되어 있으며 메티오닌,

필수아미노산 essential amino acid
유리아미노산 free amino acid

라이신은 부족하나 필수아미노산이 많아 단백가도 높은 편이다. 클로렐라가 40~50%, 김이 30% 이상으로 고단백 식품이며, 유리아미노산의 함량도 높아서 좋은 맛을 낸다. 지방은 0.5~15%로 소량만 함유되어 있다.

3) 비타민과 무기질

무기질인 칼슘, 철, 요오드, 비타민 A가 풍부하다. 특히 칼륨이 많이 함유되어 있어 알칼리성 식품으로 알려져 있다. 비타민 C, 비타민 B_2, 나이아신의 함량이 많다. 김은 비타민 A의 좋은 공급원이 된다.

4) 감칠맛

글루타민산 glutamic acid

김에는 글리신, 알라닌 등의 유리아미노산과 솔비톨, 둘시톨 등의 당알코올이 함유되어 있어 단맛을 낸다. 그리고 글루타민산은 구수하고 좋은 맛을 낸다.

2. 해조류의 종류

갈조류 brown algae
홍조류 red algae

'해조류'는 서식하는 위치에 따라 분포하는 색소가 다르고, 색소에 따라서 분류할 수가 있다. 녹조류가 가장 바다 표면 가까이 생육하는데, 갈조류, 홍조류 순이다. 녹조류에는 청태, 청각, 파래, 클로렐라가 해당하며, 갈조류에는 미역, 다시마, 톳 등이 있고, 홍조류는 김, 우뭇가사리 등이 있다. 갈조류는 수온이 낮은 동해안에서 생산되며, 홍조류는 수온이 높은 남해안에서 많이 생산된다.

1) 녹조류

(1) 청각

청각 sea staghorn

'청각'은 몸의 길이가 15~40cm로 8~9월에 성장이 완료된다. 몸은 부드럽고 사슴뿔 모양으로 가지가 갈라져 있으며, 암석·조개껍질 또는 다른 해조류 등에 붙어서 산다. 예로부터 김치의 맛을 돋운다고 기록되어 있으며 물김치를 담그거나 나물처럼 무쳐서 먹는데, 특히 김장김치에 시원한 맛을 준다. 김장철에 수확되므로 김장김치를 담글 때에 김치의 속재료에 섞어서 사용한다.

표 13.1 해조류의 영양성분(100g)

종류	에너지 (kcal)	수분 (%)	단백질 (g)	지방 (g)	탄수화물 (g)	섬유소 (g)	무기질					비타민				폐기율 (%)
							칼슘 (mg)	인 (mg)	철 (mg)	칼륨 (mg)	A (R.E)	B_1 (mg)	B_2 (mg)	나이아신 (mg)	C (mg)	
김(건)	252	11.4	38.6	1.7	40.3	1.7	325	762	17.6	3,503	3,750	1.20	2.95	10.4	93	0
미역(건)	97	16.0	20.0	2.9	36.3	2.4	959	307	9.1	5,500	555	0.26	1.00	4.5	18	0
다시마(건)	87	12.3	7.4	1.1	45.2	4.1	708	186	6.3	7,500	96	0.22	0.45	4.5	18	0
파래(생)	8	90.5	2.4	0.1	3.0	0.3	22	31	13.7	427	105	0.02	0.11	0.6	15	–
톳(생)	26	88.1	1.9	0.4	4.0	5.0	157	32	3.9	1,778	63	0.01	0.07	1.9	4	0
모자반(생)	12	86.2	1.8	0.2	6.7	0.5	209	61	2.1	–	–	–	–	–	–	0
우뭇가사리	89	70.3	4.2	0.2	18.5	3.0	183	47	3.9	980	360	0.04	0.43	1.1	15	0
청각(생)	7	95.1	1.7	0.3	2.2	0.2	40	18	4.6	152	0	0.01	0.05	1.4	9	0

※ – : 수치가 애매하거나 측정되지 않음.
자료 : 식품성분표 제7개정판. 2006.

(2) 파래

청태 green moss

녹조류 중에서 대표적인 식품으로 '청태'라고도 부르는데, 선명한 녹색을 띠고 있으며 향기가 많고 맛이 독특하다. 단백질 20~30%, 무기염류 10~15%, 비타민 A가 다량으로 포함되어 있을 뿐만 아니라 비타민 B_1, 리보플라빈, 나이아신을 포함하고 있는데, 특히 칼슘과 철분이 많이 들어 있으며 알칼리성 식품으로 질이 매우 우수한 식품이다. 대장의 연동운동을 돕는 식물성 섬유질이 풍부하게 함유되어 있어 배변을 원활하게 하는 효과가 있다. 파래는 김에 섞어 파래김으로 많이 이용하며, 생것을 무쳐서 먹거나 마른 것을 구워서 먹기도 한다.

알칼리성식품 alkaline food

2) 갈조류

(1) 미역

갈조류 brown algae

'미역'은 갈조류 미역과의 1년생 바닷말로써, 몸은 암갈색을 띠고 만져서 촉감이 좋은 것이 상품으로 미역을 해채, 감곽, 자채, 해대 등으로 부른다. 수분 함량이 20% 이하이고, 단백질은 10% 정도로 비교적 높은 편이며, 특히 칼슘, 요오드 함량이 매우 높다. 미역에는 섬유질인 알긴산, 만니톨, 라미나린 등이 다량으로 함유되어 있어 포만감을 주고 배변을 원활하게 해준다. 또한 비만을 예방하고 콜레스테롤을 저하시킨다. 특히 산모의 피를 맑게 해주며, 혈액순환을 원활하게 해주어 산모에게 적합하다.

젖이 뭉쳐지지 않게 하면서 소변의 배설을 도움으로써 산모의 젖 분비를 촉진한다.

생미역은 주로 건조해서 사용하나, 소금에 절여서 가공한 염장미역도 있다. 돌미역 또는 쇠미역은 미역 가운데 드문드문 구멍이 나 있으며, 말리지 않고 초고추장을 찍어먹거나 쌈을 싸서 먹을 수 있다. 식품가공 시 알긴산은 아이스크림, 잼, 마요네즈 등의 점성도를 증가시키는 데 이용한다.

(2) 톳

말린 톳은 '녹미채', '토의채'라고 부르며, 주로 남해안과 제주도에서 생산한다. 톳에는 알긴산 함량이 풍부하여 농약, 중금속 등의 배설을 촉진하는 효과로 해독작용을 한다. 장 속의 나트륨을 체외로 배설시켜 고혈압 예방에도 좋다. 칼슘은 우유의 16배에 달하며, 철분은 우유의 55배에 이르고, 아연은 민물장어의 20배에 달한다. 따라서 성장기 어린이에게 꼭 필요한 식품이다. 우리나라에서 생산되는 톳의 대부분은 일본인들이 소비하고 있으며, 톳밥이나 또는 데쳐서 무치거나 된장국에 넣어 조미하여 먹는다.

(3) 다시마

다시마는 '곤포'라고도 하며 '바다의 채소'라고 부른다. 해조류 중 탄수화물 함량이 가장 많으며, 그 중 20%가 섬유질이고 나머지가 알긴산이므로 지방의 흡수를 방해하고 배변의 양을 늘려 주어 변비에 효과적이다. 또한 알긴산은 생체 내 중금속의 흡수를 억제한다. 다시마에는 글루탐산, 아스파르트산, 숙신산 등이 풍부하여 20℃의 물에 30분 정도 담그면 우러나와 구수한 맛을 낸다. 또한 칼슘, 나이아신, 비타민 C, 요오드의 함량이 매우 높다. 또한 생것은 쌈용으로 이용되고 주로 국물을 내거나 튀각으로 사용되어 왔다.

알긴산 alginic acid

글루탐산 glutamic acid

아스파르트산 aspartic acid

숙신산 succinic acid

만니톨 mannitol

다시마 표면의 흰가루는 만니톨 성분으로, 물로 씻으면 다 손실이 되므로 젖은 행주로 닦은 후 사용한다. 잎이 주름이 없고 두껍고 검은빛이 도는 것이 좋은 것이다.

3) 홍조류

(1) 김

김(laver)은 '해태'라고도 하며, 우리나라의 김은 세계적으로 매우 우수하다.

바다의 암초에 이끼처럼 붙어서 자라며 빛깔은 자줏빛 또는 붉은 자줏빛을 띤다. 건조과정에서 김을 장기간 보관하면 붉은색으로 변하는데, 습기가 있으면 더욱 빨리 변한다. 김의 색에서 붉은 색은 푸코에리트로빈이고, 녹색은 클로로필에 의한 것이다. 저장기간 동안 빛이나 습기에 의해 분해되고, 흑갈색으로 변색되며 향도 나빠지게 된다.

클로로필 chlorophyll

김의 단백질 함량은 약 38%로 매우 높고 필수아미노산을 고루 함유하고 있으며, 특히 타우린의 함량이 매우 많다. 글리신, 알라닌 등의 아미노산이 많아 특유의 감칠맛을 준다. 솔비톨과 둘시톨 같은 당알코올이 있어 지미의 상승효과가 생긴다. 김을 가열하면 이들이 용출되기가 쉬운 상태가 되어 입안에서 구수하고 단맛을 낸다. 또한 비타민 A, 비타민 B군, 비타민 C 등의 비타민이 풍부하며, 특히 B_2가 많이 들어있다. 칼슘, 철, 칼륨이 풍부한 알칼리성 식품이다. 김구이, 김장아찌, 김부각, 김자반 등으로 조리한다.

글리신 glycine

알라닌 alanine

솔비톨 sorbitol

둘시톨 dulcitol

(2) 우뭇가사리

홍조류에 속하며, 포자에서 발아하여 1년만에 성숙하여 상부에 작은 가지가 나고 여기에서 포자가 형성된다. 당질은 갈락토오스가 주성분이고, 세포 내에 한천이 들어있어 우뭇가사리에 물을 넣고 푹 고아서 즙을 분리하여 한천을 만든 후 식용, 약용, 연구용, 공업용 등으로 많이 사용한다.

갈락토오스 galactose

한천은 우수한 겔화제로써 설탕과 같이 가열하면 점탄성이 증가하고 더 잘 응고하나, 유기산이나 우유같은 단백질은 겔화를 방해한다. 한천은 미생물 배양배지, 젤리, 양갱, 식품첨가물 등으로 이용된다. 또한 소화가 되지 않는 저칼로리 식품이며, 우뭇가사리(agar-agar)는 우뭇가사리 묵밥, 샐러드, 냉채, 무침 등으로 먹는다.

3. 한천

1) 한천이란?

우뭇가사리와 같은 홍조류에서 추출되는 다당류이다. '한천'은 홍조류를 건조한 후 뜨거운 물에 녹여 동결 건조시켜서 만든다. 한천은 오래 전부터 양조업의 청정제, 식

한천 agar

품공업의 응고제, 겔 형성제, 증점제로 식품첨가물에 이용하며, 의약품 · 화장품 · 가축사료 및 공업원료 등으로 널리 이용되고 있는 대표적인 해조류 다당류이다.

국내의 경우에는 해마다 그 생산량이 약 3,600톤에 이르고 있어, 비교적 풍부한 수산자원의 하나라고 할 수 있다. 국내의 한천은 제주도 및 남해안 일대에서 많은 양이 생산되고 있으며, 품질 또한 뛰어난 것으로 알려져 있다. 또한 한천의 분해산물의 기능성도 고부가가치화 되는 것으로 알려지고 있다. 한천의 올리고당은 생체에 다양한 기능성을 가지는 것으로 알려져 있다.

2) 한천의 용도

(1) 응고제

응고제 coagulant

잼이나 음료 이외에 젤리처럼 과일에 설탕을 넣어 끓인 후 식혀서 차게 하여 디저트로 만들고자 할 때 농도가 묽어 흐르게 된다. 이를 굳혀줄 응고제가 필요하다. 한천은 겔화제로서의 기능을 하여 젤리처럼 굳는다.

(2) 고정액

미생물 분리 동정과 같은 미생물 측정실험 시 미생물이 잘 번식할 수 있는 고정액이 필요하다. 한천은 세균에 의해 잘 분해되지 않고 응고력도 강하기 때문에 미생물의 생육에 적합하다. 또한 한천은 너무 딱딱하지도 않고 건조하지도 않기 때문에 미생물이 번식하기에 좋은 환경을 제공한다.

(3) 증점제

화장품이나 소스류 등의 제품들은 적당한 흐름성이 있어야 한다. 농도가 너무 묽으면 흘러서 사용하기에 불편하다. 이러한 한천은 점성을 증가시켜 적절한 농도를 제공할 수 있다.

(4) 유화제

제과제빵, 아이스크림 등은 물과 지방이 함께 존재하는데, 이들이 분리될 경우 아이스크림은 쉽게 녹아 금방 흐르게 되고, 케이크류는 질감이 떨어지게 된다. 여기에 한천을 넣으면 물과 지방을 잘 섞이게 하며 분리되지가 않아 안정감을 줄 뿐만 아니라 부피도 증가하게 된다. 이슬람 문화권에서는 라마단 기간에 한천을 먹는 풍습이 있고, 구미에서도 제과제빵용으로 사용하며, 우리나라에서는 양갱, 한천묵, 젤리 등에 사용되고 있다.

3) 한천의 성분

겔 형성력이 좋은 아가로오스와 아가로펙틴의 두 성분으로 약 7대 3으로 혼합되어 있다. 아가로스는 겔 형성력이 크며, 아가로펙틴은 점탄성을 크게 한다. 이들은 소화효소에 의해 소화되지 않기 때문에 변비 및 다이어트에 효과적이다.

아가로오스
agrose

아가로펙틴
agaropectin

4) 한천의 제조

우뭇가사리와 같은 홍조류의 추출액을 여과하고 냉각한 후 얻어진 겔을 잘게 썰어서 동결시킨다. 이 때 함유된 수분은 해동시켜 제거하고 냉동과 해동의 과정을 반복하여 수용성 불순물 등을 제거한다. 그 후 건조 탈수하여 여러 모양으로 제조하거나 분말 형태로 만들어 시판된다.

5) 한천의 성질

(1) 보수성과 겔 형성능력

물에 녹지는 않으나 물을 넣으면 물을 흡수하여 팽창하게 된다. 이를 가열하면 용해되고, 냉각하면 다시 겔화 하는데 보통 40℃ 전·후에서 겔화 하며, 일단 겔화 한 것은 80~85℃가 아니면 녹지 않는 특성이 있다.

한천의 응고는 한천의 농도, 설탕의 첨가량에 따라 다르다. 즉 한천의 농도가 높을수록, 설탕의 농도가 높을수록 응고온도는 높아지고 굳기가 쉬워진다. 이처럼 농도가 진할수록 단단한 형태의 겔을 형성하며, 보통 0.2~0.3% 용액으로 겔을 형성하나 1~2%에서 매우 단단한 형태의 겔을 형성한다.

(2) 이수

한천을 겔화 한 후 가만히 두면 겔에 함유되어 있는 분산매가 겔 밖으로 분리되어

이수현상 syneresis

나오는 현상을 '이수현상'이라 한다. 이것은 시간이 지남에 따라 겔을 구성하고 있는 3차원적인 그물구조가 수축하여 망 속에 갇혀 있던 유리수가 빠져나오는 것이다. 한천농도가 1% 이상이고, 설탕농도가 60% 이상이면 이장은 일어나지 않는다.

6) 조리 시 첨가물의 영향

(1) 설탕

한천을 겔화 할 때 설탕을 넣게 되면 겔의 강도가 더 커지며 투명도도 증가한다. 그러나 설탕을 넣을 경우 응고되는 온도는 더 높아진다. 즉 설탕을 넣지 않을 때는 약 33℃에서 응고가 시작되었다면, 설탕을 첨가하게 되면 응고온도는 약 38℃로 높아진다. 이는 겔 형성 시 망상구조에 갇힌 물분자가 설탕의 탈수작용에 의해 제거되어 한천분자 간의 결합을 촉진시키기 때문이다. 그러나 75% 이상의 설탕을 첨가하게 되면 오히려 겔의 망상구조 형성이 어려워 겔의 강도는 저하된다.

망상구조 network structure

(2) 산

과즙을 넣고 끓여 젤리를 제조하는 경우, 과즙의 유기산 작용에 의해 겔의 강도가 약해진다. 한천은 산에는 약하여 가수분해 되기 때문에 과즙을 첨가한 겔을 만들 때는 한천을 먼저 가열하여 용해시킨 후 60℃ 정도로 식혀서 과즙을 넣는 것이 좋다.

(3) 우유

한천 겔에 우유를 첨가하면 우유의 지방과 단백질이 한천 겔의 망사구조 형성을 방해하여 겔의 강도가 약해진다. 그러나 겔의 강도가 약해지나 이수현상이 감소하여 안정된 겔이 된다.

4. 젤라틴

1) 젤라틴이란?

콜라겐 collagen

젤라틴 gelatin

동물의 가죽, 뼈, 건 등에서 얻어지는 콜라겐을 물과 장시간 끓여서 얻어진 유도단백질의 하나이다. '젤라틴'은 단백질이기는 하나 트립토판 등 영양상의 중요한 아미노산이 없거나 또는 적으므로 그 영양적인 가치는 적다. 정제한 동물성 식품 젤라틴은 흡수성이 있어 물에 담그면 물을 흡수하여 팽윤한다. 농도가 높을수록 빨리 응고하는데, 2~3% 이상의 농도에서 탄성이 있는 겔이 된다. 온도가 높으면 변형되며 온도가 낮을수록 빨리 응고된다.

2) 젤라틴의 용도

젤라틴도 한천과 마찬가지로 응고제로 이용된다. 아이스크림, 젤리, 마시멜로에 첨가되며 한천보다 탄력도, 투명도가 높다. 그리고 사진감광막, 접착제, 지혈제(止血劑), 가공식품, 약용, 캡슐, 미생물의 배양기(培養基) 등에 주로 사용된다.

3) 조리 시 첨가물의 영향

(1) 산

과일즙, 레몬주스, 식초 등과 같은 산은 젤라틴 응고 형성을 방해한다.

(2) 염류

염류는 단단한 응고물을 형성시키므로 소금(NaCl)을 첨가하거나 무기질이 많이 함유된 경수를 사용하면 단단해진다.

경수
hard water

(3) 설탕

설탕의 첨가는 겔의 강도를 감소시킨다. 설탕은 20~25%가 적당하다.

(4) 효소

과일 속의 함유된 단백질 분해효소는 단백질인 젤라틴을 분해시켜, 응고형성을 방해하므로 2분 정도 가열하여 효소를 불활성화 시킨 후 사용한다.

표 13.2 젤라틴 젤과 한천 겔의 특성

특성	젤라틴 겔	한천 겔
주성분	단백질, 콜라겐	당질, 불용성 식이섬유
제조법	동물조직 내 콜라겐을 산 또는 알칼리로 분해한 후 정제한 동물성 식품	해조류인 우뭇가사리를 삶아 얻은 콜로이드용액을 냉각하여 겔화 시킨 식물성 식품
제품	입상, 판상, 분상	실 한천, 봉모양 한천, 분말상 한천
영양적 가치	불완전단백질로 우유, 육류, 달걀과 함께 사용하면 단백질의 질 향상	정장사용에 도움
소화성	소화됨	소화되지 않음
응고온도(℃)	3~15	30 전 · 후
융해온도(℃)	30~40	80~100
사용농도(%)	3~4	0.8~1.5
투명도	투명함	젤라틴 겔보다 불투명함
질감	부드러운 촉감을 가짐	단단하여 길게 갈라짐
작용	응고제, 유화제, 결정 방해물질	응고제
이용식품 예	족편, 미생물배지, 바바리안 크림, 무스케이크, 마시멜로, 과일젤리	과일젤리, 과일케이크, 양갱, 양장피, 저열량식품, 미생물배지

제2절 버섯류

1. 버섯

버섯은 균류 중에서 눈으로 식별할 수 있는 우산 모양의 자실체를 뜻하는 것이다. 버섯은 갓과 자루로 되어 있으며, 갓의 안쪽에 주름이 있고 그 안에 포자가 들어 있다. 이 포자가 발아되면 균사를 형성하고 균사체를 자실체라고 하는데, 이것이 곧 식용버섯이다. 균사체는 곰팡이의 일종으로 이 균사가 식물의 뿌리나 줄기에 기생하여 식물의 셀룰로오즈를 영양분으로 살아간다.

균사체 mycelium

자실체 fruit body

식용으로 이용되고 있는 것은 약 1,800여 종이며, 동양에서는 표고, 느타리, 목이버섯 등이 재배되며, 서양에서는 양송이가 주로 재배된다. 복령, 저령, 영지버섯 등은 주로 한약재로 쓰인다.

버섯은 맛이 담백하고 구수하여 국물에 감칠맛을 더해 주며 식감이 좋아 육류와도 잘 어울리는데, 전골·찌개 등에 쓰인다. 은은한 향기와 맛을 갖고 있어 전 세계 어느 나라에서나 기호도가 높으며, 영양가는 그다지 높지 않아 저열량식품으로 소비되고 있다. 최근에는 항암, 뇌졸중, 심장병 등의 성인병에 대한 예방과 개선효과가 있는 것으로 평가되어지고 있으며 콜레스테롤 저하, 고지혈증 개선, 혈전분해, 혈압 및 혈당강하, 노인성치매 개선 등에 이르기까지 여러 유효성분들이 있는 기능성식품으로 보고되고 있다.

생버섯의 수분 함량은 70~95%이고, 유기 및 무기성분은 5~30%이다. 말린 버섯은 단백질 15~30%, 지방 2~10%, 가용성 무기질 50%로 들어 있고, 비타민 B_1, B_2, B_6와 비타민 D의 전구체인 에르고스테롤이 많이 들어 있다. 그리고 버섯의 구수한 맛을 내는 아데닐산, 구아닐산, 글루타민산이 들어 있다.

에르고스테롤 ergosterol

아데닐산 adenylic acid),

구아닐산 guanylic acid),

글루타민산 glutamic acid

표 13.3 버섯류의 영양성분 및 폐기율(100g)

분류	에너지 (kcal)	수분 (%)	단백질 (g)	지질 (g)	탄수화물 (g)	섬유소 (g)	무기질			비타민			폐기율 (%)
							칼슘 (mg)	철 (mg)	칼륨 (mg)	B_1 (mg)	B_2 (mg)	나이아신 (mg)	
표고버섯(건)	272	10.6	18.1	3.1	63.7	6.7	19	3.3	2,140	0.48	1.57	19.0	0
송이버섯	36	87.3	2.7	0.3	8.8	1.2	2	3.3	404	0.15	0.48	4.7	0
양송이버섯	23	90.8	3.5	0.1	4.8	1.0	7	1.5	535	0.07	0.53	4.0	0
느타리버섯(생)	25	90.9	2.6	0.1	5.8	0.9	1	0.5	260	0.21	0.11	0.9	–
목이버섯(건)	248	14.8	10.0	0.3	71.4	8.3	173	41.1	861	0.09	1.08	0.6	0
팽이버섯	29	89.8	2.7	0.3	6.4	0.9	2	1.2	368	0.24	0.34	5.2	20
석이버섯(건)	279	15.1	4.4	1.8	77.4	6.6	78	54.6	90	0.10	0.01	1.6	0

※ – : 수치가 애매하거나 측정되지 않음.
자료 : 식품성분표 제7개정판. 2006.

2. 버섯의 성분과 종류

1) 표고버섯

생표고버섯은 봄과 가을에 밤나무, 졸참나무, 떡갈나무 등 활엽수의 줄기에서 군생을 한다. 갓이 적당하게 펴져 있어 모양이 원형, 타원형으로 고르고 일정하며 거북이

등처럼 갈라져 흰 줄무늬가 있는 것이 우수하다. '표고버섯(oak mushroom)'은 적당한 육질을 갖고 줄기가 통통하며 짧은 것이 좋고 찌개, 나물, 전, 튀김, 찜 등의 조리에 많이 이용된다. 특히 제주도에서 많이 나는데 '초기'라고 하여 초기전, 초기죽이 예전부터 유명하다. 표고버섯의 갓 부분에는 에르고스테롤이 많아 자외선을 쪼이면 비타민 D가 많아져 섭취 시 체내 칼슘 흡수를 조절한다.

건표고버섯은 맛 성분인 구아닐산과 향기 성분인 메티오닌이 들어 있어 특유의 맛난 맛과 특유의 향기를 지니므로, 사찰에서는 고기를 넣지 않는 대신 표고버섯을 많이 이용한다.

에리타데닌 eritadenine

β-글루칸 β-glucan

구아닐산, 만니톨, 트레할로스 등은 당유도체로 단맛을 내며 에리타데닌이라는 성분이 콜레스테롤의 대사를 촉진하고 그것을 체외로 배출하는 작용을 한다. β-글루칸은 면역기능 강화, 식균작용, 혈압 및 혈당 강하, 피부재생 및 노화방지 등을 한다. 품종의 이름은 채취상태에 따라 동고, 향고, 향신 등이 있다.

표 13.4 건표고버섯의 상품 특성

등급	품종	상품 특성
특품	화고	• 갓 : 피지 않은 상태이다. • 모양 : 고유의 모양을 갖추었다. • 색 : 연갈색 바탕에 거북이등처럼 갈라져 흰 줄무늬가 있다. 줄무늬가 많으면 백화고, 검은 바탕이 많으면 흑화고라 한다.
1등품	동고	• 갓 : 50% 미만으로 피지 않은 상태이다. • 모양 : 둥근 모형이고, 갓의 지름이 3cm 미만이며 오므라져 있다. • 색 : 봄 · 가을에 생산되는 버섯은 짙은 흑갈색이며, 여름 버섯은 고온 및 우천으로 빛바랜 갈색을 띤다.
2등품	향고	• 갓 : 동고보다 다소 핀 상태이다. • 모양 : 두께가 얇고 고유의 형태를 갖추지 못하였다. 동고보다 다소 큰 편이다. • 색 : 약간 노란빛이다.
3등품	향신	• 갓 : 90% 이상 피었다. • 모양 : 넓고 크며 얇다. • 색 : 누런빛이다.
4등품	등외	• 갓 : 만개하였다. • 모양 : 옆으로 퍼지고 일정한 형태가 없으며, 두께가 가장 얇다.

2) 송이버섯

'송이버섯(pine mushroom)'은 우리나라를 비롯한 일본, 북한, 중국대륙에서 주로 생산되며, 살아있는 소나무의 실뿌리에서 기생하며 자란다. "일 송이, 이 능이, 삼 표고, 사 석이"라는 말이 있는데, 이는 수많은 버섯 중에 송이를 으뜸으로 꼽는 말이다. 갓이 둥글며 갓 모양으로 피어나지 않은 것이 좋고, 은백이 선명한 것이 좋다. 또한 향이 진하고 자루 길이가 짧은 것이 좋다.

송이는 호흡작용을 방해하여 발육을 억제하기 위해 냉장수송이 필요하다. 씻을 때도 짧은 시간 내에 씻어 건져야 하며, 오랫동안 물에 담가두거나 껍질을 벗겨놓으면 향기가 없어진다. 글루탐산, 아스파르트산과 구아닐산은 감칠맛을 주며 송이 회 · 구이 · 산적 · 국 · 전골 등으로 먹는다. 송이버섯은 비타민 B_2, C, D가 많이 들어있을 뿐만 아니라 고단백, 저칼로리 식품으로 콜레스테롤을 줄여 성인병에 효과가 있다.

글루탐산
glutamic acid

아스파르트산
aspartic acid

3) 느타리버섯

'느타리버섯(agaric mushroom)'은 참나무나 오리나무 등의 뿌리에서 자라며, 인공재배도 많이 한다. '느타리'라는 이름은 '늦달이'가 변한 것으로, "늦은 가을에 달리는 버섯"을 뜻하며, 우리나라에서 제일 많이 생산되는 버섯이다. 맛이나 향은 약한 편이나 비타민 B_2와 나이아신이 풍부하고, 비타민 D의 전구체인 에르고스테롤이 많이 들어 있다. 섬유소와 수분이 많아 포만감을 주며 혈액 속 콜레스테롤 수치를 낮춰 비만, 당뇨, 대장암을 예방한다.

갓 표면에는 윤기가 있고, 갓 두께가 두툼하며 색택이 짙고 두껍다. 그리고 탄력이 있으며 고유의 향기가 뛰어나며 육질이 부드러운 것이 좋다. 살이 연하여 쉽게 상하기 때문에 오랫동안 보관하지 않는 것이 좋으며, 주로 말려서 저장을 한다. 국거리, 샤브샤브, 전골 등에 쓰거나 삶아서 나물로도 먹는다.

4) 양송이버섯

'양송이버섯(button mushroom)'은 진균식물인 갓균목 송이버섯과의 담자균류에 속하는 식용버섯으로서, 세계적으로 가장 많이 재배하고 있다. 맛과 향기가 뛰어나고 갓이 부드러우며 자루가 짧고, 색은 백색이거나 크림색이다. 단단하고 향미가 좋으며 육질이 적당한 것이 좋다. 비타민 B_2, 엽산을 많이 함유하고 있으며, 요리에 사용할

진균식물
fungal plant

담자균류
basidiomycota

때에는 겉껍질을 벗기거나 통째로 데친 후에 사용하며 수프, 샐러드, 볶음 등에 사용된다.

5) 팽이버섯

송이과
tricholomataceae

'팽이버섯(winter mushroom)'은 송이과에 속하는 것으로, 활엽수의 마른나무에서 발생하여 순백색이나 크림색이며 갓이 적고 가지런히 있는 것이 좋다. 그리고 중심부의 살이 두꺼울수록 좋은 품종이다. 칼로리가 매우 낮고 섬유소와 수분이 풍부해서 포만감을 주며 찌개, 전골, 구이 등에 이용한다.

6) 석이버섯

'석이버섯(stone mushroom)'은 나무줄기나 바위에 붙어서 자라며 말려서 보관한다. 말린 석이버섯은 미지근한 물에 불렸다가 뒷면의 돌을 잘 제거하고, 안쪽의 껍질을 벗겨 흐르는 물로 씻어 사용한다. 볶을 때는 돌돌 말아 채를 썰어 참기름을 소량만 넣고 살짝 볶는다. 말린 석이버섯은 고명으로 사용하거나 잘 빻아서 가루를 만들어 떡과 지단 등에 사용하기도 한다.

7) 목이버섯

'목이버섯(juda's ear mushroom)'은 활엽수의 고목에서 자라며 뽕나무, 참나무에서 인공으로 재배되고 있다. 건조 목이버섯은 미지근한 물에 불려서 사용하며, 불리면 약 5배가량으로 증가한다. 불린 후 잎을 한 잎씩 떼고 기둥을 잘라 낸 후 사용하며, 잡채 · 무침 · 볶음 · 수프 등에 쓰이는데, 검은 목이버섯은 주로 중국요리에 많이 이용한다.

Exercise

1 녹조류에 해당하며 김장철에 수확되므로, 김장김치를 담글 때 김치의 속재료에 섞어서 사용하는 것은?

2 녹조류이며 비타민 A가 다량으로 포함되어 있을 뿐만 아니라, 특히 칼슘과 철분이 많이 들어 있으며 대장의 연동운동을 돕는 식물성 섬유질이 풍부하게 함유되어 있어 배변을 원활하게 하는 것은?

3 (　　　　)에는 섬유질인 알긴산, 만니톨, 라미나린 등이 다량으로 함유되어 있어 포만감을 주고 배변을 원활하게 해주며, 특히 칼슘, 요오드 함량이 매우 높다.

4 (　　　　)은 갈조류의 하나로 장 속의 나트륨을 체외로 배설시켜 고혈압 예방에도 좋으며, 칼슘은 우유의 16배에 달하고, 철분은 우유의 55배에 이르며, 아연은 민물장어의 20배에 달한다.

5 (　　　　)은 홍조류에 속하며, 비타민, 필수아미노산이 풍부하고, 특히 타우린의 함량이 많다. 글리신(glycine), 알라닌(alanine) 등의 아미노산이 많아 특유의 감칠맛을 준다. 솔비톨과 둘시톨 같은 당알코올이 있어 지미의 상승효과가 생긴다.

6 (　　　　)에는 글루탐산(glutamic acid), 아스파르트산(aspartic acid), 숙신산(succinic acid) 등이 풍부하여, 20℃의 물에 30분 정도 담그면 우러나와 구수한 맛을 낸다.

7 한천의 원료가 되는 것은?

8 김의 색에서 붉은색은 (　　　　)이고, 녹색은 (　　　　)에 의한 것이다.

9 (　　　　)은 미생물 배양배지, 젤리, 양갱, 식품첨가물 등으로 이용되며, 소화가 되지 않으므로 저칼로리 식품이다.

10 (　　　　)은 홍조류를 건조한 후 뜨거운 물에 녹여 동결 건조시켜서 만든다.

Exercise

11 한천의 보수성과 겔 형성 능력을 쓰시오.

12 한천을 겔화한 후 가만히 두면, 겔에 함유되어 있는 분산매가 겔 밖으로 분리되어 나오는 현상을 (　　　　　)이라 한다.

13 한천의 용도를 쓰시오.

14 과즙을 넣고 끓여 젤리를 제조하는 경우, 한천 겔의 강도가 약해지는데, 이유를 설명하시오.

15 한천 겔에 우유를 첨가하면 겔의 강도는 어떻게 되는가?

16 (　　　　　)은 동물의 가죽, 뼈, 건 등에서 얻어지는 콜라겐을 물과 장시간 끓여서 얻어진 유도단백질의 하나이다.

17 과일 속의 함유된 단백질 분해효소는 젤라틴의 응고형성을 방해하는데, 이유를 설명하고 과일의 첨가방법을 쓰시오.

18 젤라틴을 겔화할 때 경수를 사용하는 경우에는 어떻게 되는가?

19 한천과 젤라틴의 차이점을 쓰시오.

20 (　　　　　)버섯은 제주도에서 많이 나는데 '초기'라고 하여 초기전, 초기죽이 예전부터 유명하며, 맛 성분인 구아닐산과 향기 성분인 메티오닌이 들어 있어 특유의 맛난 맛과 향기를 지니므로 사찰에서는 고기를 넣지 않는 대신으로 사용한다.

21 (　　　　　)버섯은 살아있는 소나무의 실뿌리에서 기생하며 글루탐산, 아스파르트산과 구아닐산은 감칠맛을 주며 향이 진하다.

22 석이버섯의 손질법을 쓰시오.

23 미지근한 물에 불려서 사용하며 불리면 약 5배가량이 증가하는데, 불린 후 잎을 한 잎씩 떼고 기둥을 잘라 낸 후 사용한다. 잡채·무침·볶음·수프 등에 쓰이는 버섯은?

REFERENCES

【국내문헌】
강갑석 · 김덕희 · 김성옥(2012), 식품학, 백산출판사.
강근옥 · 김성옥(2013), 조리과학 이론 및 실험, 효일.
김광오 외(2011), 코스별 서양요리, 교문사.
김귀영 · 양명숙 · 윤재영 · 이춘자 · 전정원 · 정외숙 · 최영희(2009), 발효식품, 교문사.
김나영 · 권기한 · 박성혜 · 배상옥 · 심창환 · 양경미 · 정혜은 · 최일숙(2012), 영양학, 백산출판사.
김나영 · 윤덕인 · 이준열(2014), 식품학, 지식인.
김동승(2002), 최신 식품구매론, 효일문화사.
김동훈(1994), 식품화학개론, 수학사.
김명희 · 박원도 · 오남순 · 이효구(2006), 전통 발효식품, 보성.
김보연(2010), 유럽 맛보기, 시공사.
김상순(1996), 식품가공 저장학, 수학사.
김용식 외(2002), 기초서양조리, 광문각.
김용식(2012), 서양요리입문, 광문각.
농촌진흥청(2011), (제8개정판)식품성분표(http://www.koreanfood.rda.go.kr)
문성원 · 임희수(2010), 21세기 식품학, 효일출판사.
미국육류협회(http://www.usmef.co.kr)
송재철(2000), 식품재료학, 교문사.
송주은 · 현영희 · 변진원 · 백승희 · 김종욱 · 전기수 · 김미정(2001), 최신 조리원리, 백산출판사.
식품수급표(2012). 농촌경제연구원.
안선정 · 김은미 · 이은정(2012), 새로운 감각으로 새로 쓴 조리원리, 백산출판사.
유태종 외 공저(2002), 식품미생물학, 문운당.
윤숙자(2004), 한국의 저장발효음식, 신광출판사.
윤옥현 · 정두례 · 최순남 · 권경순 · 신동주 · 손정우(1999), 최신 조리원리, 효일문화사.

이순옥 외(1997), 전통식품과 조리, 효일문화사.
이주희 · 김미리 · 민혜선 · 이영은 · 송은승 · 권순자 · 김미정 · 송효남(2012), 과학으로 풀어쓴 식품과 조리원리, 교문사.
이혜수(1998), 조리과학, 교문사.
이혜수 · 조영(2008), 조리원리, 교문사.
최혜미 외(2006), 21세기 영양학, 교문사.
축산물품질평가원(http://www.apgs.co.kr)
한명규(2003), 식품화학, 형설출판사.
홍진숙 · 박혜원 · 박란숙 · 명춘옥 · 신미혜 · 최은정(2012), 식품재료학, 교문사
홍태희 외(2000), 현대 식품재료학, 지구문화사.

【논문】
구경형(2009), 식품산업에 있어서 냉동 · 해동방법의 최신기술, Bulletin of Food Technology, Vol. 22, No. 4, pp. 731~741.
김병숙 · 정미란 · 이영은(2003), 전분종류를 달리한 무화과편의 품질특성, KOREAN J. SOC. FOOD COOKERY SCI, Vol. 19, No. 6, pp. 783~793.
김봉조 · 송창문 · 하순득 · 황선희 · 김학주 · 배승권 · 공재열(2000), 식품소재로서의 한천올리고당의 이화학적 특성, KOREAN J. FOOD SCI. TECHNOL. Vol. 32, No. 2, pp. 284~290.
문갑순 · 최홍식(1987), 간장의 항산화작용 및 항산화성 물질에 관한 연구, J Korean. Food Sci. Technol. vol. 19, No. 6, pp. 537~542.
문지혜 · 김로사 · 최희돈 · 김윤숙(2010), 품종별 국내산 토란분말의 영양성분 및 이화학적 특성, KOREAN J. FOOD SCI. TECHNOL. Vol. 42, No. 5, pp. 613~619.
백만희 · 차동수 · 박현진 · 임승백(2000), 시판 고구마전분의 이화학적 특성, KOREAN J. FOOD SCI. TECHNOL. Vol. 32, No. 4, pp. 755~762.
신성희(2013), 복합 당화효소를 이용한 식혜제조에 관한 연구, 위덕대학교대학원, 석사학위논문.
우관식 · 고지연 · 김현영 · 이용환 · 정헌상(2013), 재배방법에 따른 고구마의 품질특성 및 화학성분 변화, KOREAN J. FOOD SCI. TECHNOL. Vol. 45, No. 3, pp. 305~311.
윤재영 · 송미란 · 이서래(2008), 고사리의 Thiamine 분해능에 미치는 조리조건의 영향, KOREAN J. FOOD SCI. TECHNOL. Vol. 40, No. 2, pp. 184~189.

이용림 · 김성호 · 정낙현 · 임무현(1992), 청국장 발효 중 점질성 고분자물질의 생성에 관한 연구, J. Korean Agr. Chem. Soc. vol. 35, No. 3, pp. 202~209.

임성일 · 최신양 · 조경현(2006), 기능성 소재의 첨가가 고추장의 품질특성에 미치는 영향, Korean J. Food Sci.Technol. vol. 38, No. 6, pp. 779~784.

장혜지(2012), 해양성 Flammeovirga sp. mbrc-1 균주유래 한천분해효소의 특성, 신라대학교 대학원 석사학위논문.

정승현 · 신건진 · 최춘언(1991), 옥수수 · 고구마 · 감자 · 소맥 · 녹두전분의 이화학적 성질 비교, KOREAN J. FOOD SCI. TECHNOL. Vol. 23, No. 3, pp. 272~275.

조선아 · 유병승(2008), 고구마전분-Sucrose 복합물의 레올로지 특성, KOREAN J. FOOD SCI. TECHNOL. Vol. 40, No. 2, pp. 184~189.

지수경 · 김남수(1995), 구약감자 Glucomannan 현탁액의 유동 특성, KOREAN J. FOOD SCI. TECHNOL. Vol. 40, No. 2, pp. 246~250.

차미나 · 윤 영 · 장선아 · 송근섭 · 김영수(2011), 발아보리를 이용한 고추장 당화물의 품질특성, Korean J. Food Sci.Technol. vol. 4, No. 3, No. 6, pp. 315~320.

최한석 · 김명곤 · 박효숙 · 김재성 · 심명화 · 김성준(2005), 인공재배버섯의 혈전분해효소 활성검색, KOREAN J. FOOD SCI. TECHNOL. Vol. 37, No. 6, pp. 1,039~1,041.

최희돈 · 이해창 · 김성수 · 김윤숙 · 임학태 · 류기형(1995), 국내산 신품종감자의 영양성분 및 이화학적 특성, KOREAN J. FOOD SCI. TECHNOL. Vol. 27, No. 2, pp. 246~250.

【외국문헌】

In JP, Lee S.K.(2004), Effect of Yucca (Yucca shidigera) extract on quality characteristics of cheonggukjangusing Bacillus subtilisp 01. J Korean Soc. Appl. Biol. Chem. vol. 47, pp. 176-181.

J. Gudmundsson, M and Elisson, A.C.(1990), Retrogradation of amylopectin and the effect of added surfactants / emulsifiers. Carbohydrate Polymers, vol. 13, pp. 295-315.

Rosario, R.R. and Pontiveros, C.R.(1985), Retrogradation of some starch mixtures, Starch, vol. 35, p. 86.

T, Yamamoto K.(2004), In vitroandin vivoanti-allergic activity of soysauce. Int. J. Mol. Med. 14 pp. 879-884.

Profile

남상명

세종대학교 가정학과 이학박사

전북과학대학교 교수역임

한국산업인력공단 국가인적자원개발 컨소시엄 심사위원

현) 을지대학교, 신한대학교, 숭의여자대학교 강의

김성옥

농림수산식품부, 노동부 농림수간식품기술기획평가원 자문위원

식품기술사, 조리기능장, 영양사 외식창업 컨설턴트

한국조리명인

현) 동원대학교 호텔조리과 교수

김세경

가톨릭관동대학교 외식경영학박사

강릉로컬푸드연구소 대표

한국산업인력공단 NCS기반 일학습병행제 분야별 전문가

현) 가톨릭관동대학교 겸임교수

오명석

세종대학교 조리외식경영학과 박사
국가공인 제과기능장
신안산대학교 겸임교수, 경민대학교 교수
현) 강동대학교 호텔조리제빵과 교수

윤인자

가톨릭관동대학교 외식경영학박사
국가공인 조리기능장
세계음식문화연구원 상임이사, 학계 부회장
현) 고려직업전문학교 호텔외식조리학부 교수

조윤준

성신여자대학교 식품영양학과 이학박사
전 경희대학교, 수원여자대학교 외래교수
국제요리대회, 한국식음료개발원 바리스타 심사위원
현) U1(유원)대학교 호텔외식조리학과 교수